조명 디자이너

"이 저서는 2014년도 전북대학교 저술장려 경비 지원에 의하여 연구되었음"

조명 디자이너

ighting designer

소병문 지음

합격을 만드는 사람들
패스메이커
Passmaker

머리말

····

사회가 발달함에 따라 양질의 조명에 대한 욕구가 증대되고 있으나, 현재 우리나라의 실정은 이러한 요구에 부응할 수 있는 자격을 갖춘 조명 전문가가 절대적으로 부족한 실정이다. 또한 대형 조명사업을 실시하는 경우, 사업자의 수준을 객관적으로 파악하는 것이 현재로서는 매우 곤란하므로 전문적인 조명지식을 갖춘 조명디자이너의 양성 및 객관적 자격인증이 시급히 필요하다.

Preface

우리나라 조명산업분야에서 선도적이고 중추적인 역할을 할 수 있는 환경조성과 조명의 계획, 설계, 시공, 감리, 감독, 경관조명, 도시계획, 인테리어 조명, 전시조명, 경기장조명, 무대조명 등 전문분야에서의 활동과 새로운 조명에 대한 시대적 요구와 외국서적의 범람으로 새로운 서적의 출판이 불가피하게 되고 조명기술 분야나 인테리어 분야 모두에 대하여 참고가 될 수 있는 교재를 출판하게 되었다.

그러므로 본 저서는 조명기술 분야나 인테리어 조명 분야에서의 가이드북으로, 그리고 대학과 전문대학 및 기능대학의 교과서로, 전기기사 및 전기산업기사, 그리고 조명디자이너 자격시험의 참고서로 도움을 주고자 한다.

끝으로 본 서를 집필하도록 많은 도움을 주신 분들과 전북대학교 출판문화원 관계자들에게 깊은 감사를 드리며 독자들의 무궁한 발전을 기원한다.

저자 **소 병 문**

목 차

01 조명기초

02 조명설계

Contents

03 조명실무

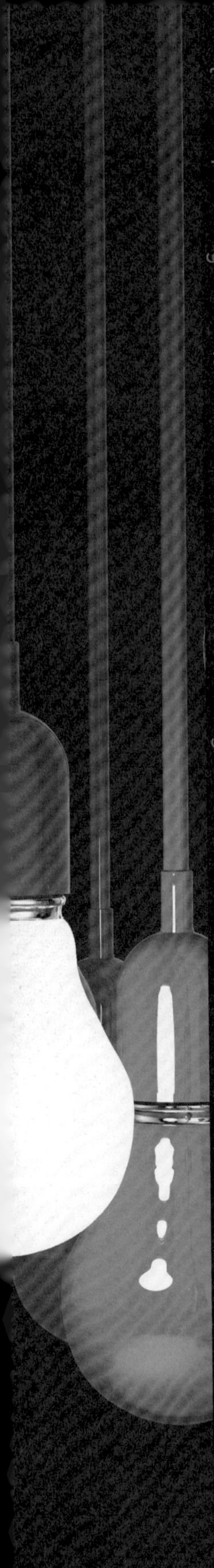

lighting designer

1장

조명기초

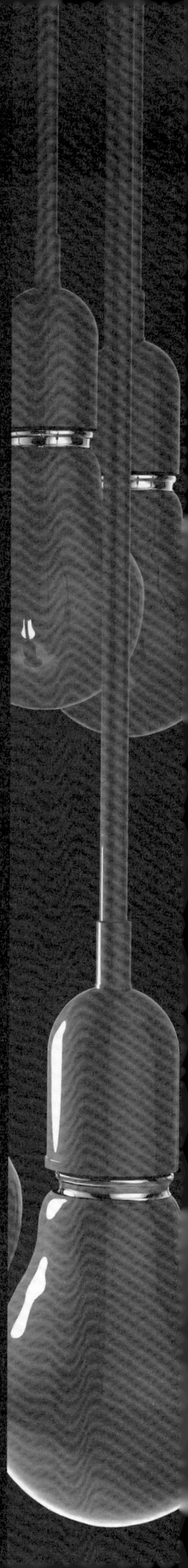

01 조명기초

l i g h t i n g d e s i g n e r

1 / 개요

인간이 상쾌하고 원활하게 활동하려면, 인간에게 알맞은 공기와 조명의 환경이 필요하다. 20~25[℃]의 온도, 50~70[%]의 상대습도, 시간당 30[m^3]의 환기량, 1[cc] 중 약 1,000개 이하의 먼지가 있는 깨끗한 공기를 유지함으로써 쾌적한 공기환경이 얻어진다. 그리고 물체를 보기 쉬운 밝은 환경과 시각적으로 안락한 분위기를 이룩함으로써 쾌적하고 건강을 지키는 알맞은 조명환경을 얻을 수 있다.

시각은 우리들에게 물체의 형태, 색채, 밝음, 운동을 알리며, 우리들이 갖는 지식의 80[%]는 시각으로써 얻어진다고 볼 수 있다. 인간에게 쾌적한 조명환경은 주광채광이나 인공조명을 적절하게 실시함으로써 얻어진다.

인류가 오랜 세월 자연계에 적응해 왔으므로 주광조명이 가장 자연스럽고 건강적이라 할 수 있다. 그러므로 인공조명은 주광이 부족할 때 보충하는 것이기는 하지만, 주광의 질과 양에 근사한 전등조명을 한다면 밝음이 심하게 변동하는 주광조명을 능가하게 될 것이다. 인공조명은 주로 전등으로 이루어지고 있으며, 전등도 백열전구로부터 형광등, 메탈핼라이드등으로 발전되어 높은 효율, 긴 수명, 좋은 광색의 우수한 광원을 얻고 있다. 이들 빛을 실제로 적용하는 여러 가지 조명방식이 우리 생활을 편리하고 쾌적하게 만들고 있다.

2/ 조명의 기초

1. 빛(Light) ····

❶ 빛과 복사

복사 또는 방사란 에너지가 그림 1-1과 같이 전자파로서 공간에 방출되는 현상이다.
전자파는 통신 · 방송 등에 이용되며, 전자파로는 장파 · 중파 · 단파 · 마이크로파 · 밀리파가 있고, 또한 적외선 · 자외선 X선 및 γ선 등이 있는데 다방면에 걸쳐 응용되고 있다.
이 전자파 중에서 파장이 380~760[nm] 범위에 있는 복사는 사람의 눈에 들어갔을 때 그림 1-2와 같이 빛으로서 밝은 것을 느끼게 한다.

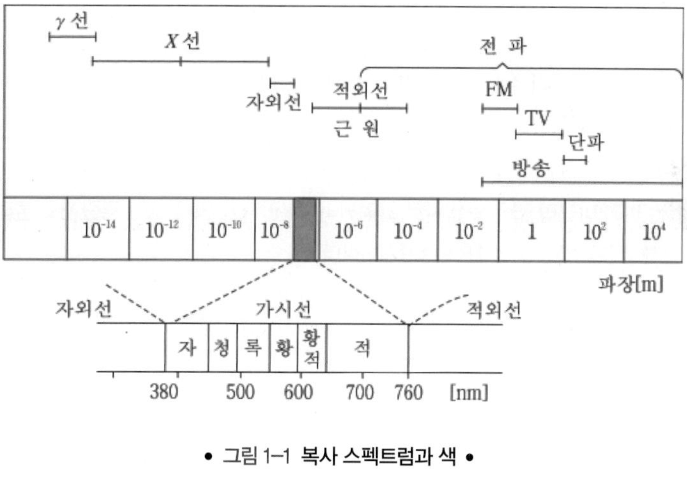

• 그림 1-1 복사 스펙트럼과 색 •

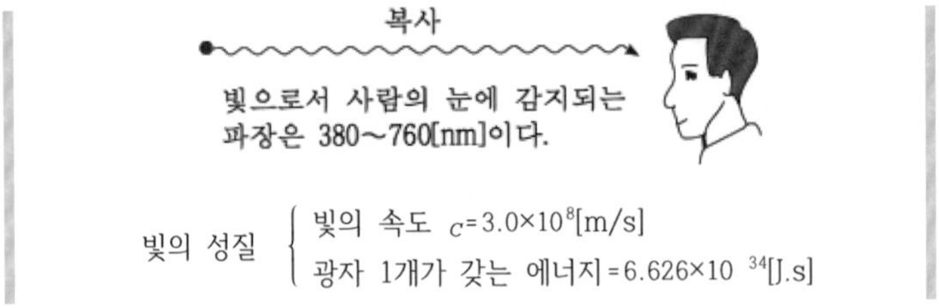

• 그림 1-2 **빛과 복사** •

❷ 빛의 성질

빛은 파동성과 입자성 등 이중의 성질을 가지고 있다.

(가) 파동성

빛을 전자파로서 취급할 경우에는 다음과 같은 성질이 있다.

$$c = \lambda f \qquad (1\text{–}1)$$

(여기서, $c=3\times10^8$[m/s], λ는 파장[m], f는 주파수[Hz])

빛이 매질중을 통과할 때 주파수는 변하지 않으나 속도와 파장은 변화한다.

(나) 입자성

빛은 연속된 파가 아니라 불연속 입자로 고려되며, 이 입자는 광자 또는 광량자로 불리우며 주파수가 f [Hz]인 광자 1개가 갖는 에너지 E는 다음과 같다.

$$E = hf \qquad (1\text{–}2)$$

(여기서, h는 6.626×10^{-34}[J.s]이며, f는 주파수)

이와 같은 것을 정리하면 다음과 같다.

1. 빛은 직진성을 갖는다.
2. 밀도가 다른 물질에 닿으면 반사, 굴절, 회절 등이 일어난다.
3. 공기 중 또는 진공 중을 지나는 빛의 속도는 약 3×10^8[m/s]이다.
4. 빛 중에서 주파수가 높은 범위(자외선에 가까운 것)에서는 광전(光電)작용이 강하다.

2. 조명용어 ····

❶ 가시복사(방사)와 에너지

복사에너지가 사람의 눈에 들어옴으로써 빛의 감각을 얻었을 때 그 복사를 가시 복사라고 한다. 파장의 범위는 380~760[nm]이다.

❷ 광 속[lm]

측광의 기본 단위로서 [lm]으로 나타낸다. 복사속은 어떤 면을 단위시간에 통과하는 에너지인데 φ[J/s]=[W]로 나타낸다. 이 복사속은 사람의 눈과는 관계가 없으나 광속 F[lm]는 그림 1-3과 같이 사람의 눈에 의해 비로소 빛으로서 확인되는 것이다. 단위는 루멘(lumem:lm)이다.

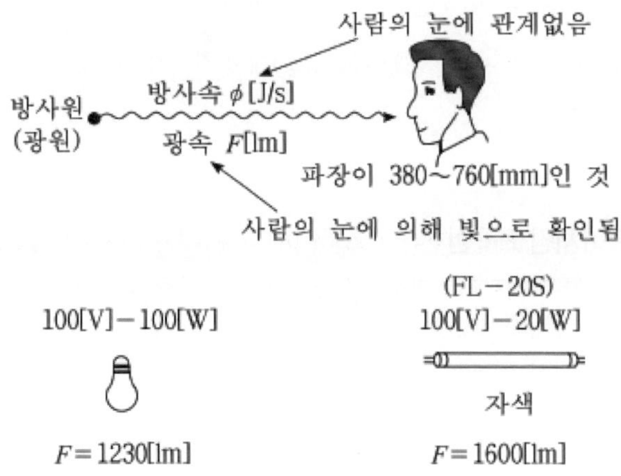

• 그림 1-3 복사속과 광속 •

예컨대, 백열전구 110[V], 100[W]의 전광속은 약 1,420[lm], 40[W] 백색형광램프는 약 3,000[lm], 400[W] 고압나트륨램프는 약 46,000[lm]이다.

• 표 1-1 대표적인 광원의 광속 •

광 원	광 속[lm]	광 원	광 속[lm]
태양	3.6×10^{28}	백색형광램프 40[W]	3,000
백열전구 40[W]	445	고압나트륨램프 400[W]	46,000

❸ 시감도[lm/W]

어떤 파장 λ의 복사속은 φ, 이 파장의 광속을 F [lm]라 하면 다음과 같은 관계가 성립된다.

$$\text{시감도[lm/W]} = \frac{F\text{[lm]}}{\varphi\text{[W]}}$$

시감도란 파장 λ의 에너지가 빛으로서 어느 만큼 밝게 느껴지는가를 나타내는 것이다. 시감도는 파장이 555[nm](주파수 540×10^{12}[Hz] 정도)에서 최대가 되고 그 값은 680[lm/W]이다. 이것을 최대 시감도라 한다.

❹ 비시감도와 비시감도곡선

밝기의 감각은 파장에 따라 달라진다. 어떤 파장에 있어서의 시감도를 최대 시감도(680[lm/W])로 나눈 값을 비시감도(V_λ)라 한다.

$$V_\lambda = \frac{\text{어떤 파장의 시감도[lm/W]}}{680\text{[lm/W]}} \quad (1\text{-}3)$$

그림 1-4는 각각의 파장에 λ에 있어서의 비시감도를 나타낸 것이다.

색	자	청	녹	황	황적	적
파장 [nm]	380~450	450~490	490~550	550~590	590~640	640~760

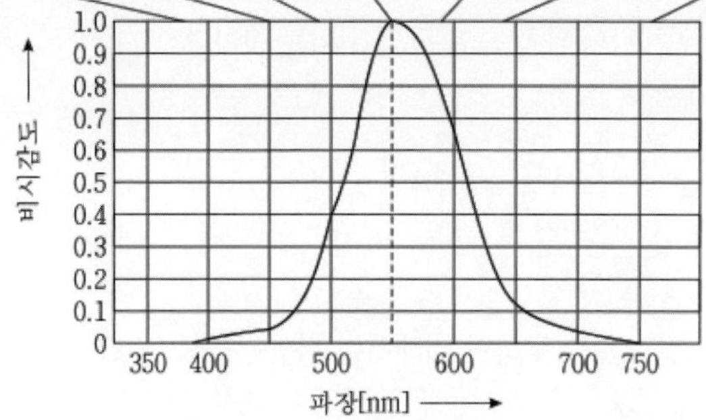

• 그림 1-4 **표준 비시감도곡선** •

❺ 광속 발산도[lm/m²]

어떤 면으로부터 나오는 전광속 F[lm]를 그 발산면의 면적 A[m²]로 나눈 것을 광속 발산도라 한다.

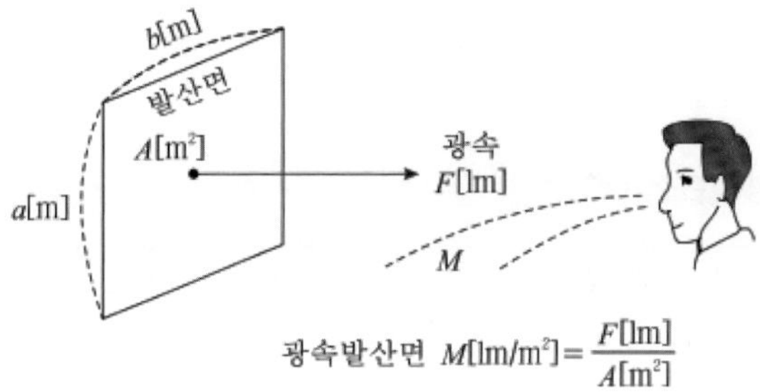

• 그림 1-5 **광속발산도** •

$$\text{광속 발산도 } R\ [\text{lm/m}^2] = \frac{F\ [\text{lm}]}{A[\text{m}^2]} \qquad (1\text{–}4)$$

1 [rlx] = 1 [asb] =1 [lm/m²]

단위로는 레드룩스(radlux:rlx) 또는 아포스틸브(apostib:asb)가 사용된다.

❻ 광 도[cd]

원에서 나와 어떤 방향의 미소입각체 내를 지나는 광속을 그 미소입체각으로 나눈 것을 광도라 한다. 즉, 단위입체각당의 광속이 광도가 되는 것이다.

$$\textbf{광도}\ I\ [cd] = \frac{\Delta F[lm]}{\Delta\omega} \qquad (1\text{–}5)$$

점광원에서 나오는 전광속을 구하기 위해서는 점광원을 구(球)로 감싼다. 구면과 전체의 입체각은 4π[sr]이기 때문에

$$I = \frac{F}{4\pi} \qquad (1\text{–}6)$$

(여기서, F 는 점광원을 감싼 반경 r[m]인 구면 전체의 전광속(全光束)이다.)

$$\therefore F = 4\pi I\ [lm] \qquad (1\text{–}7)$$

으로 전광속을 구할 수 있다.

• 표 1–2 대표적인 광원의 광도 •

광 원	광 도[cd]
태양	2.8×10^{27}
백열전구 40[W]	40
백색형광램프 40[W]	330
형광수은램프 400[W]	1,800

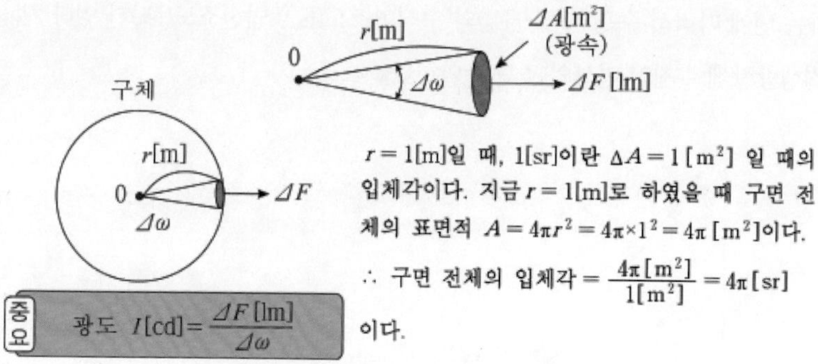

• 그림 1-6 광도와 입체각 [sr] •

❼ 조 도[lx]

어떤 피조면 A[m²]에 입사한 광속 F[lm]를 그 피조면의 면적 A[m²]로 나눈 것을 그 피조면에서의 조도 E[lx]라 한다.

또한, 광원의 광도 I [cd]와 광원에서 피조면까지의 거리 r [m]을 알면 식(1-8)에 의해 조도를 구할 수 있으며 이를 조도의 역자승의 법칙이라 한다.

$$E\,[lx] = \frac{I}{r^2} \quad (1\text{-}8)$$

$$E\,[lx] = \frac{F[\,lm\,]}{A[\,m^2\,]} \quad (1\text{-}9)$$

단위는 룩스[lux:lx] 즉, 1[lx]=1[lm/m²]이다.

• 표 1-3 조도의 예 •

광 원	광 도[cd]	광 원	광 도[cd]
직사일광 지면 위	약 100,000	만월의 밤 지면 위	약 0.2
약간 흐린 날 지면 위	30,000~70,000	맑은 날의 북쪽 창가	2,000
몹시 흐린 날 지면 위	10,000~30,000	밝은 방	200~500
청공광 지면 위	10,000	독서에 적당한 밝음	200~500

생각하는 면에 따라서 수평면조도(E_h)와 수직면조도(E_v), 법선조도(E_n)가 있다. 법선조도는 빛의 진행방향에 수직인 면상의 조도를 말한다.

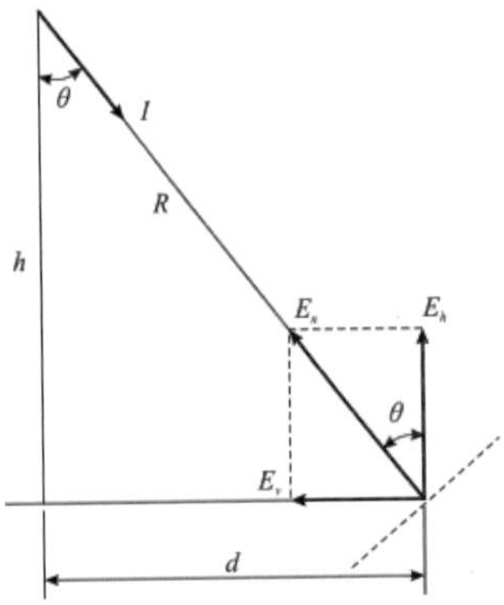

• 그림 1-7 •

$$E_n = \frac{I}{R^2}$$

$$E_h = E_n \cos\theta = \frac{I}{R^2}\cos\theta$$

$$E_v = E_n \sin\theta = \frac{I}{R^2}\sin\theta \qquad (1\text{–}10)$$

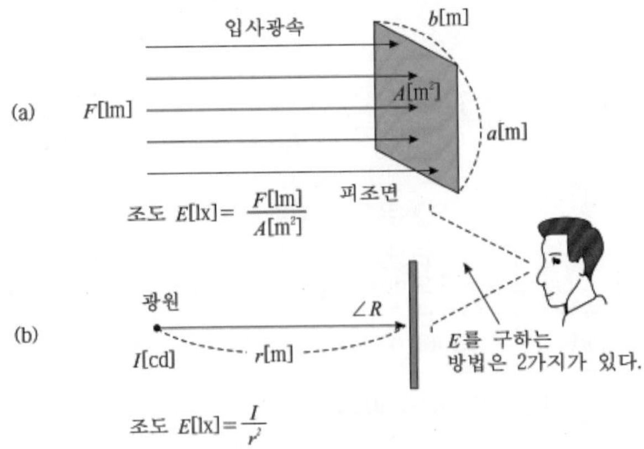

• 그림 1-8 조도 E를 구하는 방법 •

❽ 휘 도[cd/m²]

광도가 큰 점광원을 보면 눈이 부시는 것을 느낀다. 그러나 같은 광도일지라도 커다란 유백색인 유리글로브로 덮은 광원은 눈부심을 느끼지 못한다. 여기서, 휘도 B는 다음 식으로 나타낼 수 있다. 단, S'는 외견상의 면적으로 겉보기 면적이라 한다.

$$B\,[cd/m^2] = \frac{I\,[cd]}{S'[m^2]} \quad (1\text{–}11)$$

즉, B가 크면 눈부심을 강하게 느낀다. 휘도는 눈과 광원과의 거리에는 관계가 없다.
'어느 방향에서 보아도 휘도가 같은 면을 완전 확산면이라 한다.
여기서, I:어느 방향의 광도 S':어느 방향의 투영면적
단위로는 스틸부(stilb:sb) 및 니트(nit:nt)가 사용된다.

$1[sb]=1[cd/cm^2]$, $1[nt]=1[cd/m^2]$

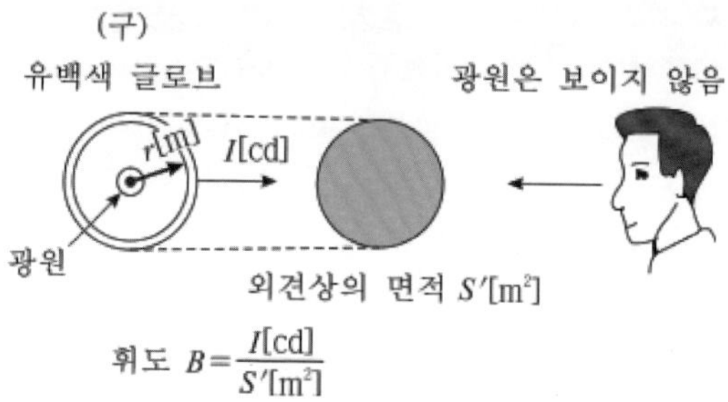

• 그림 1–9 휘도 •

• 표 1-4 각종 광원의 휘도의 개략적 수치 •

광 원	휘 도[cd/cm^2]	광 원	휘 도[cd/cm^2]
태양(천장)	160,000	네온(적색)	0.08
청공	0.4	석유등	1.2
투명전구 100[W]	600	양 초	0.5
프로스트전구 100[W]	14	형광램프 40[W] 주광색	0.35
고압수은등 400[W]	50	달의 면	0.3
		눈부심을 느끼는 한계	0.5

❾ 전등효율(lamp efficiency)

실제로 광원에서는 발산되는 전방사속보다 많은 에너지를 가하여야 한다. 즉, 전 발산광속 외에 대류, 전도 등에 의한 손실을 포함한 전소비전력을 생각하여야 한다. 전력소비 P에 대한 전발산광속 F의 비율을 전등효율 η라 한다.

$$\eta = \frac{F}{P} \text{ [lm/W]} \quad (1\text{-}12)$$

3. 빛과 시각 ····

❶ 눈의 구조와 동작

사람의 눈의 구조와 기능을 카메라와 비교할 수 있다. 눈의 수정체는 카메라의 렌즈로, 홍채는 조리개, 망막은 필름에 각각 상당한다.

눈에서는 수정체를 둘러싸고 있는 모양체를 변화시켜서 수정체의 두께를 변화시켜 망막에 영상을 맺게 한다. 홍채는 조리개로 동공의 면적을 변동시켜, 눈에 들어 오는 빛을 조절한다. 망막에는 시세포가 분포되어 있으며, 시세포는 다시 추상체(cone)와 간상체(rod)로 구별되고 있다. 추상체는 중심의 우묵해진 곳에 밀집하고, 밝은 곳에서 동작하며, 밝음과 색감을 일으키고, 간상체는 망막의 주변부에 분포되어 있으며, 조도가 0.03[lx] 이하의 어두운 곳에서만 동작한다.

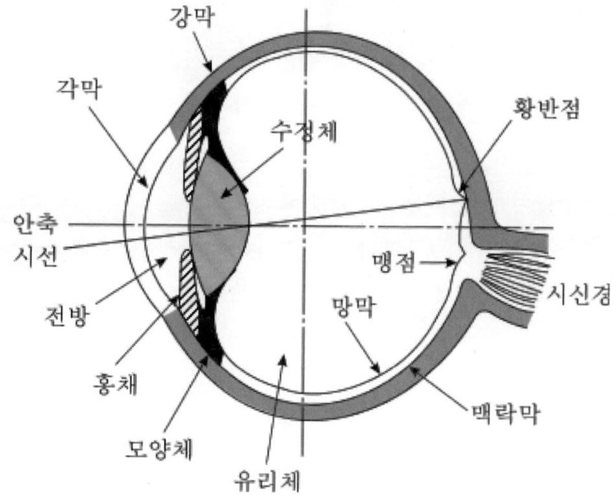

• 그림 1-10 눈의 구조 •

❷ 노안, 근시, 원시 및 난시

(가) 노안

눈의 초점을 조절하는 수정체는 이것을 둘러싼 모양체의 동작으로 이루어진다.

그런데 수정체의 탄성은 나이가 들어감에 따라 잃어버리게 되므로 가까운 것에 초점을 맞추는 것은 연령과 더불어 차차 어려워진다. 42세 전후로부터 명시의 거리 30[cm] 이내의 물체에 대한 초점의 조절이 곤란하게 되므로, 노안경(凸렌즈)이 필요하게 된다. 이것이 노안이다.

(나) 근시, 원시 및 난시

눈이 먼 곳을 보고 있을 때, 즉 모양체근이 동작하지 않고 있을 때에 안축의 길이가 눈의 초점에 비하여 너무 길거나, 너무 짧으면, 거리에 따라 물체가 잘 보이지 않는 경우가 생긴다.

그림 1-11에서 나타내는 바와 같이 안축의 길이가 너무 긴 경우는 근시, 너무 짧은 경우는 원시이다. 근시는 먼 곳의 물체가 확실히 보이지 않으나, 원시는 가까운 곳을 볼 때 눈의 피로가 심하고, 노안경을 일찍부터 필요하게 된다. 난시는 주로 각막면의 일그러짐이 나타나고, 물체의 원근에 관계없이 보기 힘들고 눈의 피로가 일어나기 쉽다.

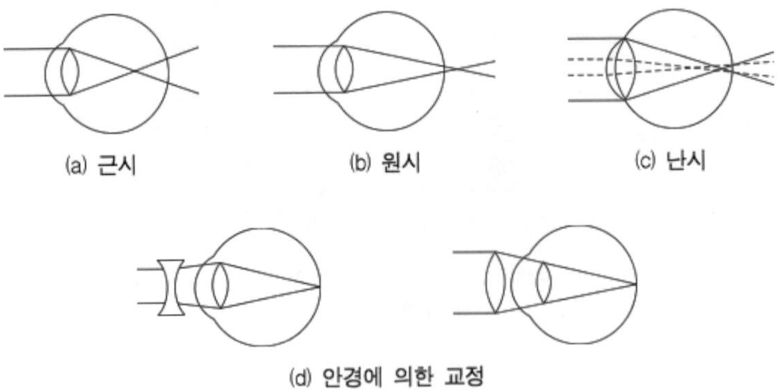

• 그림 1-11 근시, 원시, 난시 •

❸ 시 야(visual field)

정지하고 있는 눈에 보이는 범위의 넓이를 시야라고 하며, 동양인은 그림 1-12에서 나타내는 것과 같이 좌우로 약 100°의 넓이를 갖고 있다. 그리고 상하의 방향은 그리 넓지 않고, 50~70°의 넓이를 갖고 있다.

동양인과 서양인들 사이에는 코의 높이와 눈 주위의 형태의 차이로 시야가 달라진다. 서양인들은 눈이 움푹 들어가 있고, 코가 높기 때문에 동양인들보다 시야가 좁다.

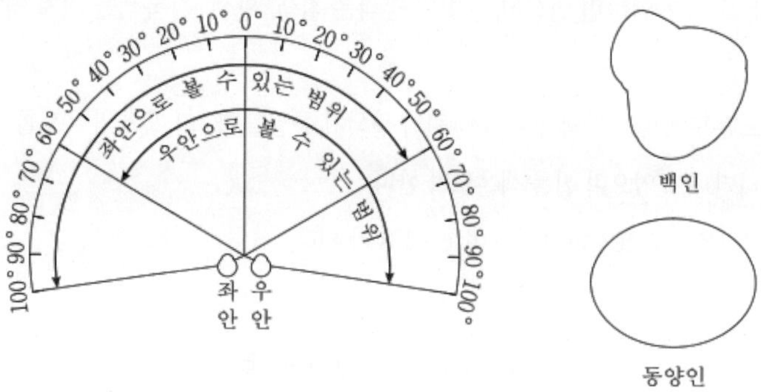

• 그림 1-12 시야 •

4. 조명과색 ····

색채는 인간의 심리적인 면에 많은 영향을 미치고 있으므로 최근에는 건물, 가구, 일용품 등 많은 분야에 색채적 요소가 들어 있으나, 이 색채는 조명방법에 따라서 그 효과를 높일 수도 있고 낮출 수도 있다.

❶ 색의 표시

색을 나타내는 데는 감각적으로 다음의 3속성이 있다.

① 색상(hue) : 붉고, 푸른 느낌

② 명도(luminosity) : 밝고, 어두운 느낌

③ 채도(saturation) : 선명하고, 흐린 느낌

❷ 광원의 광색과 색온도

백열전구의 빛은 붉은 빛을 띠고 있으며, 수은램프의 광색은 청백하게 보인다.
각 광원과 광색을 나타내는데 색온도(color temperature)를 사용하고 그의 단위는 K(켈빈)이다.
흑체를 고온으로 가열하면 발산하는 빛의 광색은 적색, 황색, 청록색을 거쳐 백열상태로 변한다.
흑체의 어느 온도에서의 광색과 어떤 광원의 광색이 동일할 때, 그 흑체의 온도를 가지고 그 광원의 광색을 나타내고 있으며 이를 색온도라 한다.
색온도는 절대온도로 표시하고 있으며 ℃+273°가 된다.

• 표 1-5 대표적인 광원의 색온도 •

광 원	색온도[K]	광 원	색온도[K]
태양	5,450	할로겐 전구 (500[W])	3,000
푸른 하늘(오전 9시)	12,000	백열전구 (600[W])	2,850
구름 낀 하늘	6,500	촛불	2,000
주광색 형광램프	6,500	형광수은램프	4,600
백색 형광램프	4,500	고압수은램프	5,600

일반적으로 색온도가 낮으면 붉은 빛을 띠고, 따스함을 느끼는 빛으로 되고, 색온도가 높아짐에 따라서 낮의 태양광과 같이 흰 빛을 띠게 되고, 더욱 높아지면 푸른 빛을 띤 시원한 빛으로 된다.

❸ 연색성(color rendition)

연색성이란 광원에 의하여 비추일 때, 그 물체의 색의 보임을 정하는 광원의 성질을 말한다. 태양광선 밑에서 본 것보다 색의 보임이 떨어질수록 연색성이 떨어진다. 연색성이 나쁜 광원으로 조명하면 물체의 색은 다르게 보인다. 이 연색성을 수치로 표시한 것을 연색평가수라고 하며, 평균연색평가수(R_a)란 많은 물체의 대표색으로서 8종류의 시험색을 사용하여 그의 평균값으로부터 구한 것이다. 평균연색평가수가 100이란 그 광원의 연색성이 기준광과 동일하다는 것을 의미한다.

❹ 조명광과 안색

사람들의 얼굴색은 낮의 자연주광 아래에서와 각종 전등의 조명 아래에서는 다소 다르게 보인다.

동양사람들의 얼굴색의 비율은 크림색계가 70[%]이고 백인에 가까운 흰 크림색 계가 17.5[%]로, 크림색계가 87.5[%]나 되어 매우 우세하다. 그런데 크림색의 얼굴은 주광 아래서는 건강한 갈색으로 보이고, 백열전구 조명아래에서는 약간 갈색을 띠며, 천연색 형광램프 아래서는 갈색을 띠고, 백색형광램프 아래서는 약간 노란색을 띤다. 그리고 고압투명수은등 아래에서는 생기를 잃은 노란색을 띤다.

그러므로 동양계 여인들이 화장을 핑크색으로 하면, 주광은 물론, 백열전구나 형광등 아래서도 건강하고 아름답게 보인다. 그런데 백인에 가까운 흰색을 띤 크림 색계의 얼굴에는 흰색화장을 하면 더욱 더 아름답게 보일 것이다.

메탈핼라이드등이나 크세논등 아래서의 얼굴색은 대체로 주광 아래서와 근사하게 보인다.

5. 밝음과 물체의 보임····

❶ 밝 음

빛이 동공을 통하여 눈 속에 들어가서, 망막을 자극함으로써 밝음을 느낀다. 따라서 눈이 느끼는 밝음을 좌우하는 것은 망막에 부딪치는 빛의 세기, 즉 망막면의 조도가 가장 중요한 요소이다.

보통 인간에게 주워지는 자극의 세기와 인간이 느끼는 지각의 크기 사이에는 일정 관계가 있다. 즉, 자극의 세기 R_a가 등가급수적으로 증가할 때 감각의 크기 S는 등차급수적으로 증가한다.

$$S=k\log R \quad (1\text{–}13)$$

단, k는 상수이다.

이것을 웨버(Weber)의 법칙이라고 한다. 이 법칙은 밝음의 감각에도 적용된다. 즉, 10[lx]인 실내의 조도를 20[lx]로 올리면 실내의 사람들은 매우 밝아졌다고 느끼지만 100[lx]인 실내의 조도를 같은 차이로 10[lx]만큼 올려서 110[lx]로 하여도 실내의 사람들은 거의 밝아졌다고 느끼지 않는다. 10[lx]로 20[lx]로 한 경우와 똑같은 정도의 밝음을 느끼게 하려면 100[lx]를 200[lx]로 올려야 한다.

이와 같이 밝음의 감각은 조도의 차이가 아니고 조도의 비와 직접 관계하는 것으로, 조도의 스텝을 생각하며 조명하는 것이 편리하다. 실용적으로는 조도를 1.5 ~2배로 하면, 확실히 밝아졌다고 느낄 수 있다.

❷ 명암순응(light and dark adaptation)

대낮에 어두운 영화관에 들어가면 처음에는 컴컴하여 보는 데 부자유스럽지만, 10분 정도 지나면 어두움에 익숙하게 되어 차차 발 밑이나 주위의 모습이 보인다. 이것은 관내의 밝기가 관외와 비교하여 10만분의 1 정도에 지나지 않고, 동공이 확대되어 눈에 들어오는 빛을 증가시키는 것으로는 부족하기 때문이다.

반대로 어두운 영화관으로부터 밝은 옥외로 나오면, 수초간 눈이 부시지만 잠시 후에 밝음에 익숙해진다. 이것은 눈에 들어오는 빛이 극히 적거나 전혀 없을 경우에는 눈의 감광도는 대단히 높아지고, 반대로 눈에 들어오는 빛의 양이 크면, 감광도는 오히려 떨어지기 때문이다. 이러한 현상을 명암순응이라 한다.

사람의 눈에서는 이러한 현상이 있으므로, 대단히 넓은 범위의 밝음에도 순응하게 된다. 여름철의 일광이 직사하는 조도가 100,000[lx] 정도의 밝은 곳이나 만월만 있는 조도가 0.2[lx]의 어두운 밤에도 볼 수 있으며, 눈이 경험하는 밝음의 비는 100만 대 1로 된다. 이러한 명암순응은 대체로 망막중의 광화학 과정 때문이다.

이와 같이 망막에는 밝음에 따라서 감광도가 변화하는 기능이 있으며, 어두운 곳으로 들어가서 망막의 감광도가 높아지는 경우를 암순응, 반대로 밝은 곳으로 나와서 감광도가 낮게 되는 경우를 명순응이라고 한다.

명순응으로부터 암순응으로 되는 시간은 약 30분 정도 필요하다. 이 문제는 터널조명의 경우 특히 중요하다.

❸ 밝음과 색의 보임

별빛만 있는 어두운 밤에는 지상의 모든 물체가 그림자와 흰 회색으로 되어 있 고, 이에 달빛이 가해지면 흐릿하지만 나뭇잎의 녹색이나 바다의 푸름이 인식된다. 다시 날이 새서 태양빛이 지상에 비치는 순간에 물체의 색이 소생하여 생생하게 빛나기 시작한다.

이와 같이 밝음의 변화에 따라 물체의 색 보임이 달라진다. 밝은 낮에는 파장이 555[nm]의 황록색이 밝게 보이고, 어두운 저녁노을 무렵이 되면 파장이 510[nm]의 청색이 더 밝게 보인다. 이 현상을 퍼킨제(purkinje) 효과라 한다.

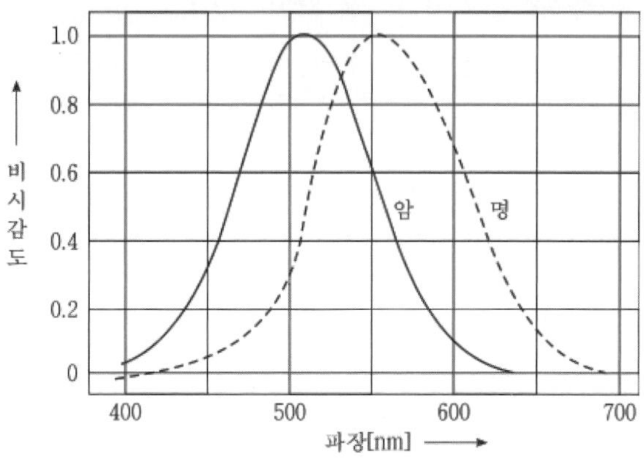

• 그림 1–13 퍼킨제 효과 •

❹ 밝기와 시력(visual acuity)

어두운 곳에서는 세밀한 것이 보기 힘들고, 밝은 곳에서는 보기 쉽다. 이것은 밝기에 따라서 시력이 변화하기 때문이다.

그림 1-14는 조도와 시력의 관계를 측정한 결과이며, 조도가 1,000[lx] 정도까지는 조도가 상승함에 따라 시력이 직선적으로 증가하고 있다. 그러나 조도가 10,000[lx] 정도로 되면 그 시력이 그 이상 증가하지 않는다. 또한, 조도가 0.03[lx] 정도의 곳에서 곡선이 세게 꺾여지고 있고, 이 곳을 경계로 낮은 조도에서는 망막의 간상체의 시력이고, 높은 조도에서는 추상체에 의한 시력이라고 한다.

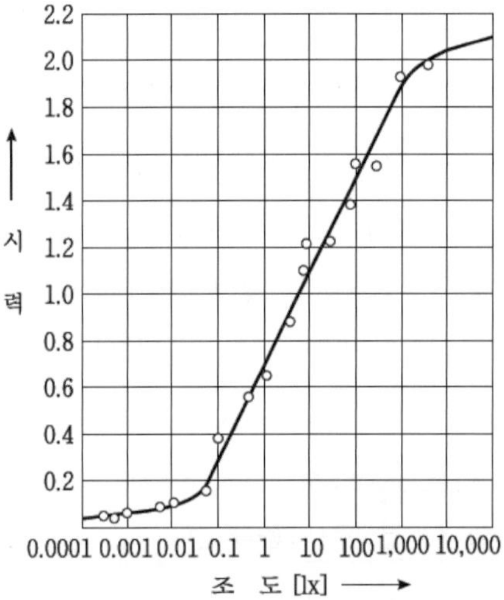

• 그림 1-14 조도와 시력 •

❺ 명시의 조건

빛이 없이는 물체를 볼 수 없고, 빛이 있다 하더라도 충분한 빛이 없으면 물체가 잘 보이지 않는다. 물체의 보임의 제1조건은 밝음이다. 그러나 밝음이 충분하다고 모두 잘 보이는 것이 아니며, 박테리아와 같이 작은 것은 아무리 밝더라도 보이지 않는다. 그러므로 물체의 크기가 보임을 좌우하며, 이것이 제2조건이다. 물체의 크기란 물체의 치수를 말하는 것이 아니고, 시각의 크기를 말한다.

물체의 보임을 좌우하는 제3조건은 대비이다. 예컨대, 흰눈 위에 엎지른 숫가루는 잘 보이지만, 백목가루는 잘 보이지 않는다. 즉, 배경의 밝음과 물체의 밝음의 비의 차이가 강하지 않으면 눈에 잘 보이지 않는다. 또한, 검은 문자 사이에 붉은 문자로 쓰면, 이곳에 눈이 끌리게 되며, 색은 눈을 유인하는 작용이 있다. 더욱이 페이지 사이에 색인쇄의 지면을 읽는 사람의 기분을 부드럽게 한다. 이렇게 색채는 물체를 명시시키는 작용하며 이것이 제4조건이다.

그리고 전차의 창으로부터 바깥을 볼 경우, 창의 옆을 통과하는 간판의 문자는 빨리 통과하므로 보기 힘들지만, 멀리 있는 간판은 천천히 지나가므로 확실히 보인다. 즉, 1초간에 시각이 몇 도 움직이는가 하는 각속도인 노출시간이 물체의 보임의 제5조건이다.

이들 명시의 5개 조건 중에서 대비, 색, 크기 및 움직임 등의 4개 조건은 거의 결정되는 경우가 많으며, 남는 것은 밝음의 조건으로 여기에 조도의 중요성이 있다.

❻ 편한 시각의 평가

편하고 안락한 시각에 대한 평가는 심리, 생리적으로만 할 수 있다. 시각의 요소 및 시각효율에 미치는 조도의 영향을 실험한 결과는 다음과 같다.

(가) 시 력(visual acuity)

작은 점을 분별할 수 있는 능력인 시력은 흰 종이 위에 흑자로 표시한 것을 측정한 것으로, 조도가 증가함에 따라 시력이 증가하고 있다.

……

(나) 대비감도(contrast sensitivity)

휘도의 차이를 분별할 수 있는 능력인 대비감도는 어떤 사람이 분별할 수 있는 최소의 휘도 차이가 5[%]이고, 같은 조건에서 다른 사람의 것이 10[%]라 하면, 전자는 후자의 대비감도의 2배를 갖고 있다고 한다. 실험결과 조도가 증가함에 따라서 대비감도도 증가하고 있다.

(다) 긴 장(tensenses)

긴장은 불필요한 노력이며 긴장과 피로는 밀접한 관계가 있다. 긴장과 피로가 미묘하게 일어날 때는 우리는 의식하지 못한다. 그러나 안개가 낀 날 자동차를 운전할 때에 시각에 많은 부담이 되고, 물체가 보기 힘들 때 우리는 긴장과 피로를 의식한다. 불충분한 조명 아래서의 독서시에는 확실히 긴장이 빨리 온다.

긴장도 측정은 12점형으로 인쇄된 책을 30분간 읽도록 하고, 그 사이에 계속적으로 무의식중에 커다란 누름단추를 손가락 끝으로 누르도록 하여 자동적으로 손가락 끝의 압력을 기록하게 한다. 긴장할 때 손끝을 굽히는 습관이 있고, 긴장에 따라서 손끝으로 누르는 압력도 증감한다. 조도가 증가함에 따라서 긴장에 의한 압력이 감소한다.

……

(라) 눈을 깜박거리는 도수(frequency of blinking)

눈의 깜박거림은 무의식적인 반사이며 안구를 습하게 하고 깨끗이 하기 위한 노력이다. 이것은 또한 순간적으로 긴장을 구호하려는 작은 안전변과 같은 구호적인 기구이기도 하다.

눈의 깜박거림은 시작업의 종류에 따라서 다르지만, 보통 독서에서 1분간에 약 40회 정도가 된다. 각 조도 아래서 1시간씩 독서를 시킨 후 눈의 깜박임을 측정한 결과 조도의 증가에 따라서 깜박임의 도수가 감소된다.

……

(마) 심장고동(heart rate)

혈액순환에 관련된 심장고동은 정상적인 사람은 1분간에 약 76고동을 한다. 조도 10[lx] 아래서 1시간의 평균심장고동의 감소는 8고동으로 약 10[%] 가량 감소한다. 즉, 조도가 감소함에 따라 심장고동은 감소한다.

……

(바) 안구근육의 수축

눈을 돌리거나 어떤 점에 맞추기 위하여 6개의 근육이 안구에 붙어 있다. 각 근육의 세기를 어떤 일을 하기 전후에 측정함으로써 안구근육의 피로(fatigue of eye-muscles)를 알 수 있다.

실험결과 이 수축된 근육은 1,000[lx] 아래서 1시간 독서를 한 후가 10[lx] 아래서 한 것에 비하여 피로가 1/3로 감소되었다.

6. 조명의 양과 질····

❶ 조도수준

물체의 보임에서 색, 대비, 크기 및 움직임의 4조건은 이미 결정되어 있는 경우가 많고, 나머지 밝음의 조건만이 물체를 명확히 보이는 수단으로 부각되는 경우가 대부분이다.

밝음을 증가시킴으로써 눈의 거의 모든 동작을 증진시키게 되어 색, 대비, 크기, 움직임 등의 조건이 명시에 불리하더라도 조도를 높임으로써 이들의 불리한 조건을 보완하여 물체를 확실히 보일 수 있으므로 쾌적하게 물체를 명시시키는 수단으로 조도의 중요성이 있다.

문자의 크기, 대비, 읽기 쉬운 정도로부터 적정조도를 구한 결과

1. 일반 독서에서는 500[lx] 이상
2. 대비가 약하고 세밀한 일에서는 1,000~2,000[lx] 정도
3. 더욱 심리적으로 정밀한 일에서는 30,000[lx] 정도의 조도가 필요하다.

물체를 보거나 작업을 하는 데는 필요한 밝음이 있다. 그 이상은 밝을수록 시력이 좋아지지만 경제성의 한도가 있다. 일반적으로 조도가 높을수록 좋은 조명이 되지만, 조도를 높게 하면 설비비와 경비도 높아진다.

따라서, 비용에 맞먹는 이익이 없으면 조도를 개선하는 의미가 없다. 이익은 물체를 보고 있어도 피로가 적고, 또한 작업능률이 높아진다는 것이다. 이와 같은 이익과 조명비를 감안하여 만든 것이 그 국가의 조도기준 규격이다.

❷ 조명의 질

조명의 질이 좋으면 밝음이 밝을수록 피로도 적고, 심리적으로 쾌적하다. 그러나 높은 조도에 따르는 조명의 질의 저하가 오히려 역효과를 눈에 미치기도 한다.

조명의 질로서는 눈부심, 시야 내외의 조명환경의 평가법, 광색, 분광분포 또는 빛의 깜박임, 그늘, 명암변화 등에 대하여 눈의 생리적 측면에서 고려하여 조도를 향상시키는 것이 중요하다.

❸ 눈부심(glare)

시야 내에 매우 높은 휘도의 물체가 있든가, 강한 휘도대비가 있게 되면, 보임이 떨어짐과 동시에 불쾌한 느낌을 받는다. 눈에 잘 보인다고 느껴도 시야 중에 지나치게 높은 휘도의 것이나 강한 휘도대비가 있으면 동공, 망막, 뇌 등의 조정이 과도하게 이루어지므로 불쾌하게 느낌과 동시에 눈의 신경피로를 일으킨다.

눈부심에서 심리적인 불쾌 눈부심과 생리적인 시각저하 눈부심이 있으며, 햇빛이 쬐는 곳에서 독서를 하면 눈이 피로하게 되는 것은 지면에 강한 광택이 나타나거나 진한 그늘이 생기거나 하여 강한 휘도대비가 눈에 들어오기 때문이며, 이와 같은 불쾌감이나 신경피로를 일으키는 눈부심을 불쾌 눈부심이라고 한다.

그리고 시야에 직접 태양이 들어오거나, 야간도로에서 자동차의 전조등의 빛이 비칠 경우, 불쾌감이 심하여 물체가 잘 보이지 않는 경우가 있다. 이와 같이 보임의 저하를 일으키는 눈부심을 시각저하 눈부심이라고 한다.

우리나라 사람들을 대상으로 실험한 결과, 자극조도 E와 눈부신 시간 T와는 다음과 같은 포물선적 관계가 있음을 알게 되었다.

$$T = 0.0389E^{0.96} \quad (1-14)$$

즉, 조사시간 4초의 경우 자극조도 200[lx]에서의 눈부신 시간 5.7초이고, 600[lx] 에서 17.8초나 된다.

❹ 시야내외의 조명환경

시야의 중심과 주변부가 동일한 밝음이든가, 주변부가 중심보다 약간 어두운 정도에서 가장 좋은 시력을 얻을 수 있다. 예컨대, 책상 위의 스탠드만의 조명으로 지면을 밝게 하고 주위를 캄캄하게 할 경우 문자의 보임이 나빠진다.

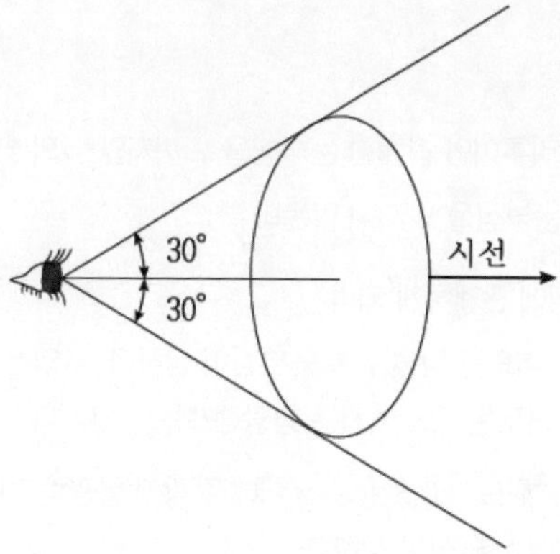

• 그림 1-15 글레어 영역 •

우리가 보려는 대상물 주위에 높은 휘도를 갖는 광원이나 창 또는 금속 등의 광 택면에 의한 반사가 있으면 보임을 나쁘게 한다. 이와 같이 시야 내에 있는 높은 휘도를 갖는 것은 모두 눈부심의 원인으로 되어 눈의 불쾌감이나 피로, 보임의 저하, 뇌의 피로 등을 일으킨다. 시선을 중심으로 하여 30°의 범위에 있는 높은 휘도의 것은 보임을 강하게 방해하므로 눈부심영역(glare zone)이라고 한다.

교실에서 학생은 책상 위의 노트를 보거나, 흑판을 보거나 하는 동작을 반복하게 되고, 따라서 시야 내의 휘도상태뿐만 아니라 더욱이 시야 외의 휘도상태도 고려할 필요가 있다. 이 경우에 시야 내외의 휘도가 동일하거나 시야 외가 약간 어두울 경우 가장 좋은 시력을 얻을 수 있다. 시야 외에 휘도가 높은 것이 있거나, 반대로 아주 캄캄하다면 눈이나 목을 움직일 때마다, 그들의 밝음에 눈이 휘도순응을 하여야 하므로 불쾌감이나 피로가 일어나게 된다.

❺ 광원에 의한 눈부심

조명에서 가장 눈부심을 일으키기 쉬운 것은 시야 내에 있는 광원의 빛남일 것이다. 전구나 형광램프 또는 고압수은램프 등의 인공광원 이외에, 때로는 햇빛이 닿는 창이나 창을 통하여 보이는 흰 건물이나 하늘 등도 눈부심의 원인으로 된다. 그러나 이들이 시야 내에 있다고 항상 눈부심을 일으키는 것은 아니다.

(가) 눈부심을 좌우하는 요인

예컨대, 밤길에 자동차의 전조등으로 비추이면 강렬한 눈부심을 느끼지만 낮의 밝은 길에서는 자동차의 전조등에 하등의 눈부심을 느끼지 않는다.

즉, 눈이 순응되어 있는 밝음이 눈부심에 관계하게 되며

1. 주위가 어둡게 눈이 순응되어 있는 휘도는 낮을수록 눈부심이 심하다. 낮의 밝은 장소에서의 형광램프는 눈부심이 없지만 밤의 어두운 장소에서는 형광램프는 눈부시다.
2. 휘도가 높을수록 눈부심이 심하다. 휘도가 0.35[cd/cm²]에 주광색 형광램프보다 휘도가 50[cd/cm²]인 고압수은등이 눈부심이 심하다.
3. 광원이 시야의 중심에 가깝게 있을수록 눈부심이 심하다.
4. 눈부심의 정도는 광원의 겉보기의 크기나 개수에 따라서 좌우된다.
   예컨대, 야간의 전조등도 먼 곳에 있을수록 눈부심을 느끼지 않으나 자동차가 접근할수록 눈부심에 의한 불쾌감은 심하게 된다. 그리고 눈에 들어오는 전조등의 개수가 많을수록 불쾌감은 심해진다.

일반적으로 눈부심에 의하여 불쾌감을 느끼는가 느끼지 않는가의 경계선(BCD)은 0.5[cd/cm²]이다.

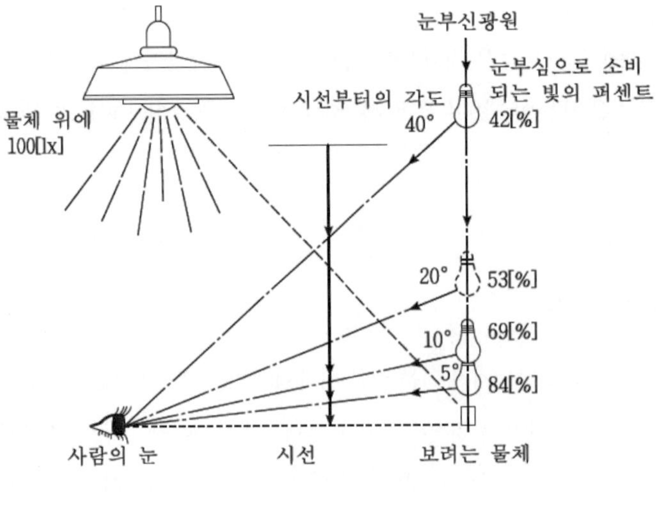

• 그림 1-16 눈부심에 의한 빛의 손실 •

❻ 그 늘(shadow)

물체에 빛을 비추이면 생기는 그늘은 물체의 형태나 입체감을 보는 데 중요한 역할을 한다. 방해가 되는 그늘을 없애기 위해서는 광원의 위치를 바꾸거나 광원의 개수를 늘리거나 광원의 면적을 증가시킴으로써 목적을 달성할 수 있다. 책상 위의 스탠드를 보통 좌측 약간 비낌 전방에 놓는 것은 오른손으로 문자를 쓰는데 손그늘이 생기지 않도록 하기 위해서이다. 또한, 형광램프의 장점의 하나는 그늘이 적은 것을 들 수 있으며, 이것은 광원의 면적이 넓으면 강렬한 그늘이 생기지 않으므로 물체를 보는 데 방해가 되는 일이 적기 때문이다.

❼ 빛의 질

(가) 광 색

빛의 성질에서 문제가 되는 것은 형광램프의 백열전구의 색의 차이일 것이다. 색에 대하여 양자의 광원분포가 다르며, 보는 느낌으로는 전구의 빛은 황적색을 띠고 있고, 형광램프는 빛이 흰색 또는 청색을 띠고 있다. 심리적으로는 전구의 광색은 태고시대로부터 야간의 등불로 사용된 불꽃에 가까우므로 야간의 휴식이나 가정의 단란에 적합하며, 형광램프의 광색은 자연의 주광과 근사하므로 사무실이나 공장에서 사람이 활동하는 장소의 조명으로 적합하다. 또한, 심리적으로 적당하다고 생각되는 조도도 광색에 따라서 다소의 차이가 생기며 전구와 같은 붉은색을 많이 띤 빛에서는 다소 낮은 조도가 적당하다고 느껴진다.
형광램프에서는 푸른색이나 노란색이 뛰어나게 보이고, 엷은 노란색과 흰색은 분별이 되지 않는다. 다랑어의 생선회는 형광램프보다 전구 쪽이 맛있게 보인다.

……

(나) 색순응(color adaptation)

전구와 같이 적색을 많이 포함하는 조명 아래에 있으면, 눈이 적색에 대한 감도가 약해지며, 형광램프 빛 아래에서는 반대로 청색에 대한 감도가 약해져서 물체의 색의 보임이 수정된다. 이와 같이 눈의 색순응 동작도 포함되어 물체의 보이는 정도가 빛의 연색성으로 문제가 된다. 그러나 고압수은등이나 나트륨램프와 같이 원래 색의 한쪽으로 치우침이 심한 빛으로 조명될 경우, 눈의 색순응으로 조정되지 않으며, 물체의 색의 보임도 이상하게 된다. 원래 사람의 눈은 일을 하는데 자연의 주광과 같이 황록색에 최고값을 갖는 연속적인 곡선일 것이 요망하다. 분광 분포곡선이 2개 이상의 산봉오리를 갖고 있거나, 연속이 아니고 선스펙트럼이거나 최고값이 황록색으로부터 너무 떨어져 있게 되면 눈의 피로를 일으키는 원인이 된다.

……

(다) 빛의 단속

보통 빛의 어른거림인 플릭커(flicker)를 눈으로 식별하는 것은 초당 약 40회 이하의 명멸빈도의 경우이며, 특히 빛의 명멸을 불쾌하게 느끼는 것은 초당 5~15회의 명멸빈도의 경우이다. 명멸빈도가 초당 50회 이상이 되면 연속광으로 보인다. 초당 명멸빈도가 10회일 때 가장 불쾌하지 않다.

형광등을 교류로 점등하면 반사이클마다 전류의 증감에 따라 밝음이 변화한다. 따라서, 전원주파수의 2배의 주파수로 빛의 어른거림이 일어난다. 그의 정도는 형광물질의 잔광특성에 따라 다르다. 잔광시간이 긴 것은 빛의 어른거림이 적어진다. 형광램프의 관 끝부분에서는 부글로와 양광주광에서의 빛의 높이나 넓이에 차이가 있으므로 60[Hz]의 빛의 변화로 되어 사람의 눈에 어른거림이 느껴진다.

$$\text{플릭커 인덱스} = \frac{\text{면적 I}}{\text{면적 I} + \text{면적 II}} \qquad (1\text{–}15)$$

빛의 어른거림의 정도를 표시하는 데는 다음 식이 사용된다.

$$\frac{\text{밝음(최고)} - \text{밝음(최소)}}{\text{평균밝음}} \times 100[\%] \qquad (1\text{–}16)$$

• 표 1–6 전등의 어른거림 •

광 원	어른거림[%]	광 원	어른거림[%]
백색형광램프	30	백열전구 40[W]	13
청색형광램프	95	백열전구 100[W]	5
주광색형광램프	55		

7. 조명과 인간생활 ····

❶ 조명의 목적

빛은 공기나 물과 같이 생명에 불가결한 존재이다. 조명의 목적은 빛을 인간생활에 활용되게 하는 것으로 인간의 건강을 지키고, 쾌적한 생활을 이루도록 하는 조명이어야 한다. 즉, 물체를 명확히 보이고, 안전을 유지하면서, 쾌적하게 그리고 능률 있게 일을 수행할 수 있도록 하는 것이다.

❷ 조명과 피로

고대인은 밝은 낮에는 옥외의 자연광 아래서 농사, 수렵 등 야외에서 단순노동을 하고, 밤에는 모닥불을 둘러싸고, 낮에 수렵하거나 걷어들인 농작물을 끓이거나 구워 먹으면서 즐기고, 자는 것이 생활이었다. 인간생활을 시작하고부터 수십만 년간 인류는 낮의 밝은 자연광 아래서 활동하는 데 익숙해졌다. 그러나 전등이 보급되면서 수십 년 사이에 밤에도 낮과 똑같은 일을 하게 되고, 그 일도 세밀하고 복잡하다.

인체의 피로는 전신의 피로와 국부의 피로 또는 정신의 피로 등으로 나누어서 생각할 수 있다. 예컨대, 달리고 난 후에 일어나는 피로는 전신피로와 발의 피로가 주이고, 영화를 보고 난 후의 피로는 눈의 피로와 정신피로가 주이다. 조명에서는 눈의 피로와 관계하고, 그 위에 전신피로로 번질 가능성도 있다.

눈의 피로는 피로감이 눈의 아픔, 두통, 어깨의 빠근함 등으로 쉽게 인식된다. 이것을 객관적으로 계측하기 위하여 시력이나 눈의 깜박임횟수, 심장고동 및 안구 근육의 수축상태 등으로 측정하였으나 눈의 피로와 직접 연결이 되지 않는 경우도 있다. 조도에 따른 조절시간실험으로 조도가 높아질수록 눈의 피로가 적어진다는 보도가 있다. 눈의 피로에 따라서 나타나는 중추신경의 피로, 즉 뇌의 피로도 인간의 건강에 중요하다. 뇌는 여러 가지 인체장기의 동작을 자율적으로 제어하는 기능이 있다. 뇌의 피로에 의하여 이들 기관의 기능이 이상으로 되는 경우가 있다. 즉, 자율신경실조증이다.

걱정되는 일이나 피로가 축적되면 식욕이 떨어지고 위통이 나타나는 사람도 있다. 이 증상은 뇌의 피로에 의하여 자율신경계에 실조가 일어난 결과라고 생각된다. 이와 같이 자율신경의 실조가 지속되면 위궤양 질환도 일어나는 경우가 있어, 조명에 의한 뇌의 피로도 인간의 건강을 유지하는 데 중요한 뜻이 있다.

❸ 근시와 조명

인간의 지식의 85[%]는 시각을 통하여 얻어지고, 육체노동의 80~90[%]는 눈에 의하여 기능이 제어되고 있으므로, 일상업무에서 요구되는 전체 움직임에는 눈이 필수적이다. 그러므로 조명과 노동생산성의 관계는 불가분의 관계에 있다고 볼 수 있다. 일부를 제외하고는 유아의 눈은 매우 건전하며, 근시가 일어나는 것은 8~20세 정도까지의 청소년 시기라고 보고 있다. 그런데 이 시기는 수험공부에 의하여 눈을 혹사하는 시기이기도 하다.

우리나라 학생들의 근시율은 초등학교 1학년 학생의 경우 평균 11[%], 6학년이 되면 40[%], 중학교 3학년에서 60[%], 그리고 고교 2학년에서 70[%]로 증가되고 있다고 보고가 있다. 이와 같이 근시의 원인으로는 과도한 독서, TV 시청, 불량한 조명, 그리고 편식도 그 원인으로 들고 있다. 눈의 모양체의 피로는 근시의 발생과 직접적인 관계가 있으며, 조명의 가부는 모양체의 피로와 관계가 있다. 근시예방으로는 좋은 조명환경, 책으로부터 30~40[cm] 떨어진 명시거리에서 읽는 습관, 1시간 작업 후 10분 이상 눈의 휴식, 그 외의 적절한 운동, 편식지양과 정기적인 시력 검사 등을 들 수 있다.

❹ 조명과 작업능률

조명의 양이 부족하거나 조명의 질이 나쁘면, 물체의 보임이 떨어질 뿐만 아니라 시간이 경과함에 따라 피로를 일으키고 근시 등의 원인이 되며, 작업능률도 떨어지고, 생산 등에 영향을 미친다. 그림 1-17은 조도와 작업량 관계를 나타낸 것이다.

그리고 균등하게 밝은 실내의 시력은 조도와 더불어 상승하지만 보려는 대상물만 밝게 하고 주위가 심하게 어두운 경우는 시력의 상승도 둔화되고 그 위에 약1,000[lx] 이상에서는 시력은 떨어진다. 이와 같이 조명의 질이 작업에 미치는 영향이 크다.

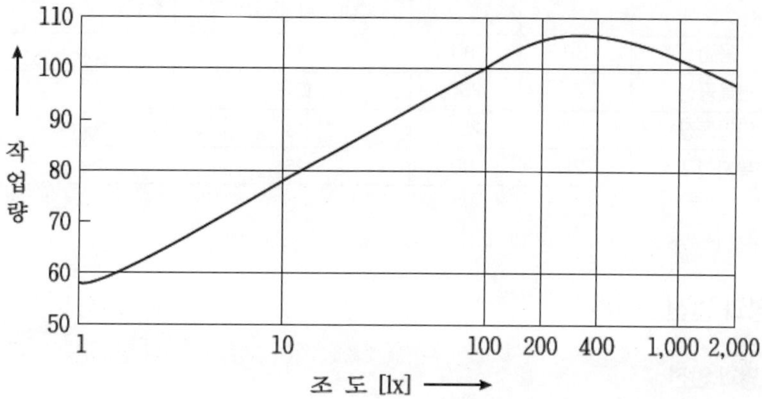

• 그림 1-17 **조도와 작업량** •

그리고 시야 내의 휘도의 분포는 물론 시야 밖의 휘도 환경도 작업능률에 영향을 미친다. 따라서, 높은 조도에서는 광원의 개수나 휘도가 증가하면 눈부심이 일어나기 쉬우므로 작업능률의 저하도 생기기 쉽다.

그러나 일반적인 작업에서는 눈부심을 느끼지 않는 범위에서는 조도가 높을수록 작업능률이 높아진다. 그 이유로는 조도가 높아지면

1. 시력이 증진한다.
2. 명시의 깊이가 깊어진다.
3. 밝으면 기분이 명랑해져서 작업이 촉진된다.

• 표 1-7 조도증가에 따른 생산성 증가 •

작업	구조도	선조도[lx]	생산성 증가[%]	조명비 증가[%]
철제조차	26	58	선반 볼반 나사파는반 홈파기반] 22	5.5
용접	84	116	12	2.5
편물공장	78	200	10.8	–
양말공장	78	250	13	–
복지직포	21	118	25	–

❺ 조명과 안전

(가) 조명과 안전

조명과 안전 사이에는 밀접한 관계가 있다. 도로조명의 경우 도로조명의 설치에 의하여 야간교통사고는 고속도로에서 40~60[%], 지방간선도로에서 30~70[%], 시가도로에서는 20~55[%] 감소하였다는 국제조명위원회(CIE)의 조사통계보고가 있 다. 그리고 뉴욕의 조사결과에 따르면, 도로(주로가로, 주택가로)에 조명등을 설치함으로써 각종 범죄의 발생건수가 감소되었다고 한다(그림 1-18).

한편, 공장에서도 조명을 개선함으로써 생산이 증가될 뿐 아니라, 사고건수가 줄고, 피로에 의한 결근도 적어진다는 보고가 있다. 이와 같이 조명과 사고나 범죄의 발생, 즉 안전성과의 사이에는 밀접한 상관관계가 있다.

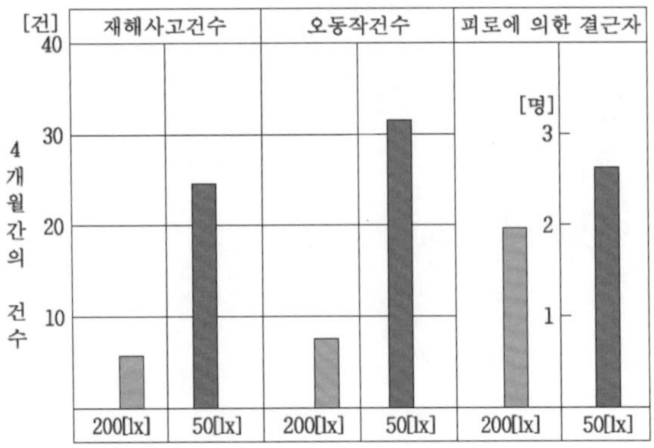

• 그림 1-18 조도의 개선효과 •

(나) 조명과 범죄

밝음은 범죄심리와의 관계가 있는 것으로, 일반적으로 밝은 장소에서는 범죄가 적고, 어두운 장소에서는 많다. 예컨대, 동경의 우에노역의 조명을 개선하여 약 9배로 밝게 하였더니, 구역 내의 범죄가 약 30[%] 감소하였다. 도로조명에서의 범죄방지효과도 무시될 수 없다(그림 1-19).

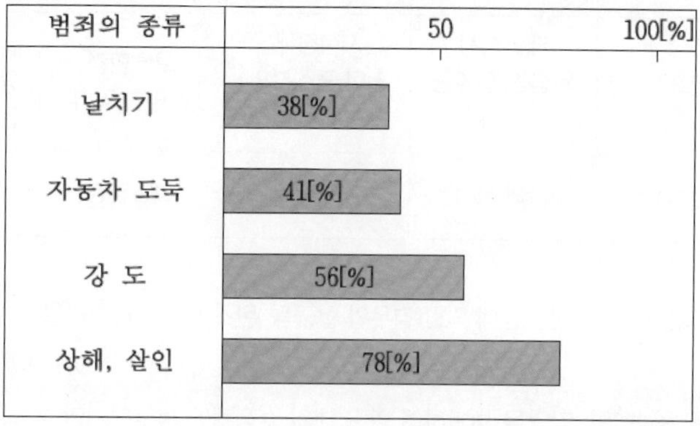

• 그림 1-19 **조명과 범죄의 발생** •

(다) 빛에 의한 눈의 상해

자외선 중 300[nm]보다 파장이 짧은 것이 눈에 닿으면, 각막에서 대개 전부 흡수되어 각막을 손상시키는 각막결막염이 생긴다.

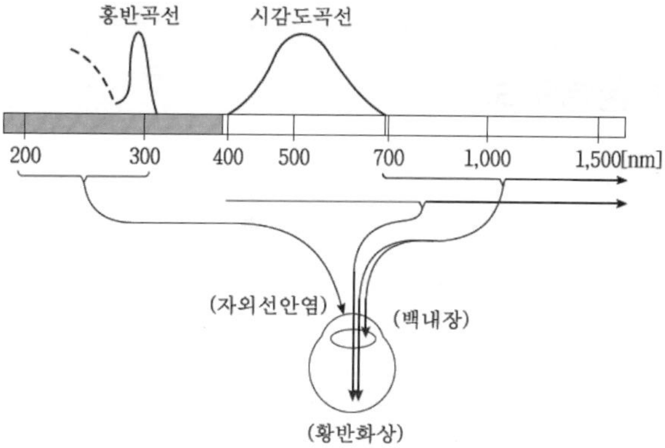

• 그림 1-20 **빛의 파장과 눈의 상해부위** •

• 표 1-8 자외선과 적외선에 의한 눈의 상해 •

병명	원인	증상	예방	예후
자외선안염	설면의 반사 탄소아크등 살균등 용접광	아픔 충혈 눈물이 나온다	보호안경	2~3일로 완치
황반화상	태양직시 용접광, 탑조등 직시	시력장애 시야 중심부의 암점	보호안경 적당한 필터	경증은 괜찮으나 증상은 낫지 않는 경우도 있다.
적외선백내장	대량의 적외선	시력장애	보호안경	수술로 어느 정도 회복

스키를 탈 때는 설면의 반사광에 의한 경우와 살균등, 탄소아크등 용접광을 직시함으로써 때때로 발생한다.

300[nm]를 초과하면, 각막을 투과하여 안구 내의 수정체에 흡수되지만, 손상을 입히는 일은 거의 없다. 380[nm] 이상의 가시광선은 망막에 도달하고, 만약 광원의 휘도가 매우 높으면 화상을 입는다. 이것이 황반화상이다.

또한, 다량의 적외선에 의하여 일어나는 수정체의 혼탁인 적외선백내장이 유리공이나 단조공 등에 때때로 일어난다. 이것은 긴 세월에 걸쳐서 적열된 유리나 철을 직사하는 작업에 종사함으로써 일어나는 직업병의 일종이다.

3 / 광원과 점등회로

1. 광원의 발달 ····

나무와 나무를 비벼서 불을 일으킨 것은 약 5만 년 전이라 말하고 있으며, 그 당시의 불은 열원이 주목적으로 되었을 것이다.

수백만 년에 걸친 인류의 역사를 통하여 태양과 달, 그리고 불꽃에 의한 빛이 인간생활에 중요한 역할을 하여 왔다.

물체가 연소할 때 발생하는 빛을 조명용 광원으로 이용한 것은 어쩌면 가장 자연스러운 현상일 것이다.

빛을 얻기 위한 유등은 기원전 3천 년부터이며, 마른나무를 비빌 때 생기는 마찰열이나 부싯돌로 일으킨 불을 관솔에 붙여서 등불로 쓴 것같이 목재를 연소시켜서 조명용 광원으로 사용한 것이 등불의 시초이다.

이 유등에는 처음에는 쇠기름, 돼지기름 등의 동물기름을 다음에는 정어리기름 등 어류기름을, 이어서 뜰깨기름, 피마자기름 등의 식물기름을 써왔고, 그 후 양초가 사용되고 지하자원의 개발에 따라 석유인 광물기름을 사용한 석유등과 가스등이 등장하였다.

1810년 영국의 다비(Davy)가 탄소에 전류를 흘리면 빛이 발생하는 것을 발견하여 파리의 콩코드 광장에서 2,000개의 전지로 탄소아크가로등을 점등한 것이 전기에 의한 인공적인 빛이 처음으로 등장되었으며, 전등의 역사적인 출현이며 이것이 아크등(arc lamp)이다.

그러나, 탄소아크등은 불똥이 튀고 탄소봉이 자주 닳아서 새 것을 갈아넣어야 하고, 빛이 너무 강해서 눈이 쉽게 피로해지는 단점이 있어 부드러운 전등의 출현이 절실하게 요망되었다. 1879년 미국의 에디슨(Edison)이 면사를 탄화시켜 만든 진공전구인 백열전구가 실용화되었으며 이 백열전구는 진공 탄소 전구에서 진공 텅스텐 전구(1911년), 가스든 전구(1913년), 이중코일 전구(1934년)로 진보 개량되었다.

한편 아크의 실용화에 연구 개량이 거듭되어 수은증기 중의 방전에 의한 발광을 이용한 저압수은등(1901년)이 나타나고, 독일의 피라니(Pirani)에 의해서 수은과 아르곤을 봉입한 고압수은등이 발명되고, 다음에 초고압수은등(1935년)이 등장하였다. 이들 수은등은 백열전구에 비하여 효율은 높으나, 광색에 있어서 일반 조명용으로는 부적당하였다.

계속하여 나트륨증기 등의 방전에 의한 발광을 이용한 나트륨등이 개발되었다. 1938년에 미국의 인멘(Inmen)에 의하여 수은등에 형광물질을 발라서 백색으로 빛나는 방법을 연구 발표하였는데, 현재 세계적으로 수요가 많은 고효율의 형광등이 출현되었다.

그리고, 20년 후에 연색성이 다소 개선된 고압나트륨등이, 수명이 길고 일정광도가 수명기간 중 유지되는 전구인 할로겐전구등이 속속 출현되어, 연색성과 효율 등이 우수한 전등이 계속하여 출현되고 있다.

2. 발광방법 ····

❶ 온도복사

물질을 구성하는 입자는 그 온도에 대응한 열진동을 하고, 그 진동의 결과 외부에 에너지를 빛으로서 방출하고 있다. 이것을 열복사라고 한다.

열복사의 크기는 열복사체의 온도의 복사율에 의해 결정된다.

(가) 흑체와 회색체

1. 흑체(black body) : 입사하는 복사를 전부 흡수하여 반사와 투과를 하지 않는 것으로, 다시 말하면 흡수율이 100[%]인 가상적인 물체를 말하며 방사이론에서 기준이 되며 이것은 모든 파장에서 최대의 온도방사를 하는 것으로 이 방사를 흑체방사라 한다.

   실제의 것으로는 백금흑이나 탄소와 같은 것이 이에 가깝지만 실제로는 방사선을 통과시키지 않는

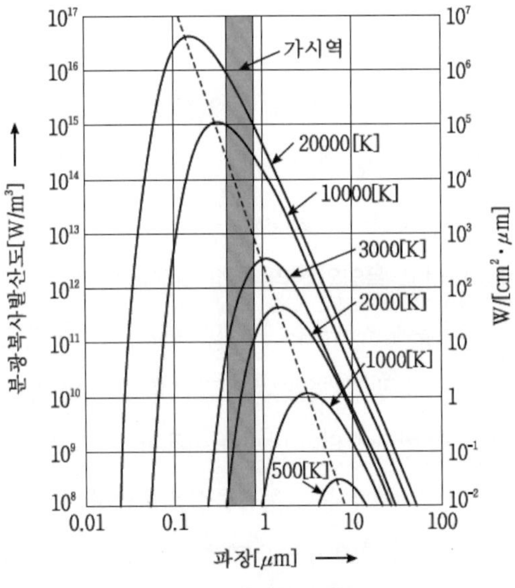

• 그림 1-21 흑체의 분광분포 •

균등온도의 벽에 포위된 주벽의 일부에 작은 구멍을 뚫을 때, 이 작은 구멍은 대체로 그의 온도의 흑체를 보일 수 있는 방사를 한다.

2. **회색체(gray body)** : 투사하는 방사를 반드시 모두 흡수하지 않는 실제하는 물체로서 흡수율이 항상 1보다 적다.

(나) 흑체의 온도복사의 법칙

1. **스테판 볼쯔만의 법칙** : 흑체의 복사발산량 W는 절대온도 T[°K]의 4제곱에 비례하며 다음 식으로 주어진다.

$$W=\sigma T^4 \quad (1\text{–}17)$$

($\sigma=2\pi^4k^4/(15h^3c^2)=5.683\times10^{-8}[W/m^2.°K4]$으로 스테판–볼쯔만의 상수)

2. **Wien의 변위법칙** : 흑체의 분광 복사휘도 또는 분광 복사발산도가 최대가 되는 파장 λm은 그 흑체의 절대온도 T [°K]에 반비례한다. 즉, 온도가 높아질수록 λm은 짧아진다.

$$\lambda_m T = 2.896\times10^6[nm\cdot°K] \quad (1\text{–}18)$$

3. **Plank의 법칙** : 절대 온도 T[°K], 임의의 파장 λ[μ]의 스펙트럼 복사속의 발산도 Pλ는 다음과 같다.

$$P_\lambda = \frac{C_1}{\lambda^5}\frac{1}{e^{C_2/\lambda T}}\ [W/m^2.\mu] \quad (1\text{–}19)$$

여기서, C_1 및 C_2는 플랭크의 정수로 C_1=373,500,000, C_2=14,380[μ°K]이며, e는 자연 대수의 밑으로 e= 2.7182이다.

❷ 루우미네슨스

물체가 온도복사에 의하여 발광을 못하는 약 500° 이하의 온도에서 자극 에너지를 흡수하여 그의 일부 또는 전부를 빛의 에너지로서 발산하는 현상을 말하며 이것을 냉광(cold light)이라고도 부른다.

1. 형광 : 자극을 가하고 있는 사이만 발광을 지속하며 자극이 없어진 후에는 발광을 곧 정지하는 것

2. 인광 : 자극이 없어진 후에도 수분간 내지 수시간 이상에 걸쳐서 발광을 지속하는 것

(가) 전기 루우미네슨스(electric luminescence)

기체 또는 금속 증기 내의 방전에 따르는 발광현상이며, 이것은 대전입자 상호간 또는 원자, 분자 등의 충돌에 기인되는 것이다. 네온관등, 수은등 등의 방전등은 전기 루우미네슨스를 이용한 것이다.

……

(나) 복사 루우미네슨스(photo luminescence)

광선, 자외선, X선 등의 복사를 받고, 분자 또는 원자가 그 중의 어떤 파장의 복사를 흡수하여 이것의 일부 또는 전부를 장파장의 빛으로 발산하는 것이다. 야광도료는 복사 루우미네슨스의 인광을 발생하는 것이고, 형광등의 발광은 이것의 형광을 이용한 것이다.

발광체가 발산하는 복사의 파장은 조사된 복사의 파장보다 항상 길다. 이것을 Stokes의 법칙이라 한다. 즉 빛의 파장보다 긴 전파나 적외선으로서는 가시 복사 루우미네슨스는 얻을 수 없다.

……

(다) 음극선 루우미네슨스(cathode ray luminescence)

음극선이 형광체와 같은 물체에 조사되었을 때에 나오는 발광으로서, 텔리비젼용의 브라운관 등에 이용된다.

……

(라) 열 루우미네슨스(thermal luminescence)

물체를 가열할 때, 같은 온도의 흑체복사에 비하여 복사속을 발산하는 현상을 말한다. 금강석, 대리석, 형석 등을 약간 가열하면 일어나는 발광이 그 예이다

……

(마) 생물 루우미네슨스(bio luminescence)

야광충, 발광 박테리아 등의 생물에서의 발광을 말하며, 이것은 열을 수반하지 않는 것이 특징이다. 생물 루우미네슨스는 루시훼린(luciferin)이라는 발광물질이 같은 세포내에 있는 루시훼라제(luciferace)라고 하는 발광 효소의 작용으로 수분의 존재와 더불어 산화될 때에 발광하는 것이다.

(바) 파이로 루우미네슨스(pyro luminescence)

알카리 금속, 알카리 토금속 등의 증발하기 쉬운 원소 또는 염류를 알콜 램프의 불꽃 속에 넣을 때 발광하는 현상을 말하며, 이것은 화합물의 분석과 발염 아크등에 이용된다.

……

(사) 화학 루우미네슨스(chemi luminescence)

화학 반응, 주로 산화에 의한 발광을 말하며, 황인의 자연발광은 이에 속한다.

……

(아) 마찰 루우미네슨스

각설탕, 석영 등을 컴컴한 곳에서 분쇄하면 청백한 빛이 일어나듯이 물질을 기계적으로 파괴하거나 마찰할 때 순간적으로 발광하는 것을 말한다. 그러나 마찰 루우미네슨스는 실용된 것이 없다.

3. 백열 전구 ····

❶ 백열 전구의 구조와 원리

백열 전구는 필리멘트에 전류를 통전시켜 고온백열하여, 이 열방사에 의한 광을 이용한 광원이다. 필리멘트는 텅스텐선을 코일형태로 사용하는 2중 코일이 많다. 유리구는 휘도를 줄여 조명에 적합하도록 하기 위하여 유리구의 내면은 불소 화합물(NH_4F)을 이용하여 유백색 전구로 사용하거나 실리카의 백색도장막이 도포되어 있다. 유리재질은 소다석회유리가 사용되고 고출력과 옥외용에는 경질유리가 사용된다. 유리구 내에는 아르곤과 질소 및 크립톤 등의 불활성 가스가 봉입되어 있으며 저출력의 것은 진공이다. 그림 1–22는 텅스텐 전구의 구조 및 각 부의 명칭을 표시한 것이다.

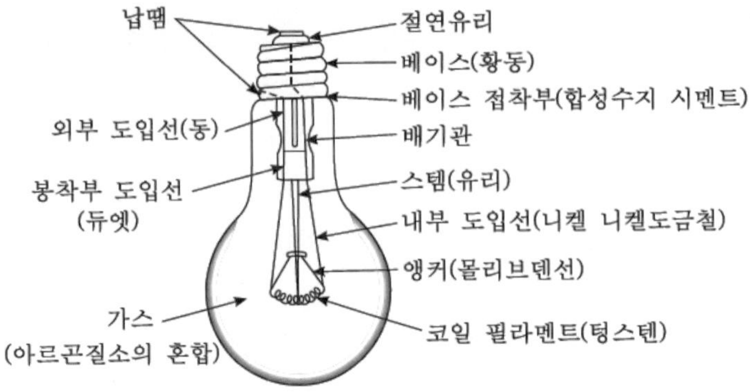

• 그림 1-22 **백열전구의 구조 및 각부의 명칭** •

할로겐 전구는 석영유리구 내에 불활성 가스와 함께 미량의 할로겐 물질을 봉입한 것으로 할로겐 화학반응을 이용해서 관벽의 흑화가 적고 광속 유지율과 수명 특성이 함께 개선된 전구이다.

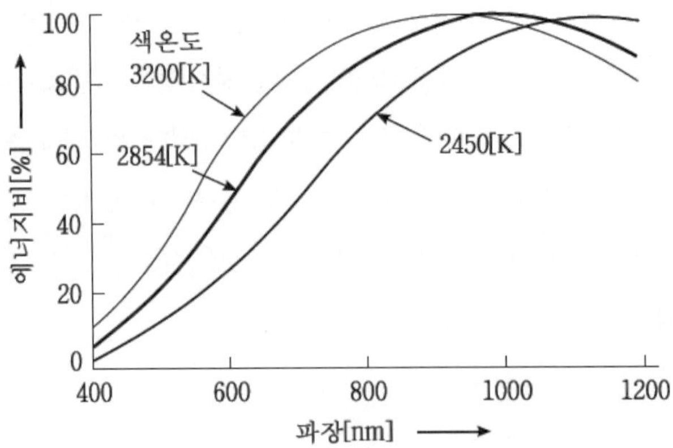

• 그림 1-23 **자연 전구의 분광분포** •

(가) 필라멘트(filament)

발광부가 되는 필라멘트는 열방사를 하기 때문에 가능한 고온으로 하는 것이 바람직하다. 이상적으로는 태양광에 가까운 5000[°K] 정도이지만 이와 같은 고온에 견딜 수 있는 것은 없으며 현재 필라멘트로서 텅스텐(융점 3650[°K])이 사용되고 있다.

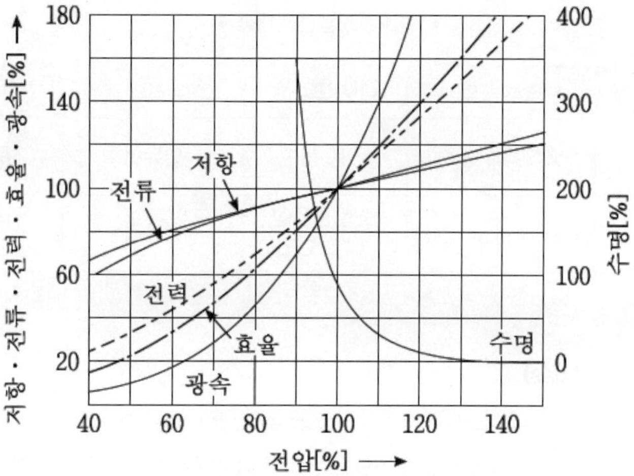

• 그림 1-24 일반 전구의 전원전압 특성 •

필라멘트에는 단코일과 2중코일식이 사용되고 있다. 필라멘트는 고온에서 곧 산화되기 때문에 유리구 내를 진공으로 할 필요가 있다. 그러나 완전히 진공으로 할 수가 없으므로 남아 있는 O_2를 게터(getter)에 의해 유리구 내벽에 고착시키는 연구를 하고 있다.

(a) 단코일 (b) 이중코일

• 그림 1-25 텅스텐 필라멘트의 구조 •

(나) 도입선(leading wire)

도입선에는 유리구 내부 도입선, 봉착부 도입선 및 스템관을 통해서 꼭지쇠에 접속하는 외부 도입선이 있다. 이 중에서 봉착부 도입선이 가장 중요한 부분이다. 즉, 스템에 사용된 유리와 도입선의 팽창률이 동등하지 않으면 틈새가 생겨 봉입의 역할을 할 수 없게 된다. 일반적으로 사용되고 있는 도입선의 재질을 표 1-9에 표시하였다.

• 표 1-9 **도입선의 재질** •

외부 도입선	봉착부 도입선	내부 도입선	스템유리의 종류	전구의 종류
동 선	듀멧선(dumet wire)	동 선	연유리	진공전구
동 선	듀멧선(dumet wire)	순철.순동선 (니켈.도금)	연유리	가스봉입 전구

(다) 봉입 가스(filled gas)

전구의 효율을 높이기 위해서는 필라멘트의 온도를 높게 한다. 진공전구인 경우에는 텅스텐의 증발을 억제할 압력이 없기 때문에 증발한 텅스텐은 유리구 내벽에 부착하여 검게 되며 이것을 흑화라고 한다. 이 흑화현상을 방지하기 위하여 1913년 미국에서 유리구 내에 불화성 가스를 봉입한 가스 봉입전구가 발명되었다.

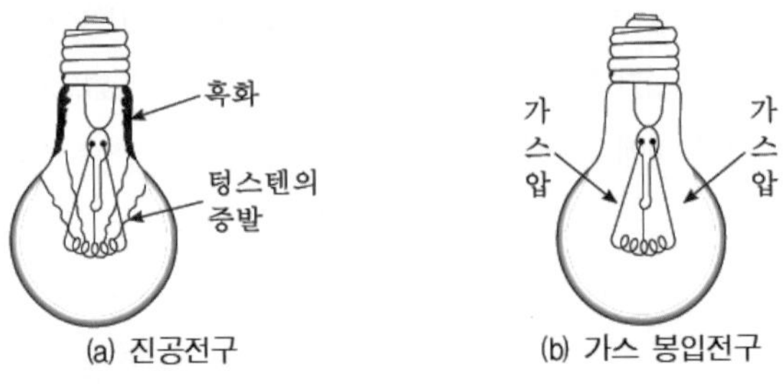

• 그림 1-26 **봉입가스의 효과** •

봉입 가스는 일반적으로 아르곤(Ar)과 질소(N_2)를 점등시 약 1기압 정도가 되도록 봉입한다. 100[V]급의 일반 조명용 전구에서 사용되고 있는 것은 Ar이 86~ 98[%]인 것이다.

(라) 유리구(bulb)

일반 조명용 전구의 유리구에는 연질의 소다유리가 사용되고 있으며, 고용량 전구에는 경질인 봉규산유리가 사용된다. 유리구에는 투명한 것과 백색도장한 것이 있다. 투명전구는 고용량인 전구로서 기구(유백색 글로브) 등에 넣어 사용한다. 내면을 백색도장한 것은 일반 조명 전구로서 그대로 사용하며 내면을 백색도장함으로써 휘도를 낮게 할 수가 있다. 또한 용도에 따라 담청색 유리는 주광색 전구, 사진현상용 전구, 도금용인 다색전구 등이 있다. 그 외에도 장식용 색전구 등이 있다.

……

(마) 베이스(base)

전구의 베이스를 비틀어 넣는 방식과 끼어 넣기 방식이 있다. 끼어 넣기 방식은 진동하는 장소에 사용하더라도 느슨해지는 일이 없어 철도 차량용 전구, 자동차용 전구, 선박용 전구 등에 사용한다.

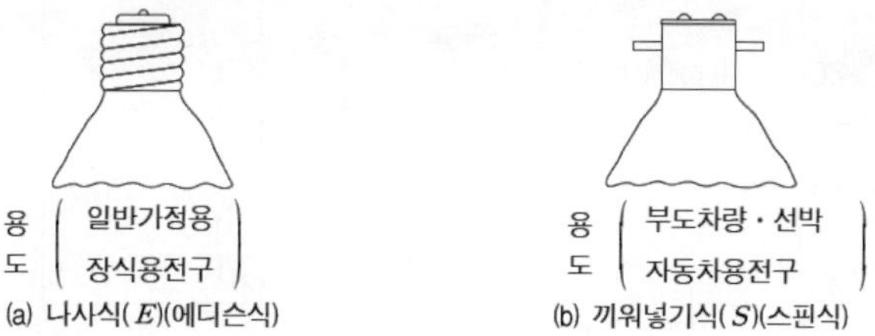

• 그림 1–27 베이스의 형태 •

(바) 게터(getter)

유리구 내부에는 미량의 산소가 남아 있으므로 점등하면 고온에서 필라멘트가 산화될 수 있으며 이로 인해 유리구 내부가 그을리고 필라멘트가 가늘어지게 되어 전등 효율이 감소하는 흑화현상을 초래하게 된다. 따라서 게터(getter)를 필라멘트가 스템(stem)에 도포하여 점등시 전구 내에 남아 있는 산소와 결합하게 함으로써 진공도를 상승시켜($\simeq 10^{-5}$ [mmHg]) 필라멘트의 산화를 억제하고 있다. 게터로는 진공 전구용에서 적린(P)과 플루오르화 소다(NaF)를 사용하며 가스 주입 전구에서는 질화바륨($Ba(N_3)_2$)과 카올린($Al_2O_3.2SiO_3.2H_2O$)을 사용하고 있다.

❷ 백열 전구의 특성

(가) 전구의 동정곡선

전구는 제작 직후 처음으로 점등하면 광속과 전류가 급격한 변화를 나타낸다. 광속은 갑자기 증가하여 10~15[%] 정도 커져서 극대값에 도달하며, 그 후 완만하게 감소하여 일정한 값에 이른다. 전류는 완만하게 감소하여 1~3[%] 정도 감소한 다음 일정한 값이 된다. 이 현상은 최초 점등 후 수십분 사이에 일어나는 현상이며 이 현상을 에이징(ageing)이라고 한다.

에이징된 전구는 점등하면 시간의 경과와 함께 광속 · 전류 · 효율 · 전력이 약간이기는 하나 변화하며 이 변화 과정을 동정(performance)이라고 한다. 점등시간과 특성의 변화를 그림 1-28과 같이 곡선으로 나타낸 것을 동정곡선이라고 한다.

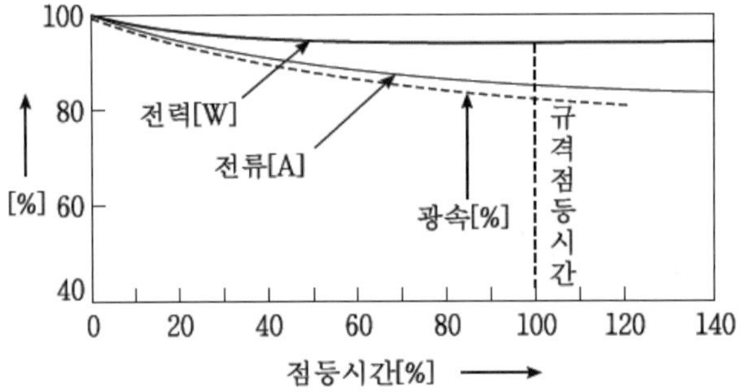

• 그림 1-28 **백열 전구의 동정곡선** •

(나) 전구의 전압특성

Ⅰ 광속의 전압특성

전구의 인가전압 V가 정격전압 V_0보다 증감했을 때 광속 F는

$$\frac{F}{F_0} = \left(\frac{V}{V_0}\right)^{3.6} \qquad \therefore F = F_0\left(\frac{V}{V_0}\right)^{3.6} \qquad (1\text{-}20)$$

(여기서, F_0 : 정격시의 광속, F : 변화 후의 광속)

2 수명(life)의 전압특성

수명 L은 다음과 같이 구할 수 있다.

$$\frac{L}{L_0} = \left(\frac{V}{V_0}\right)^{13.1} \qquad \therefore L = L_0\left(\frac{V}{V_0}\right)^{13.1} \tag{1-21}$$

(여기서, L_0 : 정격시의 광속, L : 변화 후의 광속)

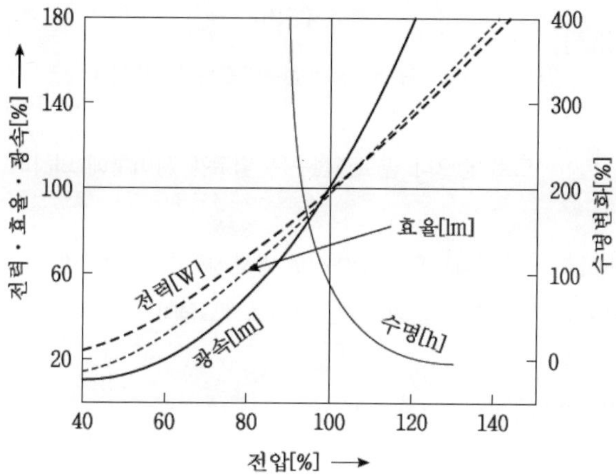

• 그림 1-29 백열전구의 특성 •

3 기타 특성

전구 효율은 필라멘트 등의 설계로 결정되지만, 일반조명용 전구 100[W]의 효율은 15.2[lm/W], 평균수명 1,000시간이다.

볼전구의 효율은 약간 낮추어서 평균수명 2,000시간으로 하고 있고 할로겐 전구의 효율은 약 10~20[%] 높게 하고 평균수명은 1,500~2,000시간으로 설계되고 있다.

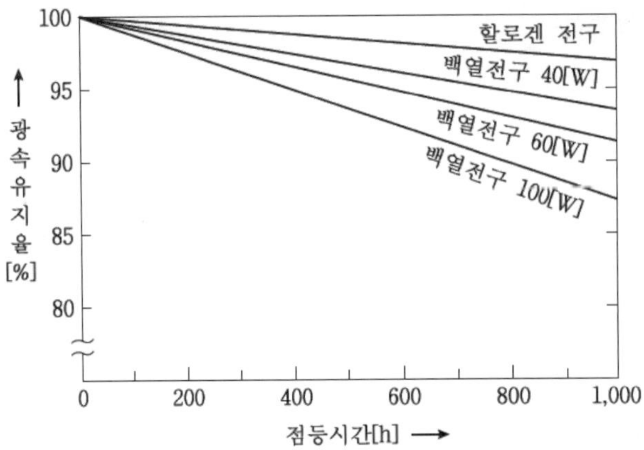

• 그림 1-30 **전구와 할로겐 전구의 광속유지 특성** •

광속유지율은 일반적으로 좋으나 할로겐전구는 할로겐 사이클에 의하여 더욱 우수하다(그림 1-30).

색온도는 일반조명용 60[W]에서 약 2,850[K]로 영사.사진용 및 할로겐전구는 3,000[K] 이상으로 설계되어 광색이 좋게 되어 있다. 분광분포는 연속 스펙트럼이기 때문에 연색성도 극히 좋다.

(다) 백열 전구의 주요 특징

1. 연색성이 좋고, 따스한 광색이다.
2. 점광원에 가깝고, 빛의 집광이 용이하다.
3. 조광을 연속적으로 할 수 있다.
4. 점등이 간단하고, 곧 점등되어 밝아진다.
5. 광속저하가 적다.
6. 효율이 낮고 수명이 비교적 짧다.
7. 열선방사가 많다.

❸ 할로겐 전구의 구조와 원리

할로겐 전구(halogen lamp)는 미량의 할로겐 물질을 포함한 불활성가스를 봉입하여 할로겐 물질의 화학반응을 응용한 가스입 텅스텐 전구이다.

(가) 할로겐 재생 사이클(halogen cycle)

백열 전구는 점등 중에 필라멘트 표면으로부터 텅스텐의 원자가 증발하여 관내 벽에 부착하며 과벽 흑화를 일으켜서 빛의 투과를 감소시킨다.

할로겐 전구는 유리구 내에 불활성가스 이외에 요오도, 브롬, 염소 등의 할로겐 화합물을 미량 봉입한 것으로 할로겐은 낮은 온도에서 텅스텐과 결합하고 높은 온도에서는 분해하는 성질이 있다. 전구 내에 소량의 할로겐을 넣으면 이것이 증발하여 확산하며 250[℃] 이상에서는 증기상태로 관벽에 부착하지 않고 밸브 내를 떠다니다가 필라멘트로부터 증발된 텅스텐이 온도가 낮은 유리구 관벽에 가까이 간 것과 결합하여 할로겐화 텅스텐으로 된다.

이것은 투명하고 증발하기 쉬운 것으로 대류에 의하여 2,000[℃] 이상의 고온의 필라멘트 가까이 가면 고온으로 인해 분해되고 텅스텐은 필라멘트로 되돌아가고 할로겐은 확산된다. 이 할로겐이 관벽에 가면, 또다시 텅스텐을 잡아서 필라멘트로 되돌려 주는 할로겐 재생 사이클을 이룬다. 이와 같이 하여 필라멘트가 가늘어지는것을 방지하여 수명은 길게 되고, 수명이 끝날 때까지 필라멘트는 덜 가늘어지고 유리구의 흑화도 적으며, 따라서 광속이나 색온도의 저하가 극히 적다. 흑화가 적으므로 유리구가 적어도 되며 체적이 일반 전구에 비하여 1/10 정도로도 충분하다.

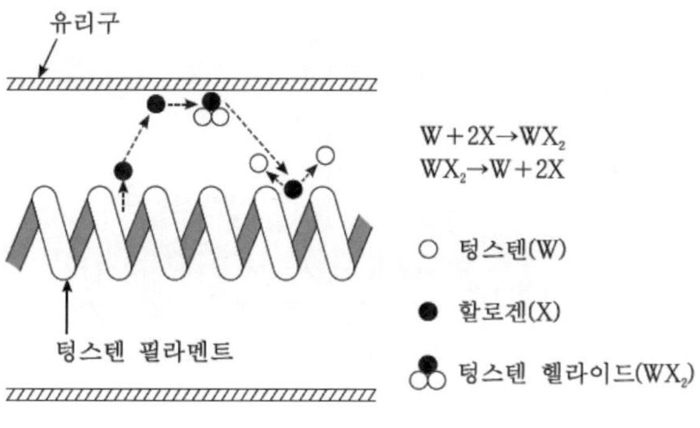

• 그림 1-31 할로겐 사이클의 모델 •

(나) 할로겐 전구의 구조

관벽 온도는 텅스텐 할로겐 화합물이 부착되지 않도록 250~850[℃]로 설계되어 있으므로 할로겐 전구의 밸브는 종래의 전구보다 소형으로 관벽부하를 높게 하고 있다. 이 때문에 관벽 온도가 250~850[℃]가 되도록 설계되어 있으므로 고온에 견딜 수 있는 석영유리가 주로 사용되지만 경질 유리가 사용되기도 한다.

석영유리와 도입속선과의 봉착은 두께 20~30[μm]의 나이프에지의 몰리부덴박을 사용하여, 핀치시일로 되어 있고, 석영유리 내에 봉입되고 있는 금속은 텅스텐 과 할로겐과의 반응을 방해하지 않도록 고순도의 텅스텐 또는 몰리브덴이 쓰이고 있다. 미량의 할로겐 물질과 불활성가스가 1×10^6~4×10^5[Pa]로 고압으로 봉입되어 있다. 소형이고 고온으로 되어 있으므로 점등 중의 압력은 봉입압(냉압력)의 1.3~ 7.0배에 달한다.

할로겐 가스로는 CH_3Br, CH_2Br_2, CH_2Cl_2, I_2, Cl_2, Br_2 등이 사용되며, 혼합은 할로겐 0.1~1[%], Ar베이스 또는 할로겐 0.5~1[%], N_2 10~50[%], Ar베이스 등으로 사용된다. 예컨대, J-100[V], 500[W] 할로겐 전구에는 $CH_2Br_2+I_2$ 혼합가스가 사용되고 있다.

......

(다) 적외반사막응용 할로겐 전구

그림 1-32는 적외반사막응용 할로겐 전구의 구조를 나타낸 것이다. 일반적인 할로겐전구와 외관적으로는 동일하지만, 석영유리표면에 고굴절률의 금속산화물 (TiO_2)과 저굴절률의 금속산화물(SiO_2)의 다층막으로 되는 가시광투과 적외선반사막을 형성하고 있다. 이 적외반사막은 텅스텐 필라멘트로부터 발사된 가시광을 투과시키고 적외선을 반사하여 필라멘트로 되돌려주어, 필라멘트의 가열에너지로서 재이용하여 할로겐 전구의 효율을 15~30[%] 향상시키고 열선도 1/2로 감소된다.

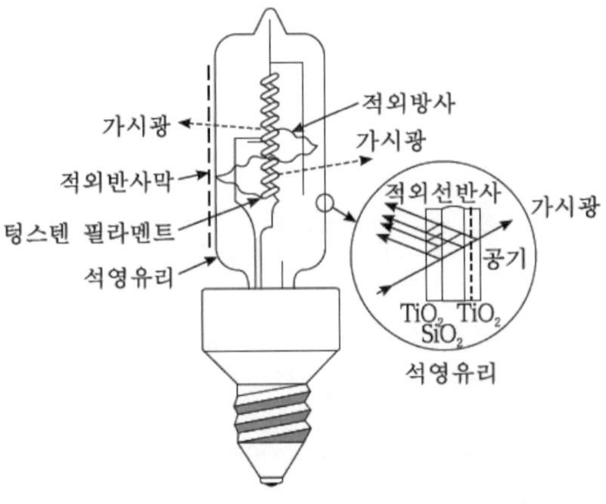

• 그림 1-32 **적외반사막응용 쌍베이스형 할로겐 전구** •

(라) 다이크로익 미러부 할로겐전

점포조명이나 박물관, 미술관 등의 전시용 조명에서 전시품을 두드러지게 나타내기 위하여 고조도의 스폿조명이 이루어지고 있다. 이 할로겐 전구는 광원으로부터의 방사역에 의한 전시품의 열손상이나 퇴색을 방지하기 위하여 만들어진 것이다.

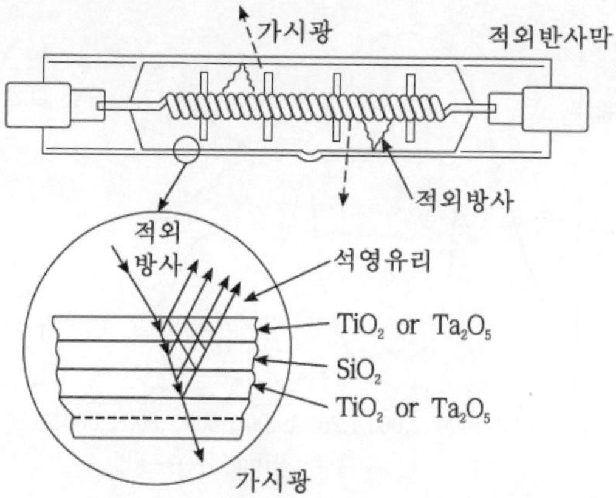

• 그림 1-33 **적외반사막용 쌍베이스형 할로겐 전구** •

다이크로익 미러(dicroic mirror)가 처리된 할로겐 전구는 최첨단의 광학기술을 이용한 다이크로익 미러에 의하여 가시광을 전면으로 반사하고, 불필요한 열선(적외선)을 후방으로 80[%] 투과시킴으로써 전면으로의 열선을 1/10로 감소시켜서 방사열에 의한 상품의 손상을 대폭 경감시키는 전시조명이 가능하게 되었다.

다이크로익 미러는 전술한 적외반사 가시투과막과 같은 생각으로 유리기판 위에 굴절률이 높은 물질인 산화지탄(TiO_2)과 저굴절물질인 불화마그네슘(MgF_2)을 번갈아 엷은 막으로 증착한 것으로 막의 두께와 층수를 조정하여 특정파장대의 빛을 반사하고, 다른 빛은 투과시키는 성질을 갖는 반사경인 다이크로익 미러를 얻는다. 이를 그림 1-34에 나타내었다.

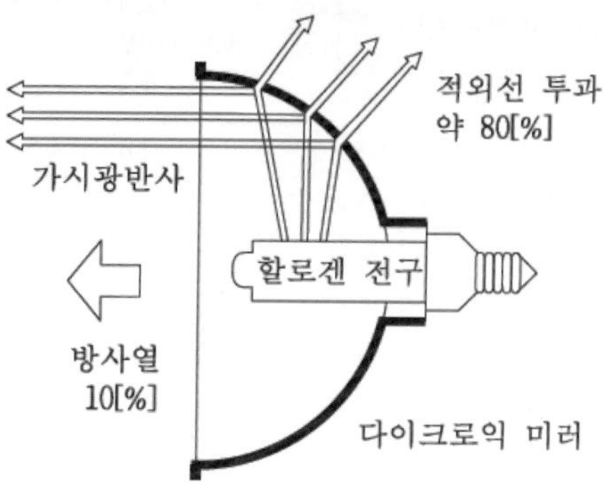

• 그림 1-34 **다이크로익 미러부 할로겐 전구** •

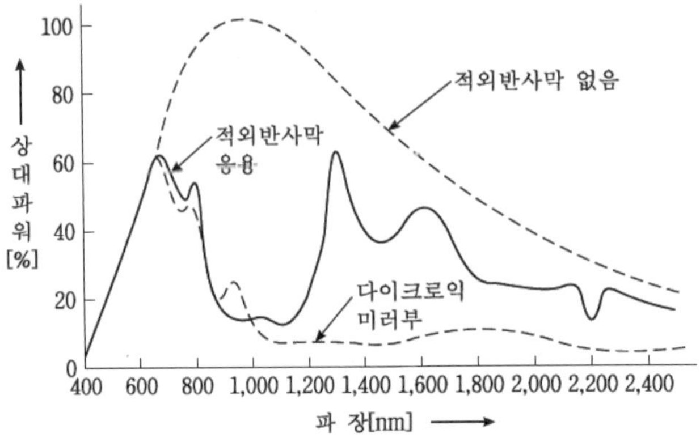

• 그림 1-35 적외반사막부 및 적외선투광막 할로겐전구의 분광분포 예 •

❹ 백열 전구의 종류

(가) 일반 조명용 전구

백열 전구는 일반 가정용을 중심으로 주력광원으로서 널리 이용되어 있으며 현재 주력으로 이용되고 있는 것은 백색박막 도장 전구이다. 표 1-10에 전구의 정격을 나타내었다.

• 표 1-10 백열 전구의 특성 및 수명(KSC 7501) •

형식	전경 전압 [V]	초 특 성			동적 특성 효율 [lm/W] 이상	수명[h]	베이스
		소비전력[W]	광속 [lm]	효율 [lm/W]			
L 100[V] 10[W]	100	10±1.0	76±12	7.6±1.2	5.4	1300	E_{26}
L 100[V] 20[W]	100	20±2.0	175±27	8.7±1.4	6.2	1300	"
Ld 100[V] 30[W]	100	30±3.0	330±50	11.0±1.7	7.9	900	"
L 100[V] 30[W]	100	30±3.0	290±45	9.7±1.5	7.0	900	"
Ld 100[V] 40[W]	100	40±4.0	500±75	12.5±1.9	9.0	900	"
L 100[V] 40[W]	100	40±4.0	440±70	11.0±1.7	7.9	900	"
Ld 100[V] 60[W]	100	60±6.0	830±125	13.9±2.1	10.0	900	"
L 100[V] 60[W]	100	60±6.0	760±151	12.6±1.9	9.1	900	"
Ld 100[V] 100[W]	100	100±10.0	1570±240	15.7±2.9	10.9	900	"
L 100[V] 100[W]	100	100±10.0	1500±230	15.0±2.7	10.5	900	"

형식	전경 전압 [V]	초 특 성			동적 특성 효율 [lm/W] 이상	수명[h]	베이스
		소비전력[W]	광속 [lm]	효율 [lm/W]			
L 100[V] 150[W]	100	150±15.0	2450±370	16.4±3.0	11.4	900	"
L 100[V] 200[W]	100	200±20	3450±520	17.3±3.1	12.2	900	"
L 100[V] 300[W]	100	300±30	5500±830	18.3±3.3	12.8	900	E_{39}
L 100[V] 500[W]	100	500±50	9900±1500	19.7±3.6	13.7	900	"
L 100[V] 1000[W]	100	1000±100	2100±3200	21.0±3.8	14.6	900	"

• 표 1-11 일반 조명용 할로겐 전구의 규격(KSC 7523) •

형 식	전경 전압 [V]		베이스	표준점 등방향	초 특 성		광속유지율		효율(수명)	
					소비전력 [W]	전광속 [lm]	규정점 등시간 [h]	[%]	정격 수명 [h]	효율 [lm/W]
J100(120)[V] 300[W]	100(120)	부 도 1-1	R7s-12 또는 R7s-15 (부속서1 에 의함)	수평	300±24	5,900±850	1,000	90이상	2,000	19.7
J100(120)[V] 500[W]	100(120)				500±40	10,500±1,500	1,000	90이상	2,000	21
J220(240)[V] 1,000[W]	100(120)				1,000±80	21,000±3,000	1,000	90이상	2,000	24
J220(240)[V] 1,500[W]	100(120)				1,500±120	33,000±4,500	1,000	90이상	2,000	22
JD100(120)[V] 75[W]	100(120)	부 도 1-2	E11 (부속서2 에 한함)	베이스 윗방향 인식	75±6	1,120±160	750	90이상	1,500	15
JD100(120)[V] 100[W]	100(120)				100±8	1,600±220	750	90이상	1,500	16
JD100(120)[V] 150[W]	100(120)				150±12	2,400±330	750	80이상	1,500	16
JD100(120)[V] 200[W]	100(120)	부 도	E11 또는 GYX9.5 (부속서5 에 한함)		200±16	3,400±460	1,000	90이상	2,000	17
JD100(120)[V] 250[W]	100(120)	1-2			250±20	4,500±630	1,000	90이상	2,000	18
JD100(120)[V] 500[W]	100(120)	1-3			500±40	9,500±1,350	1,000	90이상	2,000	19

* J : 할로겐 램프, D : 2중 코일

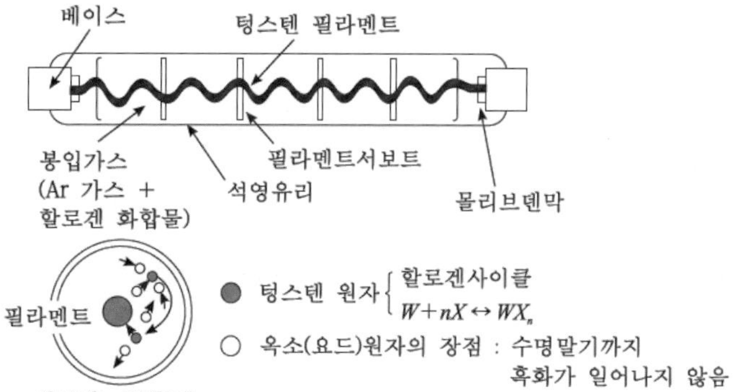

• 그림 1-36 할로겐 전구와 사이클의 원리 •

(나) 반사형 전구

투사계곡면을 가진 유리구 내면에 은 또는 알루미늄을 진공증착시켜 반사면으로 하고 있다. 또한 투광기를 사용하지 않고 전구 그 자체로 광의 방향성(투광성)을 가지게 한 것이다. 그 외에도 투광용 빔형 전구, 자동차 전조등용 실드빔(shieldbeam)형 전구 등이 있다.

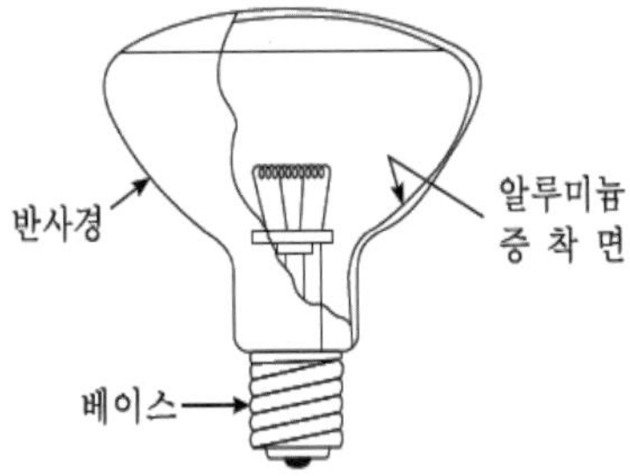

• 그림 1-37 **반사형전구** •

(다) 적외선 전구

공업에 있어 적외선 건조가 널리 이용되고 있으며, 여기에 사용하는 것이 적외선 전구이다. 보통 전구에서도 75[%] 내외의 적외선이 나오고 있으나 적외선 전구는 특히 필라멘트의 온도를 2500[K] 정도로 낮게 하고 있으므로 적외선의 복사가 증대하고 시간은 5000시간 정도로 된다. 사용중 벌브(bulb)의 온도가 높아지므로 내열 유리를 사용하고 있다. 적외선 건조는 차량, 기계의 금속 도장에 많이 쓰이며, 섬유, 농산물 등의 건조에도 쓰이고 있다.

4. 방전등 ····

❶ 점등의 원리

보통 방전등은 투명한 유리관 중에 기체 또는 금속증기를 봉입하고, 그의 양단에 전극이 있고 전극에 외부회로 및 전류제어장치가 접속되어 있다. 방전에 의하여 방사되는 빛의 성질은 봉입기체 또는 증기의 종류와 이들의 봉입압력에 따라 정해진다.

저압의 경우 방전 이전에는 관내에 있는 기체 또는 증기의 원자가 모든 방향으로 이동하지만, 방전이 일어나면 방전로에 걸쳐서 전기적 절연파괴가 일어난다. 마이너스 전하를 갖고 있는 자유전자는 양극으로 끌려가서 전류를 형성한다. 이만한 전자를 음극으로부터의 전자방출로 얻게 된다.

❷ 방전 특성

(가) 기체 중의 전기전도

공기 중에 2개의 전극을 서로 마주 보게 설치하고 전극에 전압을 가하면 기체는 일반적으로 절연체이기 때문에 전류는 흐르지 않는다. 그러나 전극 사이의 전압을 높여 주면 두 전극 사이에 불꽃이 튀어 전류가 흐르는 것처럼 된다. 이것은 공기가 절연성을 잃었기 때문이다. 이와 같은 기체의 절연 파괴를 방전이라고 한다. 방전이 일어나는 이유는 다음과 같다. 공기 중(다른 기체도 같다)에는 그림 1-38 (a)와 같이 우주선과 자연방사능에 의해 소량의 이온과 자유전자가 존재한다. 이때 전극 사이에 가한 전압을 높여 주면 공기 중의 전자는 양극(+전극)을 향하여 속도가 증가하고 그 일부는 고속으로 중성의 기체분자에 충돌한다. 이 때의 현상은 그림 1-38의 (b)와 같이 기체분자로부터 전자를 떼어 내어 이것을 전리시키는 것이다.

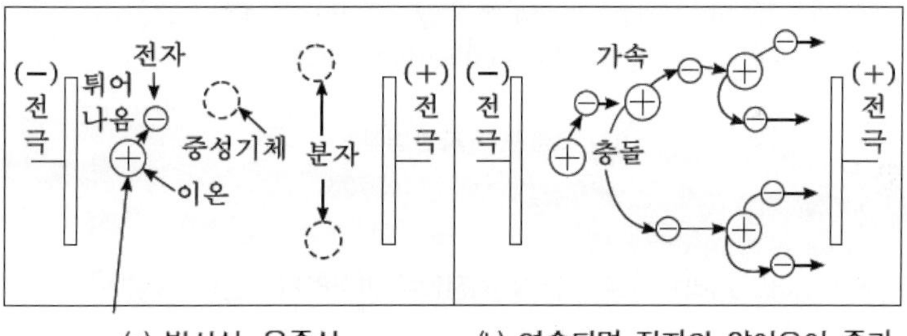

(a) 방사선, 우주선　　(b) 연속되면 전자와 양이온이 증가

• 그림 1-38 **전자사태** •

떨어져 나온 전자는 다시 전기장으로 가속되어 다른 기체 전자를 전리시키며 차례차례로 눈사태와 같이 전자와 양이온이 급증한다. 이와 같은 현상을 <u>전자사태</u>라고 한다. 이때 만들어진 전자는 양극으로, 양이온은 음극으로 향하여 많은 전류가 흐르는 것과 같이 된다. 또, 전자는 기체 분자를 전리시킬 뿐만 아니라 양이온에도 충돌하고, 그 결과 중성 분자로 된다. 이 때 전자가 가지고 있는 에너지가 빛과 열로 변한다. 한편 음극에 고속으로 충돌한 양이온은 음극인 전자를 튕기고 이 전자에 의하여 방전을 지속한다.

Ⅰ **대기 중의 방전**

① **불꽃 방전** : 대기 중에 전극을 놓고 고압을 가하면 공기의 절연이 파괴되어 전극 사이에 불꽃이 발생하며 소리를 수반하는 방전을 한다. 이것은 불꽃 방전이라 하고, 극히 짧은 시간에 일어난다. 자연계의 뇌방전도 마찬가지이다. 불꽃 방전이 일어날 때의 전압이 절연 파괴전압으로 불꽃 전압이라고도 한다.

② **불꽃 전압의 성질** : 여러 가지 기체에 평등 전기장을 가한 경우, 온도가 일정하다면 불꽃 전압은 기압 p[Pa]와 전극 사이의 거리 d[mm]의 곱으로 결정된다. 이것을 파센 법칙이라 한다. 따라서 기

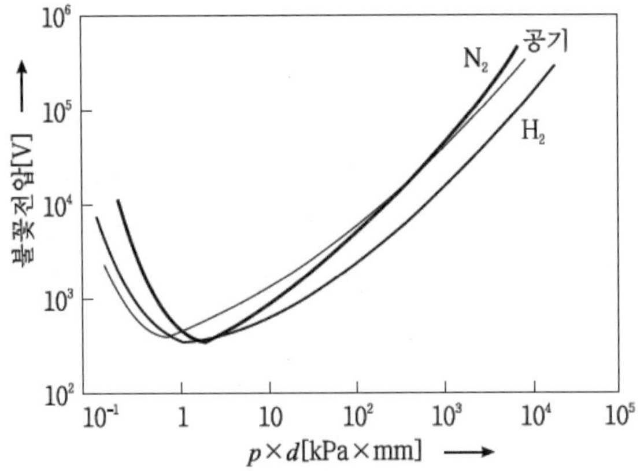

• 그림 1-39 **파센 법칙** •

압이 두 배가 되어도 거리를 $\frac{1}{2}$로 하면 불꽃 전압은 변화하지 않는다. 그림 1-39는 공기 N_2, H_2의 경우에 이러한 관계를 나타낸 것이다.
실제 고압을 측정할 경우, 평등 전기장을 만들기 쉽고 높은 전압까지 측정가능하여 비교적 제작이 쉬운 그림 1-40의 (a)와 같은 구모양의 전극을 이용한다. 전극 사이의 거리에 비하여 전극의 지름이 크다고 하면 아주 짧은 거리에서의 전기장은 평등 전기장이라 할 수 있다. 그림 1-40의 (b)는 불꽃 전압의 측정 예이다.

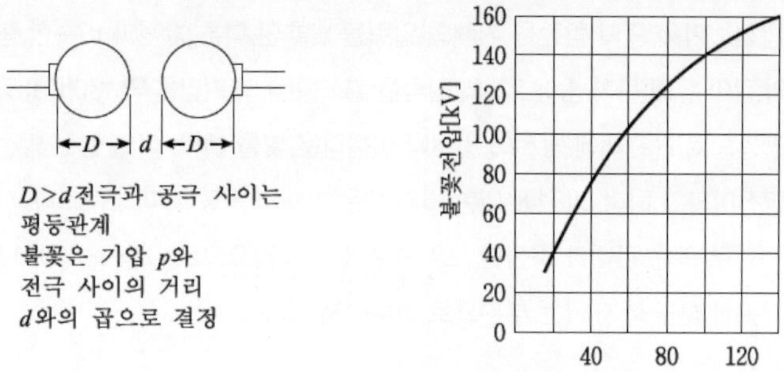

(a)

(b) 불꽃 갭의 길이[mm](한쪽의 전구를 접지한 경우)

• 그림 1-40 **불꽃 전압의 측정** •

③ **코로나 전압** : 그림과 같이 전극을 뾰족하게 침전극으로 하여 어느 전압 이상이 되면 뾰족한 부분에서 국부적인 방전이 발생하여 곧 밝은 빛이 발생한다. 이 침의 선단 부분이 다른 부분보다 전기장이 강하게 되어 이 부분만 절연이 파괴되어 방전이 발생하기 때문이다. 이와 같은 방전을 코로나 방전이라고 한다.

전차의 가선이나 송전선과 같은 원통형 도체에서도 기압과 온도의 변화에 의하여 코로나 방전이 일어나 도체가 미약한 빛을 내는 경우도 있다.

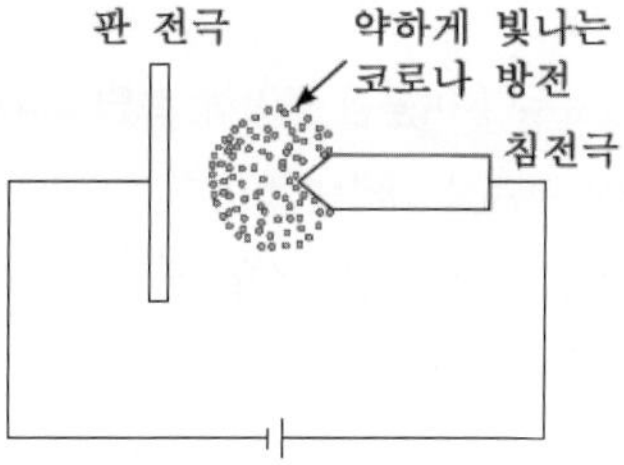

• 그림 1-41 **코로나 방전** •

④ **아크 방전** : 코로나 방전이 일어나도 더욱 전압을 높이면 전리가 일어나 다수의 양이온이 격렬하게 음극에 충돌하며, 이 전극을 뜨겁게 하면 많은 전자가 튀어나오게 된다. 따라서 방전전류도 크게 되고 전자와 양이온과의 결합도 활발하게 되기 때문에 강한 빛과 열을 낸다. 이와 같은 전극 사이의 이온에 의한 전류를 아크라고 하고, 이 아크가 일어나는 방전을 아크 방전이라고 한다. 아크 방전은 조명과 전기로, 용접 등에 이용되고 있다.

2 저압 기체의 방전

① **글로우 방전** : 기체 중의 방전은 기체의 압력을 낮추면 다른 방전과 비슷한 형태로 변화한다. 그림 1-42와 같이 유리 용기 중에 2개의 전극을 넣고 관내의 기압을 약 130[Pa] 정도로 낮추면 비교적 낮은 전압으로도 관내에 방전이 일어나 아름다운 빛을 낸다. 이와 같은 방전을 글로우 방전 또는 진공 방전이라고 하며, 방전에 의한 빛의 색은 기체의 종류에 따라 다르다.

이 방전에 의한 발광은 관내가 일정한 모양으로 빛나지 않으므로 그림 1-42에 나타낸 것과 같이 빛을 내는 부분과 빛을 내지 않는 부분으로 이루어져 있다.

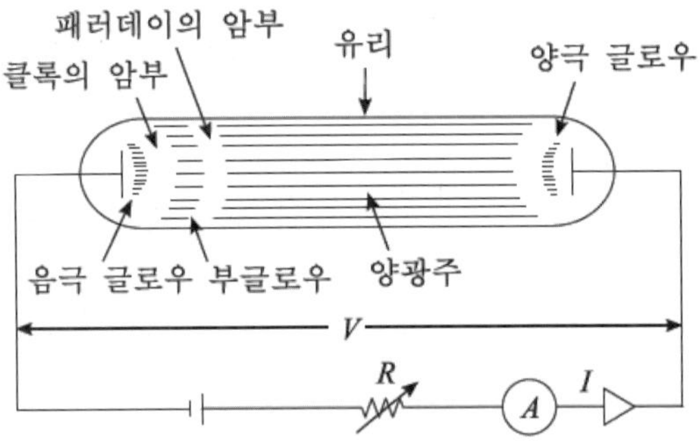

• 그림 1-42 **저압 기체 중의 방전** •

글로우 방전은 네온관등과 네온 램프, 정전압 방전관 등에 이용되고 있는데, 네온관등은 주로 양광주를, 네온 램프는 음극 글로우를 이용한 것이다. 그림 1-43은 방전에 따라 흐르는 방전 전류 I와 전극 사이의 단자 전압 V의 관계를 나타낸 것이다.

a점에서 방전이 시작되면 전극 사이의 단자 전압 V는 급격히 낮아지고, bc의 부분에서 V는 전류의 증가에도 불구하고 거의 일정한 값을 가진다. 이 곳이 정규 글로우 방전이라고 부르는 범위이다. 전극 사이에 가해진 전압을 a점의 방전 개시 전압의 상태로 두면 전류는 증가하여 d점에 도달하게 된다.

따라서 bc사이의 글로우 방전을 지속시키기 위해서는 방전시 전극 사이에 가해진 전압을 bc에 적합한 값으로 해야 할 필요가 있다

② **저압 중의 아크방전** : 그림 1-43의 d점보다 더욱 전압을 높여 방전 전류를 증가시켜 e점에 도달하면 아크 방전으로 변하고, 방전에 필요한 전압이 낮게 되어 방전 전류는 급증한다. 저기압 중의 아크 방전은 대기 중의 아크 방전과 같이 강한 빛과 많은 자외선을 내보내기 때문에 수은등, 형

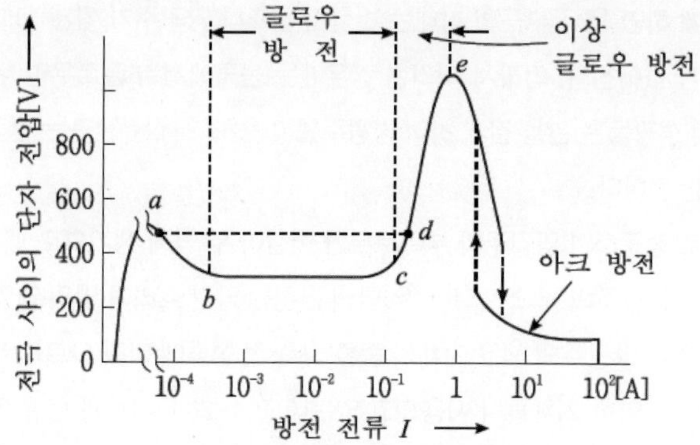

• 그림 1-43 **방전의 전압 전류 특성** •

광 램프 등의 방전 등에 이용되고 있다.

아크 방전이 일어나면 그림과 같이 전극 단자 전압이 증가하지만 글로우 방전과 아크 방전은 그림 1-43과 같이 ce사이를 제외하고는 방전 전류가 증가해도 단자 전압이 변화하지 않아 증가하면 원래 상태로 되돌아가 감소하는 성질이 있다. 이와 같이 전류가 증가하면 저항이 감소하는 성질을 가지는 저항을 부성 저항이라고 한다.

(나) 글로우 방전

가늘고 긴 유리관 진공으로 한 다음에 수 [mmHg]의 압력으로 어떠한 기체를 봉입하여 양단에 적당한 전극을 설치하고 전극간에 고전압을 가하면 방전을 발생하여 전류가 흘러 발광한다. 이것을 글로우 방전이라 하고, 이 때 관내의 발광상태 및 각 부의 명칭은 그림 1-44와 같다.

즉, 음극면으로부터 음극암부(crooks dark space)에 좁게 빛나는 부글로우(negative glow), 다음에 패러데이 암부가 있다. 그 곳에서 양극까지 빛나는 것을 양광주(positive column)라 한다. 양극 자신의 전면에서 약간 빛나는 것이 양극 글로우이다.

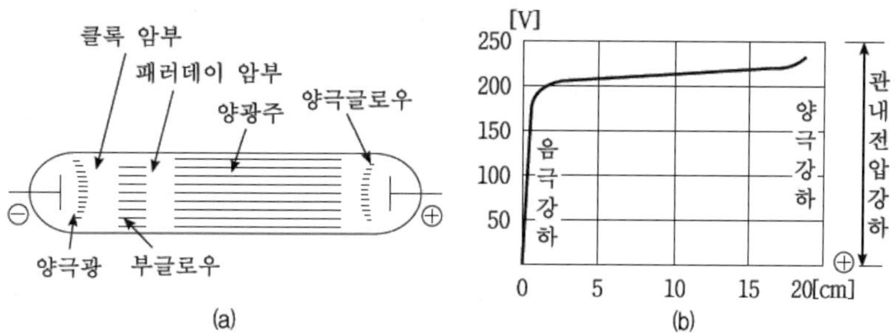

• 그림 1-44 **글로우 방전** •

전극간을 좁게 하면 음극 부근의 상태는 변함이 없으나 양광주가 짧게 되고 더욱 전극간을 단축하면 양광주가 없어진다. 따라서 이러한 경우에는 음극에서 부글로우만이 빛나게 된다. 네온관등, 수은등 및 형광등은 관을 길게 하여 양광주를 이용하고 네온 전구는 전극간을 짧게 하여 부글로우를 이용한 것이다.

이것을 교류로 점등하면 양강주와 부글로우가 번갈아 두 극에 생기므로 패러데이 암부는 보이지 않고 한결같은 양광주의 빛으로 되나, 두 극의 근처는 약간 흐리며 빛의 명멸(flicker)이 있다.

이 방전에 있어서 양광주의 색은 기체의 종류 및 방전 전류에 따라 다르며 목적에 따라 광색을 연출하기 위하여 다양한 기체들이 사용되고 있는데 표 1-12에 기체의 종류 및 광색을 나타내었다. 이 중에서 네온, 아르곤, 수은, 헬륨 등이 주로 사용된다.

• 표 1-12 **여러 가지 기체의 글로우 발광색** •

기체종류	Ne	Ar	Hg	He	Na	N_2	O_2	CO_2
부글로우	황적	담청	청록	백록	록황	청	황백	청백
양광주	적등	적자	청록	적황	황	황	황	백

(다) 아크 방전

글로우 방전의 상태에서 전류를 증가시키면 +이온의 음극면에 대한 충돌 작용이 강하게 되므로 음극면에 국부적인 고온이 생겨 이곳에서 열전자가 왕성하게 방출되는 것이다. 이로 인하여 음극에서 전압 강하가 감소하고 전극간의 전압이 기체의 전리 전압에 가깝게 되어 양광주는 강열한 빛을 내는데 이 상태를 아크 방전(arc discharge)이라 한다.

……

(라) 안정기

글로우 방전에서 아크 방전으로 전환하여 전류가 증가하면 전압은 급속히 감소한다. 금속체는 당연히 전압이 높아지나 기체 내 방전의 경우는 반대로 전압이 감소하는 것이다. 이와 같이 금속체에서 전류의 증가와 더불어 전압이 상승하는 것을 정(+) 특성, 기체 내의 방전과 같이 전류가 증가하면 전압이 감소하는 것을 부(-) 특성이라 한다.

방전등은 부(-) 특성을 나타내므로 이것을 일정 전압의 전원에 연결하면 전류가 급속히 증가하여 방전등을 파괴하게 된다. 여기서 그림 1-45와 같이 방전등에 저항을 직렬로 접속하면 저항 내의 전압강하는 전류의 증가에 따라 직선적으로 상승하므로 이것과 방전등의 전압강하의 합성이 이루어져서

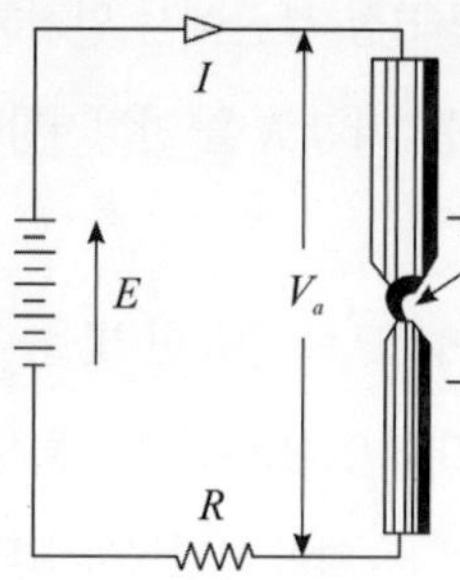

• 그림 1-45 **안정저항의 원리** •

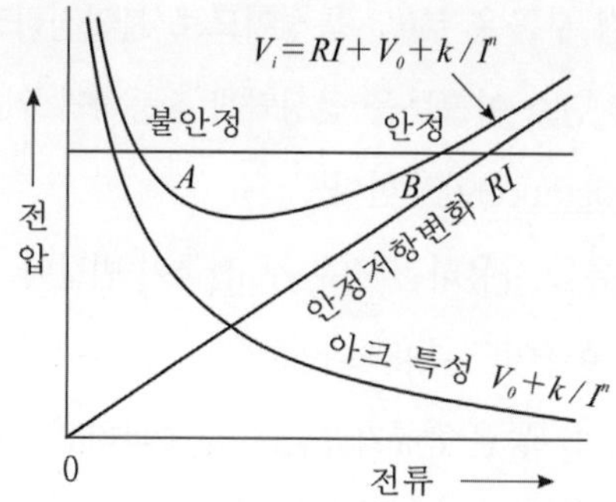

• 그림 1-46 **아크 전압과 안정기의 관계** •

그림 1-46과 같이 전류의 안정을 얻을 수 있다. 교류회로에서는 초크 코일을 써서 저항을 쓰는 경우 손실을 방지할 수 있다. 이와 같이 방전 등에 있어서 안정된 전류를 얻기 위해서 접속하는 저항 또는 초크 코일을 안정기(ballast)라 한다.

또한 누설 변압기를 사용하여 2차 전압에 방전 등을 접속하는 경우에는 누설 리액턴스가 많게 되므로 따로 저항이나 초크 코일을 사용할 필요가 없다. 즉 누설 변압기를 쓰는 경우 전류가 증가하면 그 단자 전압이 급속히 저하하여 방전 전류가 증가하는 것을 방지할 수 있다.

❸ 탄소 아크등

두 개의 탄소막대 전극의 양단을 접촉하고, 그 사이에 전류를 흘리면서 전극을 서서히 떼어놓으면 두 전극 사이에 아크가 발생하는데 이 원리를 이용하여 탄소 아크등(carbon arc lamp)을 만들 수 있다. 탄소 아크등은 다른 광원에 비하여 높은 휘도와 광도를 얻을 수 있으므로 주로 청사진 제작과 영사용에 사용된다.

탄소 아크등은 전압, 전류의 관계가 부(−) 특성이므로 그림 1-45와 같이 직렬 저항 R을 접속한다. 실험 결과에 의하여 탄소 아크의 단자 전압 V_a는 $V_0 + k/I^n$의 관계가 있으며 그림 1-46과 같은 특성을 갖는다. 저항 R을 직렬로 접속하면 그 단자 전압 V_t는 $RI + V_0 + k/I^n$으로 되며, 이 회로의 전원 전압 E을 $E = V_t$라 하면 가 성립되는 전류 I에서 점등하게 되는데 위식이 성립되는 전류는 그림 1-46에서 알 수 있는 바와 같이 두 값이 있다.

A점 부근은 부(−) 특성이므로 불안정하고, 전류가 큰 B점 부근에서 안정하게 점등된다. 탄소 아크등을 안정되게 점등하기 위하여 사용하는 저항 R을 안정저항(steadying resistance)이라 한다.
교류를 사용하는 경우 두 전극이 번갈아 극성이 바뀌어지므로 충분한 빛을 내지 못하여 그 효율이 직류용보다 낮으므로 교류용에 있어서는 R 대신 안정 리액턴스를 사용한다. 탄소 아크등은 전류가 일정값을 초과하면 소음이 발생하고, 특성이 불안정하게 되며 탄소 아크등에는 순탄소 아크등, 발염 아크등 및 고휘도 아크등이 있다.

(가) 순탄소 아크등

점등 초기에는 순수 흑연의 전극을 사용하여 직류로 점등하며, 점등 후에는 전극 소모를 자동적으로 보충하는 장치가 필요하다. 효율은 20[lm/W] 이하, 휘도는 9000~15000[cd/cm²], 전극 소모율은 1[mm/min] 정도이며, 주로 실험용으로 사용된다.
순탄소 아크등(pure carbon arc lamp)의 휘도는 전류 밀도와 더불어 증가되나, 소음이 일어나지 않는 범위에서 사용하고 빛의 스펙트럼을 나타내지만 적외선을 많이 포함하고 있다.
……

(나) 발염 아크등

전극속에 금속 염류(Ca, Sr, Cs)를 함유한 것으로서 광색은 이들 금속의 특유 스펙트럼을 발산한다. 즉, 불화 칼슘은 황색, 규산 알카리는 적색, 붕산염은 청백색 등이다.
빛은 화구보다 화염에서 많이 발산되므로 휘도는 저하되나 발광 면적이 크고 효율은 최고 80[lm/W]에 도달하고 있다. 발염 아크등(flaming arc lamp)의 주용도로는 제판용, 소형 영사용 등에 사용된다.
……

(다) 고휘도 아크등

플러스극의 중심에 지름의 약 반은 발광체로서 불화세륨(CeF_3), 산화세륨(CeO) 등의 심(芯)을 넣은 것으로 벡크 아크등(beck arc lamp)이라고도 한다. 이것은 어느 전류값에 도달하면 갑자기 깊은 화구가 만들어지며 전방에 백색의 화염이 발생한다. 화구의 온도는 4200[°K] 이하이나 플러스극의 온도는 최고 5800[°K] 정도가 된다.
광선의 범위는 일반적으로 연속 스펙트럼이 방사되나 특히 4000[°K] 부근에서 높게 된다. 이것의 휘도는 최고 120000[cd/cm²] 정도이며 주용도는 탐조등, 영사용등 등이다.

❹ 글로우 방전등

(가) 네온관등

지름 10~20[mm](12, 15[mm]의 것이 많다)의 긴 유리관을 진공으로 한 후에 20[mmHg] 정도의 압력으로 불활성 가스 또는 수은을 봉입하고, 양단에 원통형의 음극관 금속 전극을 장치하여 이것에 고압의 교류를 가하면 양광주가 뚜렷이 빛난다. 이것을 네온관등(neon tube lamp)이라 하며, 광고용으로 많이 사용되므로 네온사인(neon sign)이라고도 한다. 광색은 봉입 가스 및 유리관의 종류에 따라 표 1- 13과 같이 여러 가지 색을 얻을 수 있다.

관전압은 주로 음극 강하(200~1000[V])와 양광주 강하로 된다. 전류는 20[mA] 전후로서 방전개시 전압은 1.5~3배 정도, 수명은 2000~15000시간, 네온관의 길이 1[m]에 대하여 약 1000[V]의 전압을 필요로 하며, 전원에는 그림 1-47과 같이 네온관을 점등시키기 위해서는 자기누설 변압기를 사용한다. 이 누설 변압기를 네온관용 변압기라 한다.

• 표 1-13 가스체와 광색 •

봉입 가스	유리관색	관등의 색
네온	투명	등적색
네온	청색	등색
아르곤과 수은	투명	청색
아르곤과 수은	황록색	녹색
헬륨	투명	백색
헬륨	황갈색	황갈색
아르곤	투명	갈색

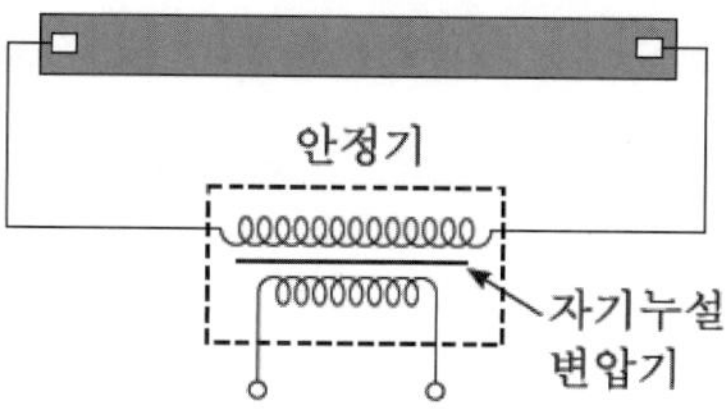

• 그림 1-47 네온관등 회로 •

네온관용 변압기는 2차 전압 15000[V], 2차 단락 전류 50[mA] 이하라는 전기설비기술기준이 있으므로, 보통 1차 전압 100[V], 2차 전압은 3000[V], 6000[V], 9000 [V], 12000[V] 및 15000[V], 2차 단락 전류는 20[mA]를 표준 규격으로 하고 있다.

(나) 네온 전구

그림 1-48과 같이 유리구 내에 전극을 2~3[mm]로 접근하여 장치하고, 네온 또는 아르곤을 수 10[mmHg]의 압력으로 봉입한 것으로, 베이스 내에 1500~3000[Ω]의 안정저항을 직렬로 삽입한 것이다. 이 네온 전구는 전극간의 길이가 짧으므로 부글로우를 발광으로 이용한 것이다.

100[V]의 것은 전극에 알칼리토금속을 바르고, 200[V]용의 것은 전극에 철 또는 니켈을 사용한다. 네온 전구만은 100[V]로서 0.05~1.5[W]로 만들고, 광도는 1.5 [W]의 것이 0.06[cd] 정도이다. 네온 전구의 방전개시 전압은 100[V]용은 약 75~85[V], 200[V]용은 140~160[V]로 되어 있다.

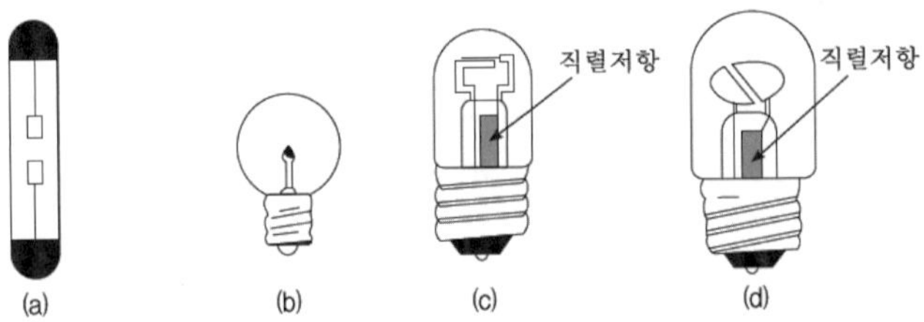

• 그림 1-48 네온 전구 •

네온 전구의 용도는 다음과 같다.

1. 소비 전력이 적으므로 배전반의 파이롯트 램프에 적합하다.
2. 부(-) 글로우를 이용하므로 직류의 극성 판별용에 이용된다.
3. 일정 전압에서 점등되므로 검전기, 교류 파고치의 측정에 사용된다.
4. 어느 범위에서는 강도와 전류가 비례하므로 오실로그래프용, 스트로보스코프용에 이용된다.

❺ 나트륨등

나트륨(natrium) 증기를 통하여 방전할 때 생기는 D선(589~5896[Å])을 광원으로 이용한 것이 나트륨등(sodium vapor lamp)이다. D선의 에너지는 전 복사 에너지의 약 76[%]에 도달한다. 광색은 거의 순수한 등황색이다.

나트륨등의 구조는 그림 1-49에 표시한 바와 같이 열음극을 가지고 있는 발광관에 보온용의 외관을 붙이고 중간은 진공으로 하고 있다. 나트륨등의 발광 효율이 250~270[℃](나트륨의 증기압 0.0016[mmHg]) 부근에서 발광효율이 최고로 되기 때문에 발광관이 최적의 온도를 유지하기 위해서는 이러한 보온 구조가 필요하다.

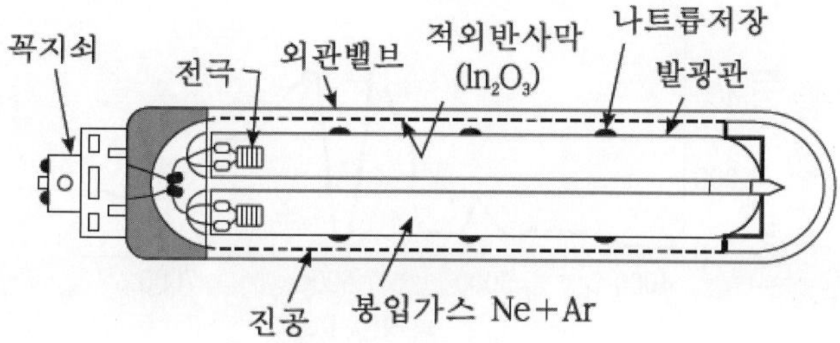

• 그림 1-49 저압 나트륨등의 구조 •

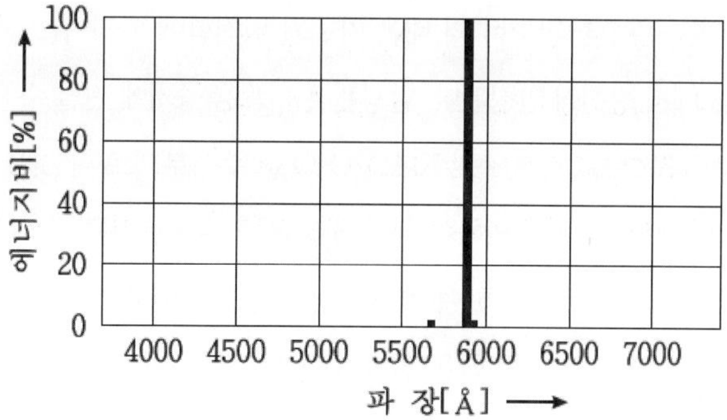

• 그림 1-50 저압 나트륨등의 분광분포 •

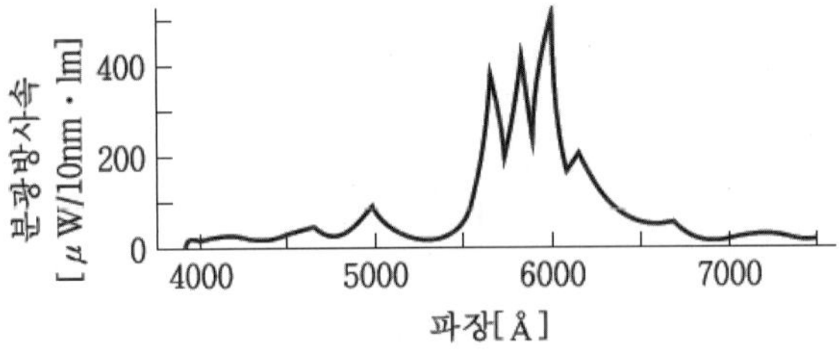

(a) 일반형

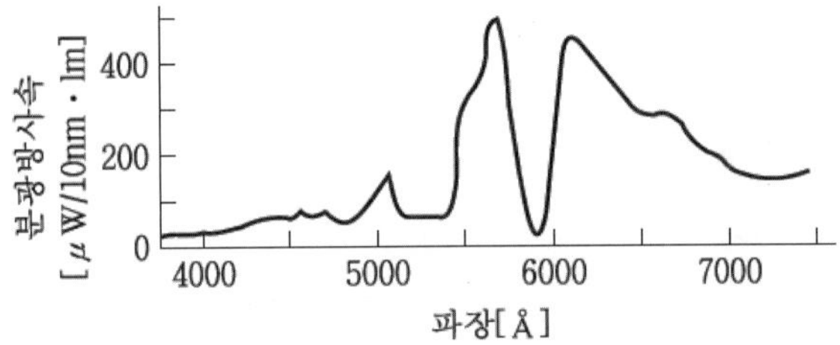

• 그림 1-51 **고압 나트륨등의 분광분포** •

발광관 내에는 소량의 고형 나트륨과 보조 기체로서 아르곤을 1.5[mmHg] 정도로 봉입하고 있다. 이 전등은 혼합된 미량의 네온 가스가 방전함에 따라 램프전압은 상승하나 점등 후 10분 정도에서 방전이 안정된다. 발광관은 나트륨 증기에 견딜 수 있는 특수 유리, 즉 SiO_2를 극소로 분포한 B_2O_3, Al_2O_3, Na_2O, CaO를 주성분으로 한 것을 사용한다. 왜냐하면 보통 유리는 나트륨 증기에 의하여 황갈색 혹은 흑색으로 변하기 때문이다. 또, 발광관 내의 열음극에는 산화물을 피복하여 열전자 방출을 돕고 있다.

나트륨등은 색의 식별을 필요로 하는 일반 조명에는 적당하지 않다. 휘도가 5~10[cd/cm^2] 정도로 적고, 또 단색광이므로 유리의 굴절률 측정, 평면 검사 등의 광학 실험용, 주사액의 불순물 검사용, 교량조명, 터널 조명, 안개지역의 조명, 가로조명, 광장 및 경기장조명 등에 이용되고 있다.

❻ 수은등

수은등(mercury lamp)은 유리관 내에 봉입된 수은 증기압 중의 방전에 의한 발광을 이용한 것이다. 상온의 수은 증기압은 대단히 낮으므로 기동을 쉽게 하기 위하여 미량의 아르곤 가스를 봉입한다. 방전이 시작되면 온도상승에 따라 봉입된 수은이 서서히 증발하여 적당한 압력이 된다. 일반적으로 수은 증기압이 상승함에 따라서 아크는 관의 중심에 가늘게 모아져 관전압, 휘도, 효율 등이 높아진다.

수은 증기압과 효율과의 관계는 대체로 그림 1-52에서 보는 바와 같이 수은 증기압이 높아질수록 효율은 좋으나, 저압 수은등과 고압 수은등 사이에 효율이 떨어지는 곳이 있다.

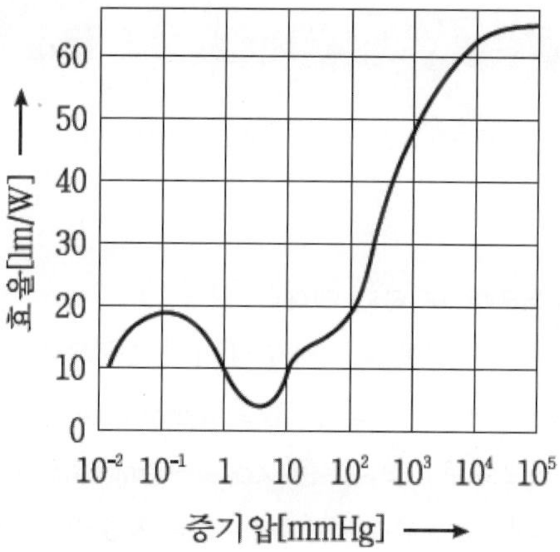

• 그림 1-52 수은등의 증기압과 효율의 관계 •

수은 증기중의 아크 방전에 의해 발산하는 복사는 수은 증기의 압력에 따라 다르며 그림 1-53에 표시한 바와 같이 저압수은등(0.01[mmHg])의 경우에는 2537[Å]의 자외선이 강력하고 또한 4358[Å](청색), 5461[Å](녹색) 등의 가시선도 있다. 고압수은등(100~760[mmHg])에서는 자외선의 스펙트럼은 약해지고 가시선인 4047~4078[Å], 4358~5461[Å], 5770~5791[Å]의 스펙트럼이 크게 증가한다. 초고압수은등(10~200기압)으로 되면 가시선이 연속 스펙트럼의 경향을 나타내고 광색도 백색에 근접한다.

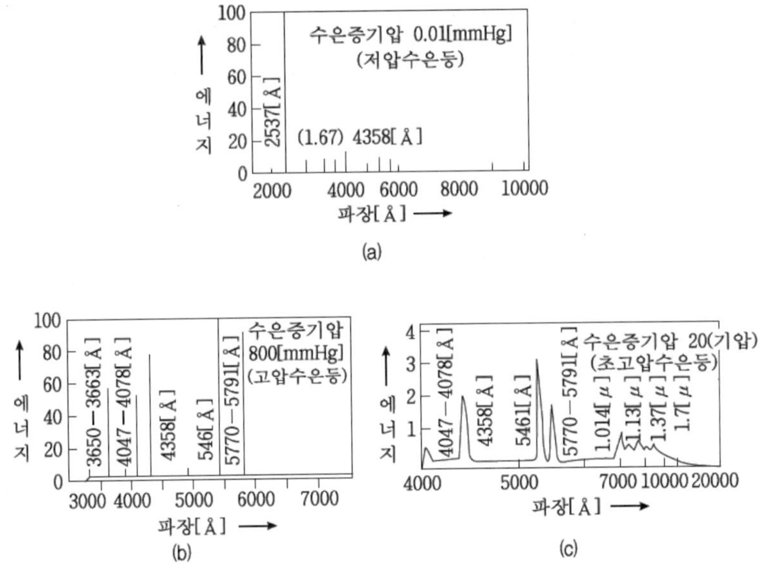

• 그림 1−53 수은 증기압과 스펙트럼 •

(가) 저압 수은등(low pressure mercury lamp)

수은을 봉입한 가늘고 긴 유리관의 양단에 전극을 설치한 방전관으로서, 음극은 열음극이나 냉음극을 사용하기도 하고, 한쪽 전극에 수은류의 음극을 설치한 것도 있다.

저압 수은등의 대표적인 것으로 쿠퍼−히위트등(Cooper−Hewit lamp)이 있으며 이것은 수은 증기압 0.25[mmHg] 내외로, 길이 1[m]되는 유리관 한쪽의 수은류가 음극의 역할을 하며 다른 한쪽에 철로 양극을 가지고 있으며, 직류용에서 양극은 한 개이고, 교류용은 두 개다. 쿠퍼, 히위트등은 공장 조명용으로 사용하였으나 효율이 매우 낮아 고압수은등으로 대체되고 현재는 이 등의 고속도 점멸성을 이용하여 스트로보스코프에 사용된다. 저압 수은등을 응용한 것에는 살균등과 형광등이 있다. 살균등(germicidal lamp)은 산화물로 피복한 열음극을 사용하며, 증기압이 0.01[mmHg]가 되도록 설계되어 있다. 방전관 내에는 수은 이외에 보조 가스인 아르곤이 수 [mmHg]로 봉입되어 있으며 압력 전력의 약 60[%]가 2537 [Å]의 자외선으로 발산되므로 자외선 투과 유리관을 사용하면 살균등 또는 태양등이 된다. 보통 유리관을 쓰고 내면에 형광물질을 도포하여 자외선을 가시선으로 변환한 것이 형광등이다.

살균등은 자외선을 잘 반사하는 연마한 알루미늄 반사갓을 사용한다. 표 1−14는 일반적으로 사용되는 살균등의 특성을 표시한 것이다.

• 표 1-14 15[W] 살균등의 특성 •

크기	길이	관지름	관전류	정격전압	살균선 출력	거리 1[mm]에 있어서의 살균 복사조도	평균 수명
15[W]	36[mm]	25[mm]	0.3[A]	100[V]	2.9[W]	30[W/cm²]	3000[h]

(나) 고압 수은등(high pressure mercury lamp)

점등시에 수은 증기압이 100~760[mmHg] 정도의 것을 말하며, 그림 1-54에서 나타낸 바와 같이 점등시 발광관의 온도는 약 600[℃]로 되기 때문에 보온을 위해서 외관이 필요하다.

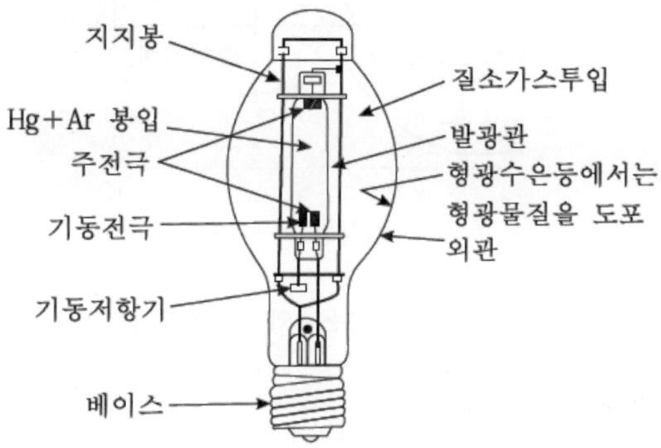

• 그림 1-54 고압 수은등의 구조 •

발광관은 점등중의 온도가 높으므로 내열성인 석영 유리로 만들어 적당량의 수은과 기동을 쉽게 하기 위한 보조 가스로서 수[mmHg] 정도의 아르곤 가스가 봉입되어 있다.

외관은 연질의 유리를 사용하여 발광관을 보호하며, 고압 수은등 내부의 온도를 유지하고, 내부에 있는 금속 부분의 산화를 방지하며 또, 유해한 자외선이 외부로 나오지 않도록 배기 후 질소나 아르곤을 0.5기압 정도로 봉입한다. 이와 같이 하여 점등시에 외관 내외의 기압이 1기압으로 평형되도록 되어 있다.

고압 수은등은 일단 소등한 직후 수은 증기압이 높기 때문에 기동은 곤란하게 되어 재점등까지에는 약 10분이 걸린다.

고압 수은등의 점등은 기동 전극과 주전극 사이에서 국부적인 방전이 일어나고, 이 방전 전류에 의한 열 때문에 수은이 증발하여 발광관 안에 수은 증기가 충만하고 주전극 사이로 방전이 옮겨지는 것이다. 주전극에는 산화물이 피복되어 있으며 그림 1-55에 표시한 바와 같이 점등 후 최대 광도에 도달하려면 약 10분이 걸린다.

고압 수은등의 효율은 50[lm/W] 정도로 높으며 수명이 1200시간으로 우수한 특성을 갖고 있어 공원, 광장, 경기장 및 공장의 조명에 사용되고 있다.

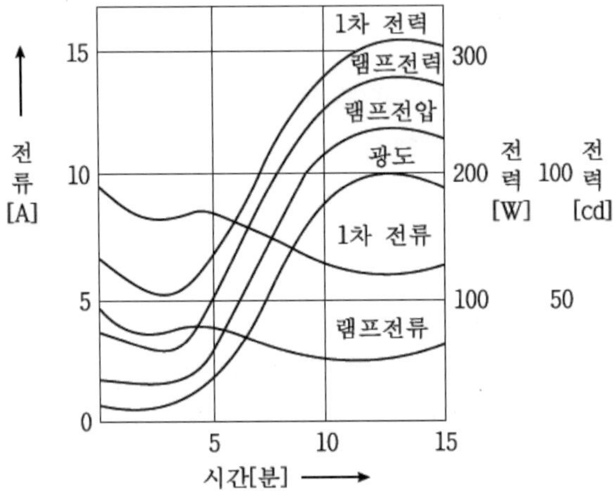

• 그림 1-55 **수은등의 점등 초기 특성** •

고압 수은등 및 초고압 수은등의 결점은 광색에 적색이 부족하므로, 이 결점을 개선하기 위하여 발광관 중에 Cd, Zn을 넣거나 또는 외관 내벽에 형광물질을 도포하는 방법이 사용되며 이와 같은 등을 <u>형광 고압 수은등(fluorescent mercury lamp)</u> 또는 <u>형광 수은등</u>이라 한다. 즉, 형광 수은등은 점등 중에 발광관에서 나오는 자외선을 가시광선으로 바꾸는 것이다. 일반적으로 말하는 고압수은등은 유리구가 투명한(clear glass type) 것이고, 반사형 고압수은등(reflector type mercury lamp)은 외관을 반사형으로 하여 내면에 알루미늄을 증착시켜 투광기가 따로 필요하지 않다.

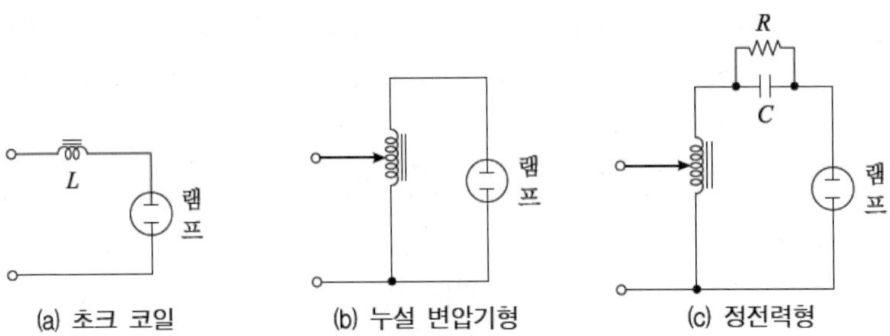

• 그림 1-56 **고압 수은등 안정기의 회로** •

(다) 초고압 수은등(super-high mercury lamp)

고압 수은등의 증기 압력을 10~200기압으로 높여 효율을 40~70[lm/W]로 하기 위하여 석용관 내에 1~2[cm] 간격으로 두 개의 전극과 수은 및 미량의 아르곤을 봉입한 발광관을 다시 유리구의 외관으로 덮은 것이다. 중심 온도는 8000~10000[℃]로 되고, 관벽은 400~600[℃] 정도이며, 작은 것은 자연 통풍방식이나 큰 용량의 것은 수냉식으로 냉각하고 있다.

압력을 높일수록 내부 중심의 온도가 높아져 연속 스펙트럼이 많아지므로 적색이 강하며 고압 수은등보다 더욱 백색에 가깝다.

초고압 수은등은 옥외 조명용, 투광기, 영화촬영 및 영사용에 사용되고 있으며, 또 외구가 백열전구와 비슷하므로 백열 전구와 조합하여 일반 사무실이나 공장용으로도 사용된다. 외관에 자외선 투과의 유리구를 사용하여 다량의 자외선이 나오도록 만든 초고압 수은 건강등은 일광이 부족한 지하실, 공장, 빌딩 등 보건용 조명에 적당하다.

한편 초고압 수은등의 외관은 자외선에 대한 투과율이 큰 석영관을 쓰고, 알루미늄계의 반사갓으로 투광기와 같이 좁게 비쳐지는 태양등(sun lamp)은 피부병의 치료, 기타의 의료용으로 사용된다.

• 표 1-15 고압 수은등의 특성(KSC 7024)) •

형식	전경 전압 [V]	방전개시 전압[V] 이하	크기 [W]	램프 전압 [V]	램프 전류 [A]	전광속 [lm]	점등시간 [분] 이하	재점등시간[분] 이하	베이스 [mm]
HF100(HRF100)	200	180	100	115	1.0±0.12	3200±900	8	10	E_{26}
H200(HR200)	200	180	200	120	1.9±0.3	8500±1800	8	100	E_{39}
HF200(HRF200)	200	180	200	120	1.9±0.3	7700±1900	8	10	E_{39}
H250(FR250)	200	180	250	130	2.1±0.3	11000±2200	8	10	E_{39}
HF250(HRF250)	200	180	250	130	2.1±0.3	10000±2300	8	10	E_{39}
H300(HR300)	200	180	300	130	2.5±0.35	14000±2800	8	10	E_{39}
HF300(HRF300)	200	180	300	130	2.5±0.35	13000±3000	8	10	E_{39}
H400(HR400)	200	180	400	130	3.3±0.4	20000±4000	8	10	E_{39}
HF400(HRF400)	200	180	400	130	3.3±0.4	18000±4100	8	10	E_{39}
H700(HR700)	200	180	700	130	5.9±0.4	37000±7500	8	10	E_{39}
HF700(HRF700)	200	180	700	130	5.9±0.4	34000±7800	8	10	E_{39}
H1000A(HR100A)	200	180	1000	130	8.3±1.0	55000±11000	8	10	E_{39}
HF1000A(HRF1000)	200	180	1000	130	8.3±1.0	50000±11500			
H1000B	460	400	100	260	4.0±0.4	55000±11000			
HF1000B	460	400	100	260	4.0±0.4	50000±11500			

〈주〉 H : 고압수은등, F : 형광고압수은등, R : 반사형 고압수은등, A : 200[V]용, B : 460[V]용

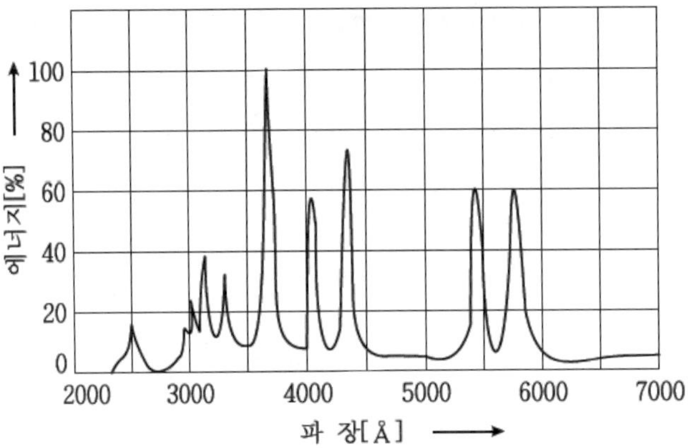

• 그림 1-57 초고압 수은등의 분광분포 •

5. 형광등 ····

형광등은 1938년 미국 GE사의 인맨(In man)의 프로젝트팀에 의해 개발된 것으로 그림 1-58과 같이 압력 약 1[Pa]((6~10)×10^{-3}[Torr])의 저압 수은증기 중 방전에 발생하는 파장 2537[Å]인 자외선 방사를 관내벽에 도포한 형광물질을 통해서 가시광선으로 변화시킨 것이다.

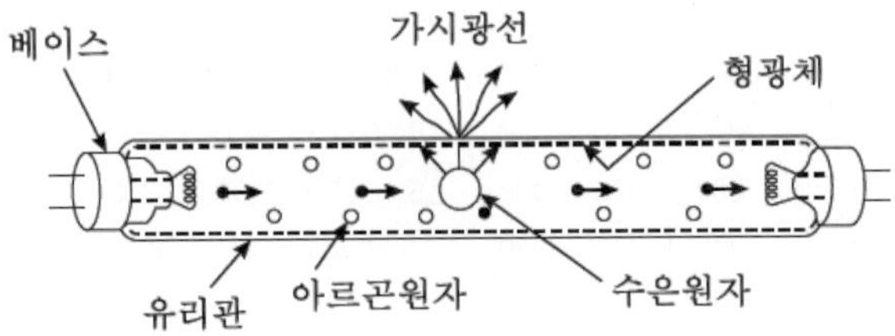

• 그림 1-58 형광등의 구조와 발광원리 •

전극은 텅스텐의 2중 코일에 바륨, 스트론튬, 칼슘 등의 산화물을 피복한 것으로 전극에 통전 또는 방전 전류가 흐르면 전극은 수백[℃]로 가열되어 전극에서는 열전자가 방출된다. 한편 관내에 봉입되는 수은과 아르곤 가스의 압력은 수백[Pa](2~3[Torr])이며 이 봉입 가스의 역할은 첫째, 낮은 전리 에너지를 가진 수은을 전리하기 쉽게 하며 둘째, 아르곤 원자는 수은이온의 운동을 저해하고, 전극수명의 단축과 관단부의 흑화를 완화시키며 셋째, 방전관 벽방향으로 확산하는 전자를 저지하고 전자의 손실을 막는 역할을 한다.

형광등의 형상은 그림 1–59와 같은 직관형(일반적인 것), 환상(서크라인)형 및 전구형 등이 있으며 형광등에 가장 많이 사용되고 형광체는 하로린산칼슘으로 백색, 주광색이 주로 사용되고 있다.

주광색은 푸르게 보이고 백색은 백열 전구와 같은 황색으로 보인다.

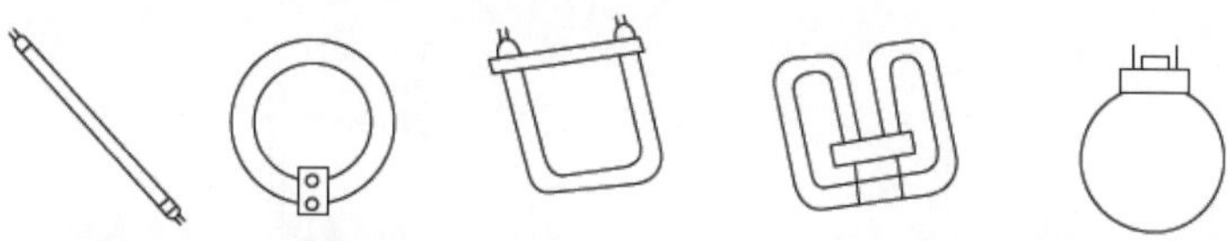

• 그림 1–59 형광등의 모양 •

❶ 형광등의 종류

(가) 점등방식에 의한 분류

1 starter형

점등시에 전극을 2초 정도 예열한 후 전극간에 전압을 인가하여 기동시키는 점등방식을 취하는 램프로 예열기동형이라고도 한다.

2 rapid starter형

전극의 예열과 동시에 전극간에 전압을 인가해서 약 1초 안에 점등하는 방식을 취하는 램프로 유리관의 내면에 유전성 투명막을 설치한 것과 관 외면에 유전조를 설치한 것이 있다. 또, 관 외면에 발수성이 좋은 실리콘막을 설치한 것이 있고, 이 경우는 조명기구에 근접도체가 필요하다.

3 순시점등형(slimline)

전극을 예열하지 않는 냉음극으로 관도 약간 좁으며, 기동 전압이 높은 경향이 있다.

(나) 광색, 연색성에 의한 분류

1 광색과 색온도

형광등은 형광체의 조합방향에 의해 여러 기지 분광분포를 가진 램프이며, 일빈 조명용의 광색으로서 5종류가 있고 각각 색도로 규정되어 있다. 색온도의 범위는 주광색(D) 7100~5700[°K], 주백색(N) 5400~4600[°K], 백색(W) 4500~3900[°K], 은백색(WW) 3700~3200[°K], 전구색(L) 3150~2600[°K] 등이다.

2 고연색형

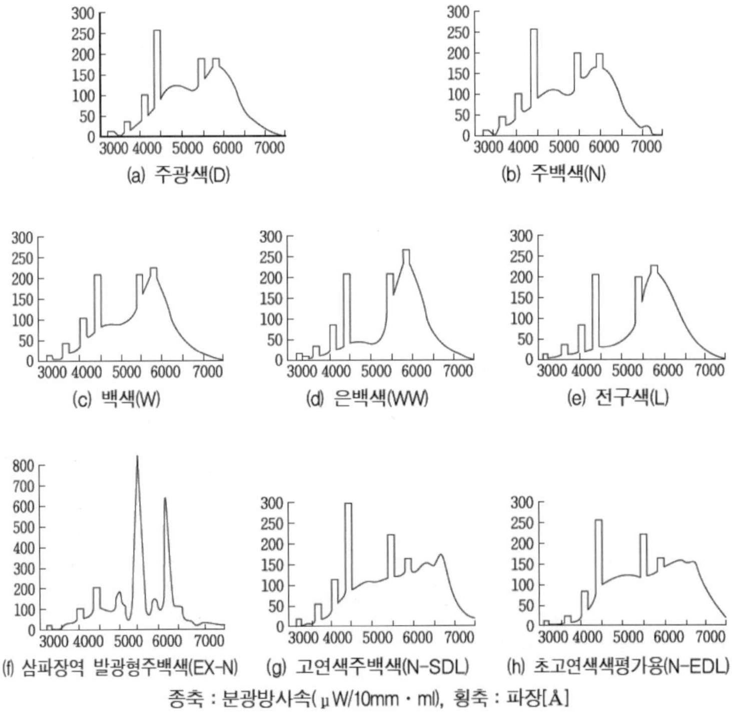

• 그림 1-60 각종 형광등의 분광분포 •

광원의 연색성은 연색평가지수로 평가되고 있으며 고연색형등은 그 연색성의 정도에 의해 DL, SDL, EDL로 구분된다. 일반적으로 연색성이 좋은 등의 효율은 낮아지는 경향이 있지만 적, 녹, 청의 좁은 지역에 강한 발광을 가진 희토류 형광체를 조합시킨 3파장 역발광형 형광등은 우수하다. 대표적인 형광등의 분광분포를 그림 1-60에 나타내었다.

(다) 형태에 의한 분류

튜브상의 직관형 외에 주택에서 많이 이용되고 있는 환형, 점등회로를 내장한 구형, U형 및 WU형 등이 있다.

……

(라) 특수 용도용 형광등

조명용으로서는 반사막을 붙여 배광에 방향성을 갖는 반사형과 아파처형, 자외선 흡수막을 설치한 퇴색방지용, 특수한 점등방식에 이용되는 직류점화용, 저온용 등이 있다. 조명 이외의 산업용으로써 식물육성용, 방충용, 살균등, 건강선용, 복사/전자사진용, 광화학용, 자외선(360[nm]부근)만의 플랫 라이트, 색평가용 등 용도에 따른 분광분포를 하고 있다.

❷ 형광등의 특성

램프의 효율은 종류, 크기에 따라 다르지만 50~96[lm/W] 정도이고 수명은 3시간 사이클의 점멸조건에서 5000~1000시간이다. 점멸횟수가 많아지면 수명이 단축되며, 수명에 미치는 주요한 원인은 전자 방사물질의 비산에 의한다. 주위 온도에 의한 영향도 받기 쉽고, 20~25[℃]의 범위에서 사용하는 것이 바람직하다. 저온이 되면 방전이 일어나기 어려운 경향이 있어 방전이 불안정하게 된다.

한냉지에서는 안정기의 2차 전지를 높게 하거나 보온이 좋은 조명기구를 사용한다. 전원 전압 변동에 의한 영향은 전구에 비해 작지만, 전압이 낮아지면 기동이 곤란해지거나 방전이 불안정하게 된다. 형광등은 교류에서 점등하면 반 사이클마다 광의 아른거림이 있다. 형광등은 550~1500[kHz]의 라디오 잡음을 발생시킨다. 잡음은 전극의 개량에 의해 경감되고 있으며 램프에 병렬로 콘덴서를 넣어서 잡음을 경감시킬 수 있다.

❸ 전압 특성

형광등은 전원 전압이 정격 전압의 ±6[%] 이상이 되면, 전압이 높은 경우와 낮은 경우 다 같이 수명이 짧아진다. 그 원인은 전압이 낮아지면 기동까지에 많은 시간이 걸리므로 전극물질의 비말작용(sputtering)과 수은 증기압과 과소 등으로 전극이 과열되기 때문이다. 또한 전원 전압이 높아지면 전극이 과열되어 램프 양끝에서 흑화가 촉진된다.

그림 1-61에서 알 수 있듯이 공급 전압이 정격 전압보다 5[V] 증가할 경우 광속은 8[%] 증가하고 5[V] 감소하면 광속이 8[%] 감소한다. 그러나 백열 전구인 경우는 커다란 변화가 없다.

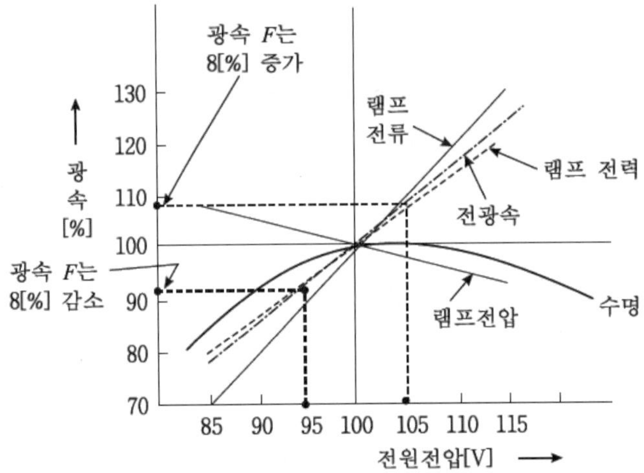

• 그림 1-61 형광등의 전압 특성 •

• 표 1-16 형광등의 정격 •

방전관의 형식	정격입력전압 [V]	램프전류 [A]	임피던스 [Ω]	정격램프전력 [W]	안정기손실전력 [W]
FL-10	100	0.23	253±3	15	1.5±0.5
FL-15	100	0.30	242±2	20	2.0±0.5
FL-20	100	0.375	192±2	25	2.5±0.5
FL-30	100	0.62	19±11	30	3.0±0.5
FL-40	200	0.435	344±3	40	4.0±0.5

또, 안정기의 특성이 나쁜 것, 즉 설계 불량으로 철심이 포화되어 임피던스가 저하되면 전류가 증가하여 수명에 큰 영향을 준다. 표 1-16은 형광등의 정격을 나타낸 것이다.

주파수가 저하되면 안정기의 리액턴스 $2\pi fL$ 이 감소하여 전류가 증가하게 되므로 수명이 짧아진다.

❹ 온도 특성

형광등의 주위 온도가 20~25[℃]일 때 가장 적당한 관벽 온도 40~45[℃]가 되도록 설계되어 있다.

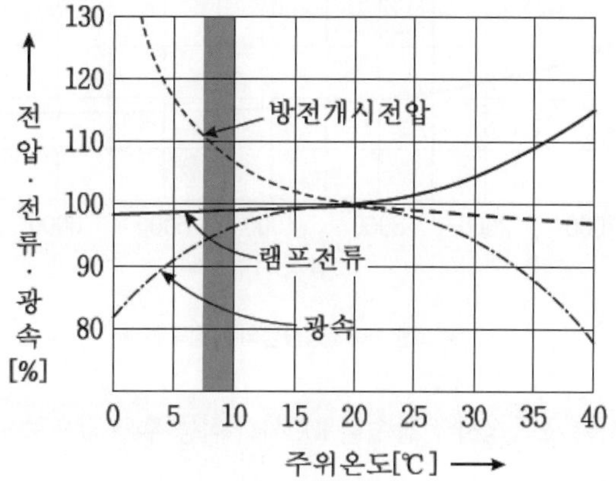

• 그림 1-62 **형광등의 온도 특성** •

그림 1-62에 나타낸 바와 같이 10[℃] 이하로 되면 광속이 급속히 감소하고, 방전시 전압이 높아지므로 점등하기 어렵게 된다. 또, 35[℃] 이상으로 되면 방전 개시는 쉬워지나 광속이 감소하면 어두워진다.

형광등은 온도가 저하하면 관내의 수은증기압이 감소하여 광속이 적어지고 또 온도가 높아지면 관내의 압력이 증가되어 여기 파장 2537[Å]이 약하게 되므로 이것 역시 광속이 감소된다. 저온에서 사용하는 것은 관내의 아르곤 가스 압력을 낮추어 저온용으로 만들어야 한다.

❺ 수명과 동정

그림 1-63과 같이 점등시간에 따라 전류, 전압, 전력 및 효율 등의 관계를 광속으로 나타내는 곡선을 동정곡선(performance curve)이라 한다. 형광등의 수명은 점등 개시 후 전광속이 초기 광속의 80[%]로 되었을 때의 시간과 형광등이 방전불능으로 되었을 때까지의 시간 중 짧은 것으로 정한다. 규격품의 수명은 약 4000시간으로 되어 있으나 우량품은 7000시간까지 되는 것도 있다. 형광등은 점등 후 100시간까지는 광속이 급격히 감소하고 1000시

간까지는 광속이 급격히 감소하고 1000시간까지는 완만한 감소를 보이며, 그 후 비교적 안정된 광속을 발산한다.

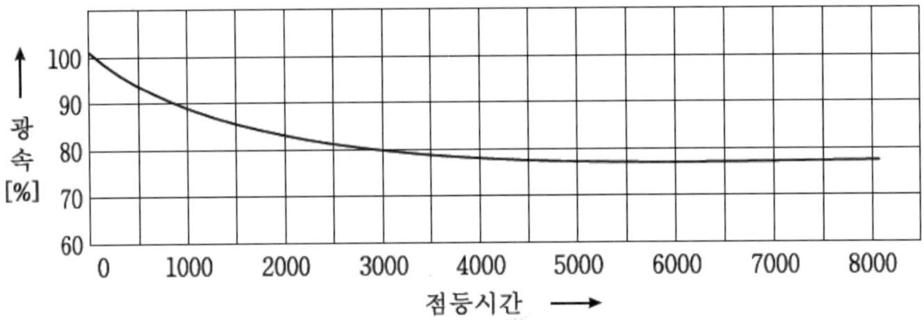

• 그림 1-63 형광등의 동정곡선 •

한국공업규격에서는 초특성시 전광속을 100시간 점등 후의 값으로 규정하고, 동정특성의 광속은 500시간 점등 후의 광속으로 규정하고 있다.

형광등의 수명은 전압에 변동이 있는 경우 전압이 증가하여도 감소한다.

표 1-17에 형광등의 형식에 따른 크기와 특성을 나타내었다.

• 표 1-17 형광등의 크기와 특성 •

형 식	종 류	유리관의 지름[mm]	정격 전압 [V]	초기특성			동정특성
				기동시험 전압[V]	관전류[A]	전광속[lm]	전광속[lm]
FL-4D FL-4W	주광색 백 색	14.7±1.3	100	94	0.125±0.020	94±14 100±15	70 이상 80 이상
FL-6D FL-6W	주광색 백 색	14.7±1.3	100	94	0.147±0.020	180±27 200±30	140 이상 160 이상
FL-8D FL-8W	주광색 백 색	14.7±1.3	100	94	0.170±0.020	300±45 330±35	240 이상 270 이상
FL-10D FL-10W	주광색 백 색	25.0±1.5	100	94	0.230±0.030	380±57 430±65	330 이상 370 이상
FL-15SD FL-15SW	주광색 백 색	25.0±1.5	100	94	0.300±0.030	640±96 730±110	550 이상 620 이상

<table>
<tr><th rowspan="2">형 식</th><th rowspan="2">종 류</th><th rowspan="2">유리관의 지름[mm]</th><th rowspan="2">정격 전압 [V]</th><th colspan="3">초기특성</th><th>동정특성</th></tr>
<tr><th>기동시험 전압[V]</th><th>관전류[A]</th><th>전광속[lm]</th><th>전광속[lm]</th></tr>
<tr><td>FL-15D
FL-15W</td><td>주광색
백 색</td><td>38.0±2.0</td><td>100</td><td>94</td><td>0.340±0.030</td><td>540±81
600±90</td><td>470 이상
530 이상</td></tr>
<tr><td>FL-20D
FL-20W
FL-20WW</td><td>주광색
백 색
온백색</td><td>38.0±2.0</td><td>100</td><td>94</td><td>0.375±0.030</td><td>880±130
1000±150
1030±150</td><td>750 이상
850 이상
880 이상</td></tr>
<tr><td>FCL-20D
FCL-20W</td><td>주광색
백 색</td><td>36이하</td><td>100</td><td>94</td><td>0.375±0.040</td><td>800±120
900±140</td><td>690 이상
780 이상</td></tr>
<tr><td>FL-30D
FL-30W
FL-30WW</td><td>주광색
백 색
온백색</td><td>38.0±2.0</td><td>100</td><td>94</td><td>0.620±0.062</td><td>1350±200
1530±230
1570±240</td><td>1150 이상
1300 이상
1340 이상</td></tr>
<tr><td>FCL-30D
FCL-30W</td><td>주광색
백 색</td><td>36이하</td><td>100</td><td>94</td><td>0.620±0.070</td><td>1150±170
1300±200</td><td>1000 이상
1150 이상</td></tr>
<tr><td>FCL-32D
FCL-32W</td><td>주광색
백 색</td><td>36이하</td><td>147</td><td>137</td><td>0.435±0.050</td><td>1420±210
1600±240</td><td>1200 이상
1360 이상</td></tr>
<tr><td>FL-40D
FL-40W
FL-40WW</td><td>주광색
백 색
온백색</td><td>38.0±2.0</td><td>200</td><td>180</td><td>0.435±0.040</td><td>2250±340
2250±380
2600±390</td><td>1950 이상
2220 이상
2300 이상</td></tr>
<tr><td>FCL-40D
FCL-40W</td><td>주광색
백 색</td><td>36이하</td><td>200</td><td>180</td><td>0.435±0.050</td><td>1950±290
2200±330</td><td>1700 이상
1900 이상</td></tr>
</table>

〈주〉 1. 형식에 사용되는 문자 및 수치이다.
FL : 형광방전관, FL의 중간의 C : 관이 환형인 것, FL 또는 FCL의 다음 수치 : 크기, 수치 다음의 S : 관의 지름이 가느다란 것, 수치 또는 S 다음의 문자 : D, W 및 WW, 각각 관이 발하는 색이 주광색, 백색 및 온백색인 것
2. 연색성을 개선한 것은 D 또는 WW 다음에 DL 또는 SDL의 기호를 붙여 표시한다.
3. DL 또는 SDL의 문자가 붙은 것의 초특성 및 동정특성의 전광속은 D, W, WW에서 정하는 각 값의 70[%] 이상으로 한다.

❻ 형광등의 흑화현상

형광등의 양단이 검게되는 현상을 <u>흑화</u>라 하며, 이 흑화현상은 형광등에 사용함에 있어서

안정기가 부적당하다거나, 잦은 점등 또는 전압의 변동이 원인이 되어 발생하며 심한 경우에는 동정 특성에 나쁜 영향을 주게 된다.
형광등을 사용함에 따라 광속이 감소하는 원인으로는

1. 전극의 전자발산이 적어짐
2. 전극 물질이 승화하여 램프 양단의 흑화
3. 형광체의 열화

등이며, 방전관의 양단에 흑화현상이 생기는 형태는

1. 전극에서 5[cm] 정도의 곳에 나타나는 환상의 흑화는 형광등을 수십 시간 이상 사용하면 나타나는 것으로, 특성에 큰 영향을 주지 않는다.
2. 베이스의 가까운 부분에 생기는 짙은 반점은 기동전류 또는 점등시의 전류가 과대한 경우에 발생한다.
3. 방전관 끝부분의 넓은 흑화는 관의 수명 말기에 생기며, 이것은 필라멘트 표면의 바륨(Ba)이 승화되어 관 내벽에 부착한 것이다.

이와 같은 흑화현상이 일어나면 방전 개시 전압이 과대하게 높아져 점등관이 동작하여도 필라멘트만 가열될 뿐이고, 점멸을 반복하여도 안정된 점화가 불가능하게 된다. 형광등의 열화는 수은과 형광체가 화학적으로 결합하거나 자외선의 심한 자극으로 생기는 것이다.

❼ 플리커와 역률의 개선

(가) 빛의 명멸 개선

형광등을 교류로 점등하면 전류의 순시값에 비례하여 1[Hz]마다 2회의 맥동을 한다. 형광체는 잔광성을 가지고 있으므로 전류값이 영으로 되어도 빛은 남아 있어 눈으로 시감할 수는 없으나 빛의 반복된 명멸을 느낄 수 있다.
이 빛의 명멸, 즉 어른거림을 플리커(flicker)라 하고 다음 식과 같이 표시하며 각종 광원의 플리커를 비교하면 표 1-18과 같다.

$$\text{플리커} = \frac{\text{최대 광도} - \text{평균 광도}}{\text{평균 광도}} \times 100[\%]$$

• 표 1-18 **전구별 플리커의 발생률** •

광 원	플리커[%]	광 원	플리커[%]
백열전구 40[W]	13	형광등 백색(2등용)	20
백열전구 100[W]	5	형광등 백색(2등용)	6
형광등 주광색(1등용)	60	형광등 청색(1등용)	95
형광등 주광색(2등용)	28	형광등 녹색(1등용)	20
형광등 주광색(3등용)	8	형광등 분홍색(1등용)	20
형광등 백 색(1등용)	45		

형광등은 백열 전구에 비하여 플리커가 크지만, 일반 점등시에는 시감할 수 없고 움직이는 물체를 장시간 관측하는 경우 플리커 현상을 감지할 수 있게 된다.

플리커 현상을 감소시키기 위하여 형광 방전관 두 개를 동일 기구에 설치하고 그림 1-64에 나타낸 것과 같이 콘덴서를 직렬로 접속하여 한쪽 형광등의 전류 위상을 90° 빨리해 주면 주광색 형광등은 28[%], 백색 형광등은 20[%] 정도 플리커 현상을 감소시킬 수 있다. 이와 같은 형광등을 플리커리스(flickerless) 형광등이라 한다. 플리커를 더욱 감소시키려면 세 개의 형광 방전관을 각각 3상 회로의 각 선간에 설치하면 플리커는 6~8[%]로 되며 전류도 각 상이 평형으로 되며 역률이 개선되는 이점이 있다.

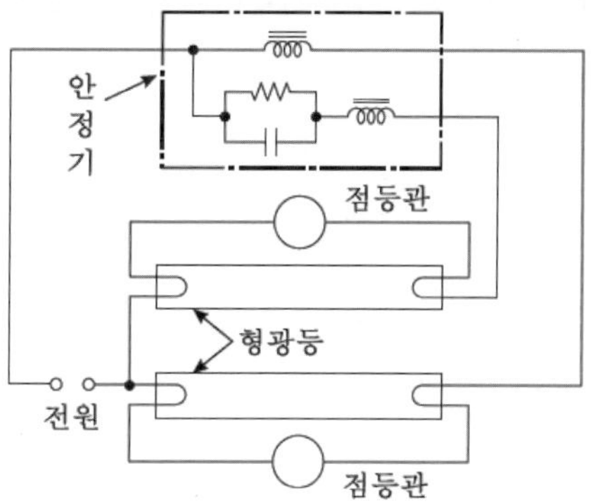

• 그림 1-64 **플리커리스 형광등의 구조** •

❽ 역률 개선

백열 전구의 역률은 필라멘트의 저항만으로 인하여 거의 100[%]이나 형광등은 안정기가 삽입되어 있으므로 50~60[%]이다. 형광방전관 자체는 저항 부하에 가까워 그 역률은 약 90[%] 정도이다.

역률을 개선하기 위하여 전원과 병렬로 콘덴서 C를 접속하고 있으나 역률 개선 전이나 개선 후의 전력은 같으므로 C는

$$P = VI_L\cos\theta_1 = VI\cos\theta_2 \quad \therefore I_L = \frac{P}{V\cos\theta_1},\ I = \frac{P}{V\cos\theta_2}$$

$$I_c = 2\pi fCV = I_L\sin\theta_1 - I\sin\theta_2$$

$$= \frac{P\sin\theta_1}{V\cos\theta_1} - \frac{P\sin\theta_2}{V\cos\theta_2} = \frac{P}{V}(\tan\theta_1 - \tan\theta_2)$$

$$\therefore C = \frac{P\times10^6}{2\pi fV^2}(\tan\theta_1 - \tan\theta_2)\ [\mu\text{F}] \tag{1-22}$$

(여기서, $\cos\theta_1$: 점등회로의 역률, $\cos\theta_2$: 개선 후의 역률, P : 입력[W]
I_L : 관전류[A], I : 선전류[A], V : 전압[V], f : 주파수[Hz])

형광등의 역률은 85[%]로 개선하려면 1개의 등당 3.5~5.5[F]의 콘덴서를 병렬로 접속하여야 한다.

❾ 형광등의 특징

① **수명이 길다.** : 형광등의 평균수명은 약 7000[h]로 백열 전구의 1000[h]에 비하여 매우 길다. 안정기의 불량, 전원전압의 변동, 주파수의 불균일, 점멸 횟수의 과다 및 주위 온도의 저하 등이 형광등 수명 감소의 원인이 되고 있다.

② **임의의 색광을 얻을 수 있다.** : 형광체에 따라 원하는 색광을 얻을 수 있으며 효율이 높다. 동일한 색상, 동일한 용량의 백열전구에 비하여 청색은 40배, 녹색은 95배 정도로 효율이 높다.

③ **효율이 높다.** : 백열전구는 물론 수은등보다 역률이 높아 40[W] 백색 형광등의 경우 광속은 백열 전구 150[W]와 비슷하므로 안정기의 손실을 고려하더라도 효율은 약 3배 정도가 된다.

④ **휘도가 낮다.** : 광원의 발광면적이 넓어 휘도가 약 6000~10000[cd/m²]이다. 사람이 장시간 광원을 바라볼 수 없는 휘도의 한계는 5000[cd/m²]으로 이보다 휘도가 높으면 눈부심(glare)을 느낀다.

⑤ **발열이 거의 없다.** : 15[W] 주광색 형광등의 경우 복사열로 발산되는 에너지는 입력의 약 50[%] 정도이다. 이에 비해 백열 전구는 약 90[%]가 열로 복사되나 형광등의 효율은 백열 전구의 약 3~4배이므로 같은 양의 광속을 내는 광원의 복사열로서 형광등은 백열 전구의 1/5~1/7 정도가 된다.

⑥ **전원전압의 변동에 대하여 광속변동이 적다.** : 전압 변동에 대한 형광등의 광속의 변화는 백열 전구의 경우에 비해 적으며, 전압 1[%] 변동에 대하여 광속은 1~2[%]로 변화한다.

⑦ **기동시간이 길다.** : 주위 온도가 낮아지면 점등관의 특성이 나빠져 기동에는 시간이 걸리므로, 래피드 스타터 형광등이나 슬림라인형 형광등은 이러한 단점을 보완한 것이다.

⑧ **주위 온도의 영향을 받는다.** : 주위 온도가 20~25[℃]일 경우 효율이 높고 이보다 온도가 높거나 낮으면 효율은 떨어진다. 주위 온도가 너무 낮아지면 점등할 수 있는 최저 전압은 높아지고 점등관을 동작하지만 점등되지 않는다.

⑨ **역률이 낮다.** : 안정기에는 초크코일이 사용되므로 역률이 55~65[%] 정도로 매우 낮다. 전원에 병렬로 콘덴서를 삽입하여 역률을 개선한다.

⑩ **전원주파수의 변동이 광속 수명에 영향을 미친다** : 안정기로서 초크코일이나 콘덴서를 사용하므로 전원주파수의 영향을 받아 형광등의 광속이나 수명이 변동한다. 일반적으로 주파수 1[%]의 변화에 대하여 램프 전류는 지상측에서 1[%] 증가하고, 진상측에서 2[%] 감소하며, 수명에 나쁜 영향을 주므로 정격주파수의 ±4[%]의 범위 내에서 사용하는 것이 바람직하다.

⑪ **빛의 명멸(flicker)현상이 있다.** : 형광등을 교류로 점등하면 전류의 주기적 변화와 더불어 광속에 어른거림이 일어난다.

⑫ **라디오 장해를 받는다.** : 형광등으로부터 방해전파가 발생하여 라디오에 잡음 장해를 준다.

⓾ 라디오 잡음 방지

형광등의 전압 파형은 구형파로 되어 있고, 또 이것에 100[Hz] 정도의 진동파가 중첩되어 있으므로 550~1500[kHz]의 방송 주파수의 범위로서 라디오에 잡음을 주게 된다. 그 잡음의 경로는 다음과 같다.

1. 형광등 자체의 전파가 안테나에 들어온다. 이것은 형광등으로부터 멀리 격리하면 영향이 없다.
2. 형광등을 점등하고 있는 전등선에서 방사되는 전파가 안테나에 들어온다.
3. 형광등에서 전등선을 따라 라디오에 침입한다

이를 방지하기 위하여 그림 1-65 (a)와 같이 기동용 스위치에 병렬로 0.06[μF] 정도의 콘덴서를 삽입하거나 그림 (b)와 같이 0.07[μF]의 콘덴서를 Δ로 접속한 필터를 전원측에 넣는다. 이것으로 잡음은 75[%] 정도 감소된다. 또한 그림 (c)와 같이 하면 거의 완전하게 잡음을 방지할 수 있으며 이와 같은 것을 $L-C$ 형 필터라고 한다.

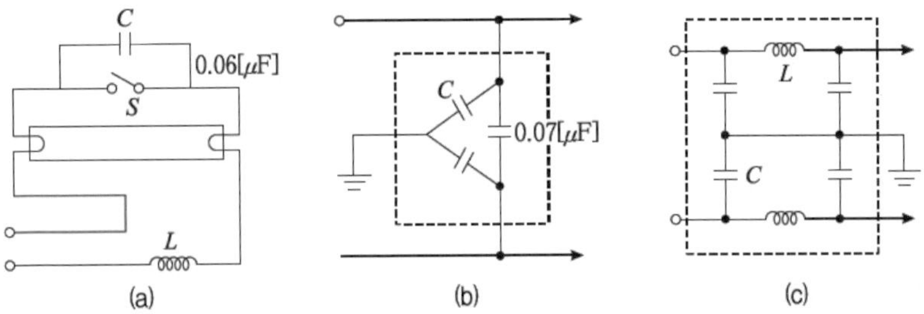

• 그림 1-65 라디오 잡음 방지법 •

(가) 무선주파잡음

형광램프의 고주파진동 중에서 소호진동, 재점호진동 등이 수신방해의 원인이 된다. 이의 방지책으로 간단한 효과가 있는 것은 램프에 병렬로 콘덴서(0.005~0.02[μF] 정도)를 삽입하는 방법이며, 대략 15[dB] 정도의 저감 효과가 있다.

……

(나) 빛의 어른거림(flicker)

형광램프를 상용주파수의 교류로 점등하면 반사이클마다 전류의 증감에 따라서 광속이 변화한다. 따라서, 전원주파수의 배의 주파수의 빛의 어른거림이 일어난다. 그의 정도는 형광체의 잔광성에 따라 다르다. 즉, 보통 전원주파수가 60[Hz]인 우리 나라에서는 120[Hz]라는 빠른 발광의 변화가 있으며, 일반적으로 사람의 눈에는 빛의 어른거림이 느껴지지 않으나, 움직이는 물체를 형광램프의 조사광으로 보면 흐릿한 가상이 관찰된다.

6. 고휘도 방전램프 ····

고휘도 방전램프(high intensity discharge lamp ; HID램프)는 고압가스 또는 증기 중의 방전에 의한 발광을 이용한 방전램프이며 고압수은램프, 메탈헬라이드램프 및 고압나트륨램프 등의 총칭이고 간략하게 HID램프라고도 하며 발광관의 관변부하가 3[W/cm^2] 이상의 것이다.

❶ 고압수은램프

(가) 구조

고압수은램프(high pressure mercury lamp)는 0.2～1[MPa]의 압력의 수은증기 중의 방전에 의한 발광을 이용한 것으로 형광체의 사용으로 연색성과 효율이 대폭 개선되어 도로조명, 공장조명, 스포츠조명 등 일반조명용으로 널리 사용되고 있다. 그 구조의 예를 그림 1–66에 나타내었다.

수은의 증기압은 상온에서는 10^3[Torr]로 낮다. 그러나 정상상태에서는 온도상승으로 봉입된 수은이 전부 증발하여 0.2～1[MPa]의 압력에 도달한다. 발광관은 내열성과 내압성이 우수한 석영유리로 만들고, 관 내에 적량의 수은과 기동을 쉽게(페닝효과로) 하고, 전극을 보호하기 위하여 2.6[kPa] 정도의 아르곤이 봉입되어 있다.

전극은 보통, 관내양단에 전자방출물질(알카리 토금속화합물)이 충전된 텅스텐 코일 주전극과 기동용의 보조전극으로 되어 있다. 발광관을 싸고 있는 외관은 보온, 자외선 차단 등의 역학을 하고, 점등시에는 대기압과 같은 정도가 되도록 N_2가 보통 반기압 정도 봉입되어 있다.

고압수은램프에는 투명형과 외관 내에 형광체가 칠해진 형광수은램프가 많이 쓰이고 있다. 형광수은램프용의 형광물질은 250～350[℃]의 고온에 견디고 주로 365 [nm]의 근자외선의 여기에 의하여 부족되고 있는 적색발광을 보완하는 것으로 희토류 형광체(여컨대 YVO_4 ; Eu)가 주로 사용된다.

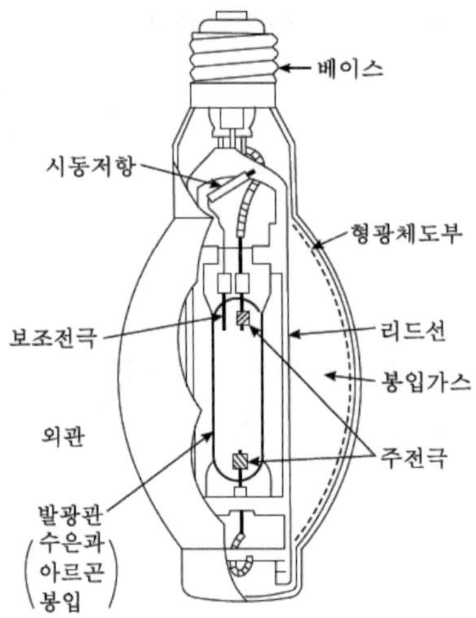

• 그림 1-66 수은램프의 구조 •

(나) 특 성

수은증기방전에서는 증기압력이 높아짐에 따라서 전자와 원자의 충돌이 증가되어 발광 스펙트럼선의 폭의 퍼짐, 차이, 연속 스펙트럼의 발생 등으로 그의 상태도 저압방전의 경우와 매우 달라진다.

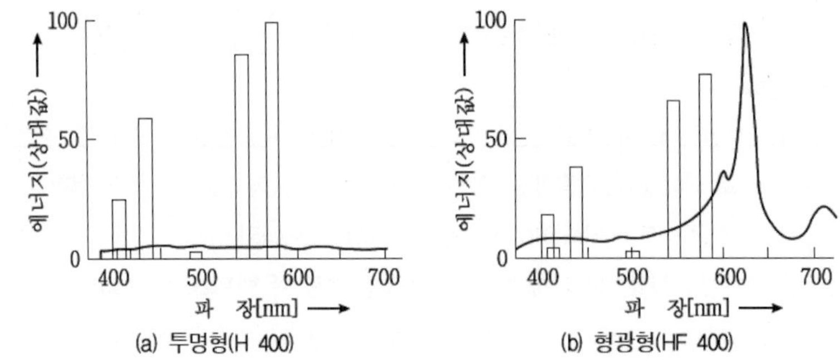

• 그림 1-67 고압수은램프의 분광분포 •

그림 1-67에서 고압수은램프의 분광분포 예를 표 1-19에서는 전광변환계로서의 에너지 배분을 나타내었다.

• 표 1-19 고압수은램프의 에너지 분배 •

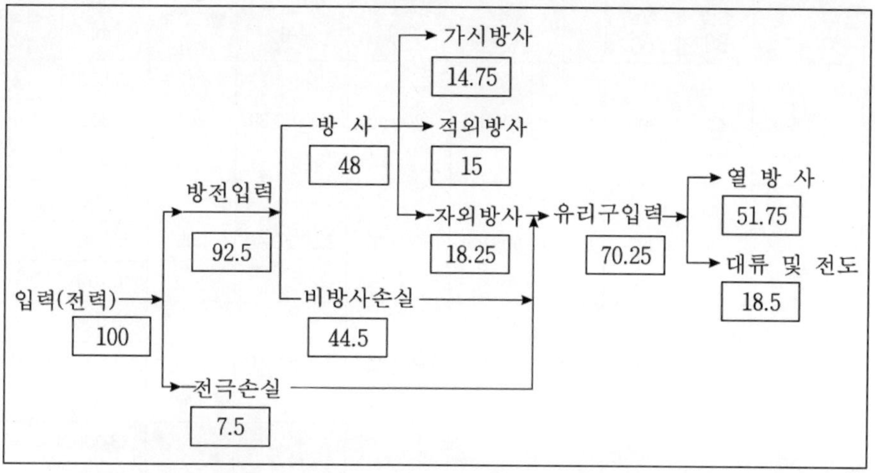

* 400[W] 램프, 숫자는 [%]

• 표 1-20 고압수은램프의 초특성(KSC 7604) •

형 식	정격 입력 전압 [V]	시동 시험 전압 [V]	안정 시간 [분]	재시동 시 간 [분]	초특성				
					램프전압 [V]	램프전류 [A]	(참고) 램프전력 [W]	전광속 [lm]	(참고) 적색비 [%]
H 40	220	198	8 이하	10 이하	90±15	0.53±0.12	40	1,200	–
HF 40X								1,300	7이상
H 100	220	198	8 이하	10 이하	130±15	0.85±0.17	100	3,700	–
HF 100X								3,900	7이상
HRF 100X								3,100	–
H 175	220	198	8 이하	10 이하	130±15	1.50±0.27	175	7,200	–
HF 175X								7,900	7이상
HRF 175X								5,700	–
H 200	220	198	8 이하	10 이하	130±15	1.70±0.36	200	8,200	–
HF 200X								9,000	7이상
HRF 200X								6,500	–

<table>
<tr><th rowspan="2">형식</th><th rowspan="2">정격
입력
전압
[V]</th><th rowspan="2">시동
시험
전압
[V]</th><th rowspan="2">안정
시간
[분]</th><th rowspan="2">재시동
시 간
[분]</th><th colspan="5">초특성</th></tr>
<tr><th>램프전압
[V]</th><th>램프전류
[A]</th><th>(참고)
램프전력
[W]</th><th>전광속
[lm]</th><th>(참고)
적색비
[%]</th></tr>
<tr><td>H 250</td><td rowspan="3">220</td><td rowspan="3">198</td><td rowspan="3">8 이하</td><td rowspan="3">10 이하</td><td rowspan="3">130±15</td><td rowspan="3">2.10±0.39</td><td rowspan="3">245</td><td>10,500</td><td>–</td></tr>
<tr><td>HF 250X</td><td>11,800</td><td>7이상</td></tr>
<tr><td>HRF 250X</td><td>8,400</td><td>–</td></tr>
<tr><td>H 300</td><td rowspan="3">220</td><td rowspan="3">198</td><td rowspan="3">8 이하</td><td rowspan="3">10 이하</td><td rowspan="3">130±15</td><td rowspan="3">2.50±0.46</td><td rowspan="3">295</td><td>14,200</td><td>–</td></tr>
<tr><td>HF 300X</td><td>15,200</td><td>7이상</td></tr>
<tr><td>HRF 300X</td><td>10,700</td><td>–</td></tr>
<tr><td>H 400</td><td rowspan="3">220</td><td rowspan="3">198</td><td rowspan="3">8 이하</td><td rowspan="3">10 이하</td><td rowspan="3">130±15</td><td rowspan="3">3.25±0.60</td><td rowspan="3">395</td><td>20,000</td><td>–</td></tr>
<tr><td>HF 400X</td><td>21,000</td><td>7이상</td></tr>
<tr><td>HRF 400X</td><td>14,600</td><td>–</td></tr>
<tr><td>H 700</td><td rowspan="3">220</td><td rowspan="3">198</td><td rowspan="3">8 이하</td><td rowspan="3">10 이하</td><td rowspan="3">140±15</td><td rowspan="3">5.45±1.07</td><td rowspan="3">705</td><td>36,000</td><td>–</td></tr>
<tr><td>HF 700X</td><td>38,500</td><td>7이상</td></tr>
<tr><td>HRF 700X</td><td>28,000</td><td>–</td></tr>
<tr><td>H 1,000</td><td rowspan="3">220</td><td rowspan="3">198</td><td rowspan="3">8 이하</td><td rowspan="3">10 이하</td><td rowspan="3">135±15</td><td rowspan="3">8.00±1.50</td><td rowspan="3">1,000</td><td>52,000</td><td>–</td></tr>
<tr><td>HF 1,000X</td><td>56,000</td><td>7이상</td></tr>
<tr><td>HRF 1,000X</td><td>41,000</td><td>–</td></tr>
<tr><td colspan="2">시험 방법 적용 항목</td><td>9. 2. 4</td><td>9. 2. 5</td><td>9. 2. 6</td><td></td><td></td><td>9. 2. 7</td><td></td><td></td></tr>
</table>

* H : 투명외관, HF : 외관내형 광물질 칠한 것, HRF : R형 유리구 사용

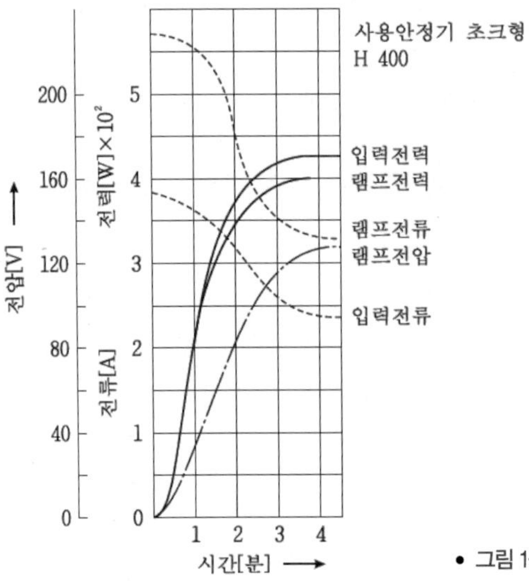

• 그림 1-68 고압수은램프의 시동특성 •

(다) 시동, 재시동

램프에 전압을 인가하면 주전극과 보조극 사이에 글로방전이 발생함과 동시에 주전극 사이에 아크방전이 형성된다. 아크 방전의 열에 의하여 발광관의 온도가 상승함과 동시에 수은도 증발하고, 수분간에 완전히 증발하여 안정된다. 램프특성도 수은의 증발에 의하여 변화하며, 이 안정까지의 시간을 시동시간이라 한다.

수은과 아르곤 가스의 상호작용(페닝효과)에 의하여 시동성능을 개선하고 있으므로 주위온도가 −15[℃] 이하의 곳에서는 수은증기압이 낮아서 시동이 곤란하다. 그러나 현재는 보조극간에 아크방전을 일으키고, 전극이나 발광관을 가열하는 방법이 주로 쓰이고 있다. 고압수은램프는 소등직후는 수은증기압이 높으면 시동이 곤란하다. 발광관이 냉각하여 재점등까지의 시간을 재시동시간이라고 하며 KS에서는 10분 이내로 규정하고 있다.

❷ 메탈핼라이드램프

메탈핼라이드램프(metal halide lamp)는 고압수은램프에 금속할로겐화물을 첨가함으로써 용도에 적합한 분광에너지로 변화시켜서 일반조명용 뿐만 아니라 복사용, 광화학용, 식물 육성용, 어업용 등으로 널리 이용되고 있는 광원이다.

(가) 구조

고압수은램프의 발광관 내에 금속 할로겐화물을 봉입한 램프가 메탈핼라이드램프이며 금속원자에 의한 발광을 이용하여 효율과 연색성 등이 개선된 것이다.

구조는 그림 1-69에 나타낸 바와 같이 고압수은램프와 거의 같으나, 석용으로 된 발광관 내에 시동용 아르곤과 램프전압, 발광관 온도를 조절하기 위한 수은과 여러 종류의 금속할로겐화물이 봉입되어 있다.

일반조명용으로는 Na, Tl, In, Se, Th, Dy 등의 할로겐화물이 조합되어 쓰이고 있으며 가시부에 조화된 발광을 얻을 수 있도록 하고 있다.

현재 실용되고 있는 램프를 첨가제의 조합으로 분류하면 표 1-21과 같다. 발광관의 전극주변부는 보온막을 칠하여 관온도를 균일고온으로 되도록 하고 있다. 전극에 칠해진 전자방출 물질은 할로겐과의 반응성으로부터 Th나 희토류 금속의 산화물이 쓰이고 있다.

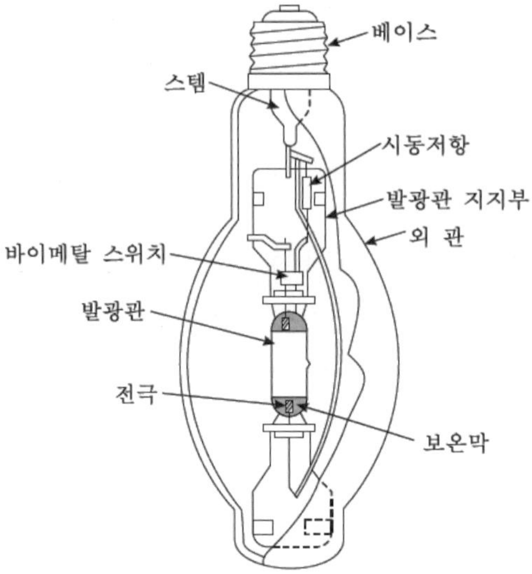

• 그림 1–69 메탈핼라이드램프의 구조 •

• 표 1–21 메탈핼라이드램프의 첨가물에 의한 분류 •

발광 스펙트럼	첨가물	효율 [lm/W]	색온도 [K]]	평균 연색 평가수 R_a	수명 [h]	종 류
수소의 선 스펙트럼의 조합	Tl–Na–In	75~85	5,000~5,500	60~70	6,000~9,000	일반
		80	5,000	60~70	9,000	저전압 시 동
밀집 스펙트럼과 강한 선 스펙트럼의 조합	Sc –Na–Tb	80~90	4,200~4,500	60~70	7,500~9,000	일반
		80	4,200	60~70	9,000	저전압 시 동
	Dy–Tl–In	75~85	6,000	80~90	6,000	일반
분자 발광에 의한 연속 스펙트럼	SnI_2 $SnBr_2$	50	5,000	92	6,000	고연색

• 표 1-22 메탈핼라이드램프 성능(KS C 7607) •

형 식	정격입력 전압 [V]	안정시간 [분]	재시동 시 간 [분]	초특성			전광속[lm]
				램프 전압 [V]	램프전류 [A] (참고값)	램프전력[W]	
MH 175(B)	220	8 이하	10 이하	130±15	1.50	184 이하	14,200
MHF 175(B)							12,000
MHT 175(B)							14,000
MH 250(A)	220	8 이하	10 이하	100±15	3.00	263 이하	17,000
MHF 250(A)							15,000
MHT 250(A)							17,000
MH 250(B)	220	8 이하	10 이하	130±15	2.10	263 이하	20,500
MHF 250(B)							18,000
MHT 250(B)							20,500
MH 400(A)	220	8 이하	12 이하	125±15	3.65	420 이하	28,800
MHF 400(A)							25,000
MHT 400(A)							28,800
MH 400(B)	220	8 이하	12 이하	135±15	3.25	420 이하	34,000
MHF 400(B)							30,000
MHT 400(B)							34,000

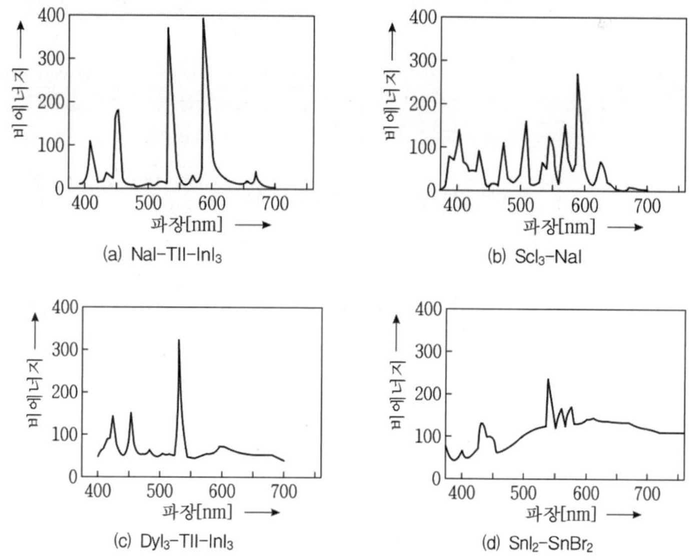

• 그림 1-70 일반조명용 메탈핼라이드램프의 분광분포 •

(나) 특 성

보통 금속 할로겐화물은 수은보다도 증발하기 힘들므로 램프동작중의 분압도 수은증기압보다 낮고, 원자밀도도 적지만 수은 스펙트럼의 여기레벨보다 낮은 여기레벨을 갖는 금속이 선정되었기 때문에 방전에 의한 방사는 첨가 금속의 스펙트럼이 주이다.

점등 중 비교적 온도가 낮은 관벽부근의 금속 할로겐화물은 증발하여 고온, 고압의 수은아크 내로 들가서, 그림 1-71에 나타낸 바와 같이 금속과 할로겐으로 분해된다.

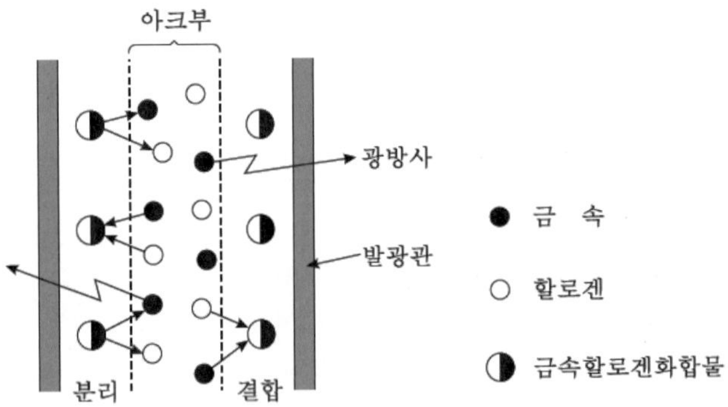

• 그림 1-71 **메탈핼라이드램프의 광방사** •

분해된 금속은 아크 내에서 여기되어 발광한다. 아크부의 금속과 할로겐은 관벽부근에서 또 다시 결합하여 금속 할로겐화물로 되어 이것을 반복하면서 발광한다.

전기입력에 대한 방사광의 에너지 배분은 표 1-23에 나타낸 바와 같이 고압수은램프보다 매우 크다. 그의 분광분포표의 예를 그림 1-70에 나타내고 있다.

• 표 1-23 **메탈핼라이드램프 에너지 배분** •

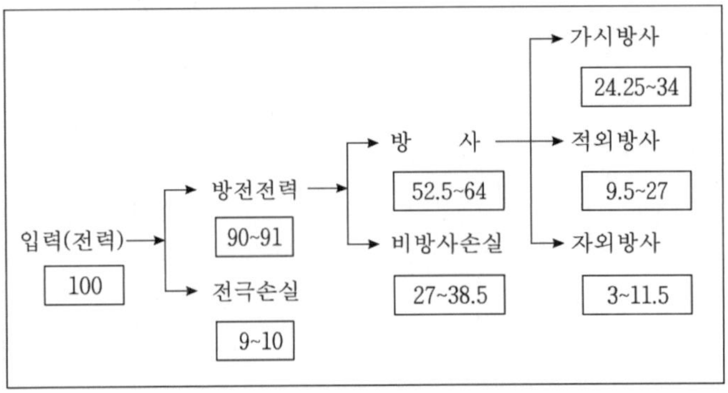

* 400[W] 램프, 외관제외, 숫자는 [%]

메탈핼라이드램프는 전극의 전자방사의 저하나 방전방해성의 할로겐을 포함하므로 수은램프에 비하여 방전개시전압은 높아진다. 그러나 발광관내에 시동보조가스로서 적당량의 페닝가스(Ne-Ar 또는 Ne-Kr)을 쓰고, 시동전극의 구조, 시동방법의 곤란으로 일반적으로 보급되고 있는 고압수은램프용 안정기로 점등할 수 있는 저전압시동용 메탈핼라이드램프도 시판되고 있다.

메탈핼라이드램프의 시동시간은 수은램프의 경우와 거의 같지만, 재시동 시간은 일반적으로 약간 길다. 수명은 고압수은램프에 비하여 관변온도가 높게 되어 있는 등으로 약간 짧고, 동정특성도 다소 뒤떨어지며, 전원전압의 변동에 의한 램프특성의 변화도 크고, 광색도 변화한다. 효율은 일반적으로 70~80[lm/W]이고, R_a 는 80~90으로 고연색성이다.

❸ 고압나트륨램프

(가) 구조

고온의 알카리 증기에도 침식되지 않고 투광성이 있는 고밀도 다결정의 산화 알루미늄의 개발로 나트륨램프의 제작이 가능하게 되었고, 일반조명용 광원 중 최고의 효율(140[lm/W])을 갖고 있다. 고압나트륨램프(high pressure sodium lamp)는 메탈핼라이드램프와 비슷하다. 단지, 발광관은 700~800[℃]의 고온도에서도 나트륨에 침식되지 않는 투광성 산화 알루미늄세라믹이나 다결정 산화 알루미늄으로 제조되고 있다.

발광관 내에는 시동보조용의 크세논 가스(2~3.3[kPa])와 동작시에 나트륨 증기압이 4~25[kPa]가 되도록 나트륨수은아말감이 과잉 봉입되어 있다. 외구는 경질유리로 만들어져 있고, 관내에 Ba 게터를 사용하여 고진공으로 하고, 주위온도의 영향을 피하도록 되어 있다. 램프에는 외구가 투명한 투명형과 외구내면에 확산성막을 붙일 확산형이 있다. 그리고 시동보조가스로 Ne-Ar 페닝가스를 봉입하고, 그 위에 시동보조 도체를 사용한 저전압시동형 램프도 시판되고 있다.

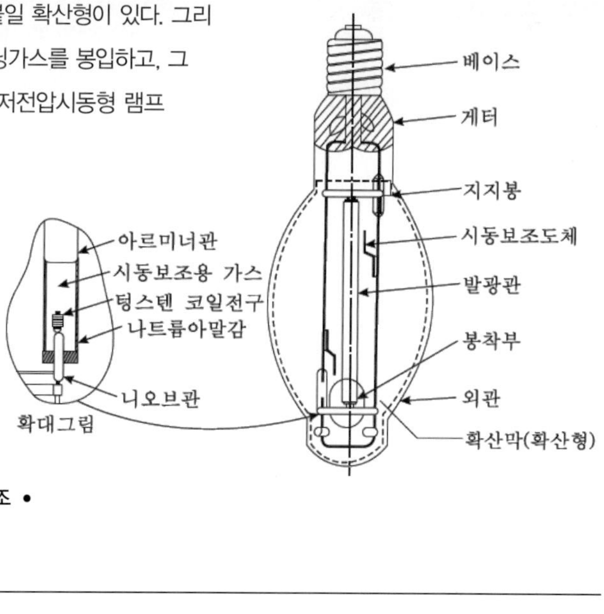

• 그림 1-72 고압나트륨램프의 구조 •

(나) 특 성

고압나트륨램프는 표 1-24의 에너지 배분으로부터 알 수 있는 바와 같이 400 [W] 램프방사효율은 0.295이고, 광원의 효율도 120[lm/W]이며 다른 광원에 비하여 매우 높다.

그림 1-73의 분광분포에서 표시되어 있는 바와 같이 나트륨 D선(589.0 및 589.6 [nm])의 양측에 연속 스펙트럼의 발광이 퍼져 있다. 이 발광의 퍼짐은 증기압 및 관내지름과 더불어 증대하여 나트륨 원자 상호의 충돌에 의하여 공진퍼짐에 의한 것으로 말하고 있다. 이와 같은 상태에서는 D선의 발광은 자기흡수에 의하여 감소하고 황백색이 된다. 수은도 봉입되어 있으나, 그의 여기전압은 나트륨에 비하여 높으므로 직접발광에는 기여하지 않지만 분광분포는 수은증기압으로 좌우된다.

• 표 1-24 **고압나트륨램프 에너지 배분** •

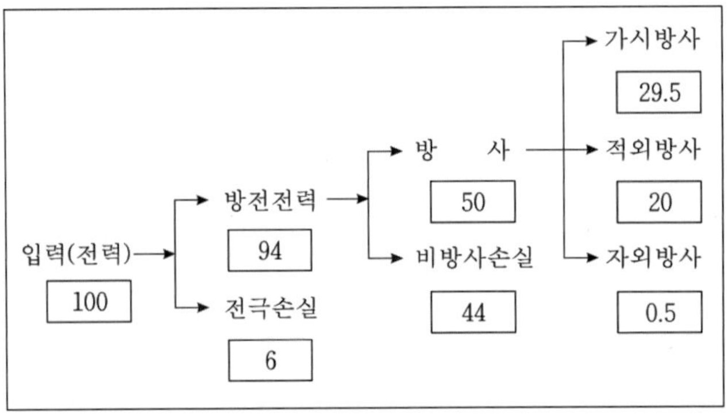

* 400[W] 램프, 외관제외, 숫자는 [%]

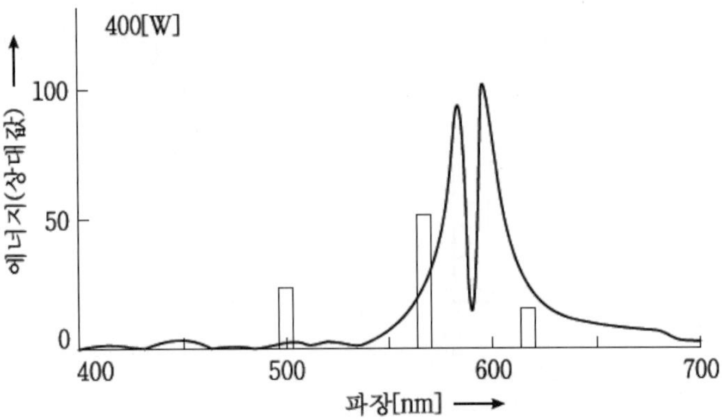

• 그림 1-73 **고압나트륨램프의 분광분포** •

• 표 1-25 고압나트륨램프 특성(KSC 7610) •

형식	정격입력 전압 [V]	안정시간 [분]	재시동 시간 [분]	초특성			전광속[lm]
				램프 전압 [V]	램프전류 [A]	램프전력 (참고)[W]	
NH 100	220	8 이하	5 이하	100±15	1.2±0.2	100	9,000
NH 100F							8,500
NHT 100							9,000
NHR 100							—
NH 150	220	8 이하	5 이하	$100\pm^{15}_{20}$	1.8±0.3	150	14,000
NH 150F							13,000
NHT 150							14,000
NHR 150							—
NH 200	220	8 이하	5 이하	$100\pm^{15}_{20}$	2.3±0.40	200	20,000
NH 200F							19,000
NHT 200							20,000
NHR 200							—
NH 250	220	8 이하	5 이하	$100\pm^{15}_{20}$	3.0±0.05	250	25,000
NH 250F							23,000
NHT 250							25,000
NHR 250							—
NH 400	220	8 이하	5 이하	$100\pm^{15}_{12}$	4.6±0.7	400	46,000
NH 400F							43,000
NH 400							46,000
NHR 400							—
NXT 35	470	—	—	70±15	0.60±0.06	38	4,600
NXT 55	470			$105\pm^{20}_{15}$	0.59±0.06	58	7,600
NXT 90	500			$115\pm^{20}_{15}$	0.92±0.10	97	12,500
NXT 135	700			$160\pm^{25}_{15}$	0.92±0.10	136	21,500
NXT 180	700			$245\pm^{25}_{15}$	0.88±0.10	190	31,500

* NH : 고압나트륨램프, NX : 저압나트륨램프, T : 관형, R : 반사형

램프의 연색성은 색온도 2,000~2,100[K]에서 평균연색평가수 R_a 는 15~30으로 형광수은램프에는 뒤떨어지지만 최근 60 이상의 것도 있다. 평균수명은 고압수은램프 정도로 12,000시간이며, 옥외조명이나 공장, 체육관 등의 조명에 적당하다. 단지, 이 램프는 전원전압이나 주위온도 등의 환경조건에서 램프전압이 어느 정도 변화하는 특성이 있으므로 기구의 선정에는 주의가 필요하다.

7. 기타 램프 ····

❶ 저압나트륨램프

(가) 구조

그림 1-74에 표시하는 바와 같이 내나트륨성의 유리로 된 U자형의 발광관과 투광성 적외선반사막인 산화 이리듐이 내면에 칠해진 투명외관으로 되어 있으며 양자 사이는 고진공이 유지되고 있다. 발광관의 양단에는 텅스텐 코일에 전자방사물질을 칠한 전극이 있고, 관내에는 적량의 나트륨과 시동용으로 Ne에 미량의 Ar을 혼합한 페닝가스가 봉입되고 있다. 발광관에는 수 개소의 돌기부가 있으며 나트륨을 모아두고 있다.

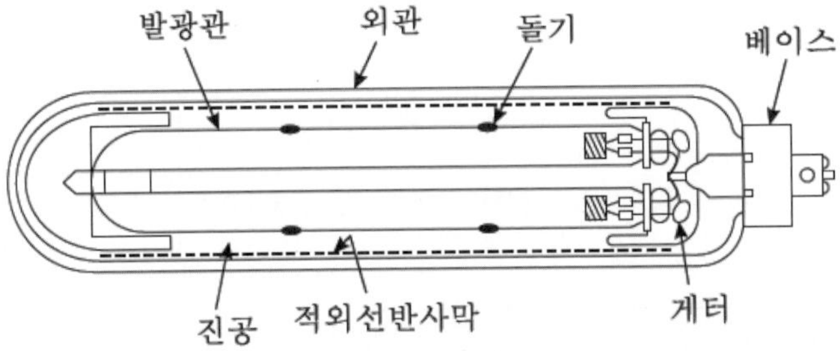

• 그림 1-74 **저압나트륨램프의 구조** •

(나) 특성

저압나트륨램프(low pressure sodium lamp)는 점등 후 약 10분에서 정격값에 도달한다. 그때 관벽은 260[℃]로 되며, 나트륨 증기압은 0.53[Pa]로 되어 효율이 최대로 된다. 램프효율은 기존의 광원 중에서 매우 높다. 에너지 배분은 표 1-26에 나타내는 바와 같이 입력의 약 36[%]가 가시광으로 된다. 그림 1-75의 분광분포에서 나타내는 바와 같이 대부분(99[%])이 나트륨 D선에 집중하고 있다.

램프효율은 190[lm/W]에 가깝다. 평균수명은 9,000시간이고 광속유지율은 80~85[%]로 동정특성도 좋다. R_a 가 28이며 광색은 황등색의 단색광이므로 색의 식별은 할 수 없으므로 용도는 연색성이 문제되지 않는 도로나 터널 등의 옥외조명에 한정되고 있으며 일반조명에는 부적합하다.

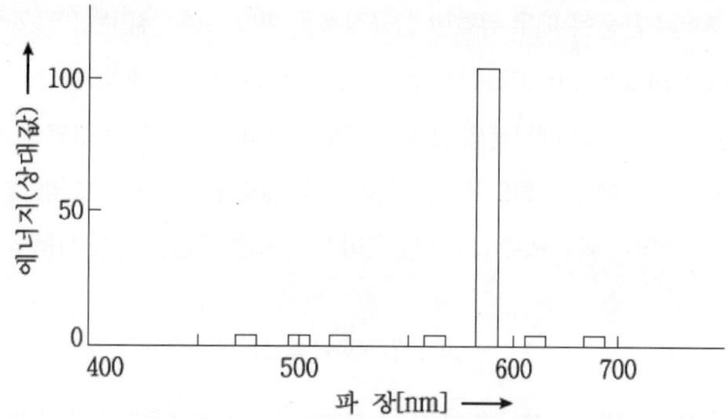

• 그림 1-75 **저압나트륨램프의 분광분포** •

• 표 1-26 **저압나트륨램프의 에너지 배분** •

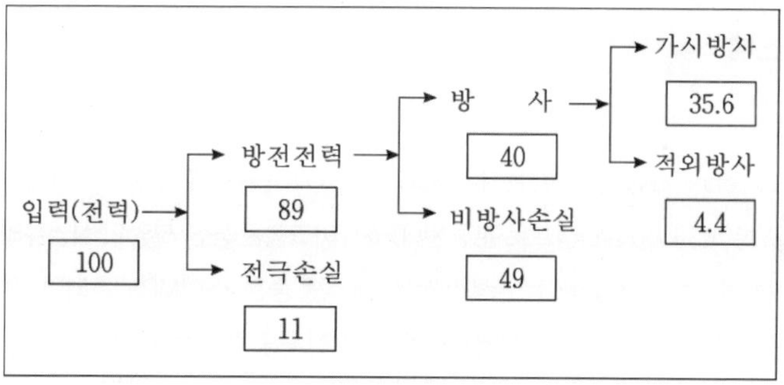

* 180[W] 램프, 숫자는 [%]

❷ 저압수은램프

수은증기압 10^3 ~ 10^1[Torr] 정도의 수은등을 전압수은등(low pressure mercury lamp)이라 하며 이 정도의 증기압을 통한 방전에서는 공진전압이 253.7[nm]로 가장 강하고 전방사의 90[%] 이상이 된다. 가시광선에서는 435.8[nm] 및 546.1 [nm]를 나타내고 발광효율은 10[lm/W] 정도로서 직접조명으로는 사용되지 않지만 살균등이나 형광등으로 널리 응용되고 있다.

(가) 살균등

자외선의 살균효과는 대체로 280[nm] 이하의 파장이 유효하며, 특히 260[nm] 부근이 가장 효과적이다. 따라서, 저압수은등은 매우 유효한 살균작용을 한다. 보통 유리는 253.7[nm]의 자외선을 흡수하므로 살균등(germicidal lamp)으로서 이용하려면 관으로 자외선을 통과시키는 석영관을 사용한다. 253.7[nm]선은 공기 이외의 대부분의 물질을 별로 투과하지 못하므로 표면살균에 한정된다. 그러나 이 방사선은 사람의 눈에 유해하므로 직사광이 눈에 들어오지 않도록 조명방법을 고려한다. 반사갓은 일반도장은 변색되기 쉬우므로 알루미늄 연마 또는 크롬 도금된 면을 사용할 필요가 있다.

• 표 1–27 15[W] 살균등의 특성 •

크기 [W]	길이 [mm]	관의 지름 [mm]	등전류 [A]	정격전압 [V]	살균선 출력 [W]	거리 1[mm]에 있어서의 살균 복사조도[[W/cm^2]
15	435	25	0.30	100	2.9	30

❸ 크세논램프

(가) 구 조

크세논램프(Xenon lamp)는 크세논가스 중의 방전을 이용하지만 아크의 형태로부터 쇼트아크(short arc)램프와 롱아크(long arc)램프로 분류된다. 쇼트아크형은 둥근 모양의 석영유리구의 수[mm] 간격으로 전극을 설치하고 봉입가스는 수백[kPa]로서, 점등중은 2~4[MPa]로 되면 30[W]~30[kW]의 것이 시판되고 있다. 롱아크램프는 석영관의 양단에 전극을 설치하고, 유리관(또는 석영관)에 가스를 7~70[kPa] 봉입한 것이다.

(나) 특 성

크세논램프의 분광분포는 그림 1–76에 나타내는 바와 같이 자외선영역으로부터 가시광선영역에 걸쳐서 균등한 연속 스펙트럼과 근적외부에 강력한 선스펙트럼으로 되어 있으며, 자연주광과 비슷하고 동정 중 색온도는 거의 일정(약 6,000[K])하고 휘도도 매우 높다. 또한, 점등과 동시에 광출력은 안정되고, 소등 후 순시점등도 가능한 특징을 갖고 있다.

10[kW]의 롱아크램프는 전광속 250,000[lm], 램프효율 25[lm/W]이다. 롱아크램프에서는 가스온도에 대한 플라스마의 전기전도도의 변동이 적으므로, 정특성의 범위로 동작시켜서 안정기 없이도 점

등을 할 수 있다.

크세논램프는 광장조명등에 사용되지만 영사용 광원, 광학기기용 광원 등으로 사용된다.

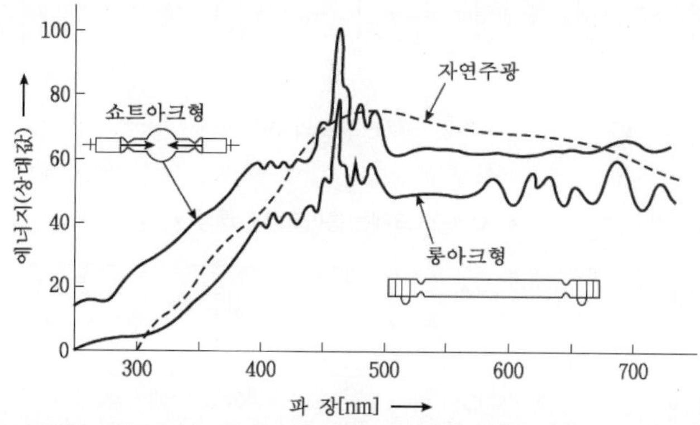

• 그림 1-76 **크세논램프의 분광분포** •

❹ EL램프

EL(electro luminescence)램프는 전계의 작용에 의한 고체의 루미네선스로, ZnS를 주체로 한 형광체를 유전체로 혼합하여 수십[μ] 두께의 막으로 하여, 2장의 전극(1장은 투명으로 형광체측은 투명도전막으로 되어 있다) 사이에 삽입하고 교류를 인가하면, 형광체결정 내부에서 전계에 의하여 가속된 전자가 발광중심에 충돌하여 여기함으로써 발광한다.

현재 실용화되고 있는 EL램프는 유리기판법랑(세리믹)형 등이 있으며 외형치수는 두께 0.5~5[mm], 한 변의 최대길이 30[cm] 정도로 원형, 각형 등 여러 종류가 있다.

EL램프의 밝기는 100[V] 60[Hz]에서 수[rlx]로부터 수십[rlx] 정도, 효율은 5[lm/W] 이하, 전력은 1[mW/cm^2] 정도이고, 광색은 형광체의 조성에 따라 녹색, 청색, 황적색 등의 기본색이 있다.

광속반감수명이란 초기광속의 50[%] 감쇠까지의 시간의 수명을 말하며 5,000~10,000[h]로 수명이 매우 길다. 용도는 전력, 광속발산도 및 휘도가 낮으므로, 일반조명용에는 부적합하고 계기의 문자판, 표찰, 표시판, 유도등 등에 응용되고 있다.

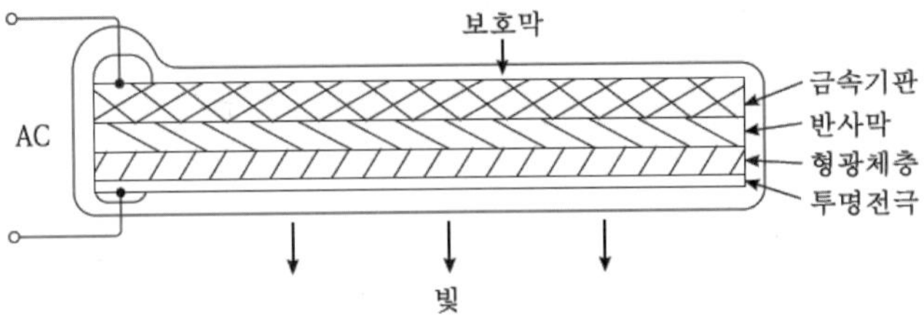

• 그림 1-77 EL램프의 구조 예 •

• 표 1-28 크세논 롱아크램프 특성 •

램프의 크기[kW]	10	16	20
정격입력[kW]	10	16	20
정격전압[V]	125	200	250
램프전류[A]	80±4	80±4	80±4
전광속[lm]	250,000	400,000	500,000
램프효율[lm/W]	25	25	25
발광길이 l [mm]	750	1,200	1,500
전체길이 L [mm]	1,150	1,600	–
관지름 D [mmφ]	40	40	40
중량[kg]	0.9	1.1	–

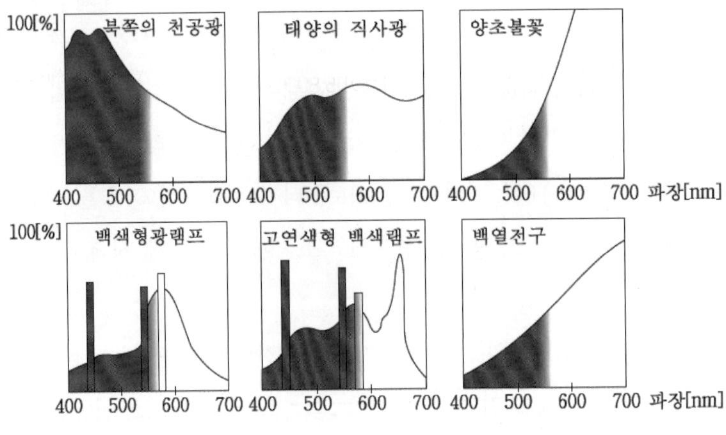

• 그림 1-78 주광과 인공광의 상대분광분포도 •

• 표 1-29 각종 일반조명용 전등의 특성비교 •

종 류	백열전구	할로겐램프	형광램프
용 량 효 율 수 명	2~1,000[W] 7~22[lm/W] 1,000~1,500[h]	50~1,500[W] 20~22[lm/W] 2,000~3,000[h]	6~110[W] 48~80[lm/W] 7,500[h]
점등부속장치	안정기 불필요	안정기 불필요	안정기 등 부속장치가 필요
광질 및 특색	일반적으로 휘도가 높고 열방사가 많다. 광색에는 적색부분이 많고, 배광제어가 용이하다. 스위치를 넣고 점등에 이르는 순응성이 크다.	고휘도이고 광색은 적색부분이 비교적 많은편이다. 배광제어는 용이하다. 흑화가 거의 일어나지 않는다.	저휘도이고 광색 조절은 비교적 용이하다. 열방사가 작다. 점등까지 시간이 걸린다(래피드스타트식 제외).
용 도	비교적 좁은 장소의 전반조명, 악센트조명, 기분을 주로 한 효과를 얻기가 쉽다. 대형인 것은 높은 천장, 각종 투광조명에 적합하다.	장관형은 높은 천장이나 경기장, 광장 등의 투광조명에 적합하다, 단관형은 영사기용에 적합하다. 미니형은 자동차용이나 스포츠용으로 적당하다.	옥내외, 전반조명, 국부조명에 적합하다. 명시를 주로 한 양질조명을 경제적으로 얻을 수 있다. 또한 간접조명에 의해서 무드 조명에도 효과적이다.

종 류	수은램프	나트륨램프	메탈핼라이드램프
용 량 효 율 수 명	40~1,000[W] 35~55[lm/W] 10,000[h]	20~400[W] 80~150[lm/W] 6,000[h]	250~400[W] 75~105[lm/W] 6,000[h]
점등부속장치	안정기 필요	안정기 필요	안정기 등 부속장치가 필요
광질 및 특색	고휘도이고 배광제어는 용이하다, 광색은 청백색인 특성이 있으나 형광수은램프, 전구병용등으로 해결이 가능하다, 완전점등까지 약 10분이 소요된다.	저압은 전광속의 60[%] 이상이 5,890~5,896[Å]인선이다. 등황색의 단일광원이고 고압은 2,200[°K]의 황백색이다. 수평점등이 원칙이며, 일반 실내조명은 연색성 불량으로 부적합하다.	고휘도 배광제어는 용이하다. 연속 스펙트럼을 방사하기 때문에 자연색과 거의 같은 광이다. 연색성이 좋다. 수평으로 점등해야 하며, 경사지게 해서 사용하면 광색에 변화가 일어나는 수가 있다.
용 도	1등당 큰 광속을 얻을 수 있고, 또한 수명이 길므로 높은 천장, 투광조명, 도로조명에 적합하다.	광질의 특성 때문에 도로조명, 터널조명에 적합하다.	1등당의 광속이 많고 수명이 긴 점과 연색성이 양호한 점으로 인해서 연색성을 중요하게 고려하는 높은 천장, 옥외조명 등에 적합하다.

8. 점등회로 ····

❶ 점등회로의 기초

(가) 램프의 전압 – 전류 특성

램프의 전압–전류 특성은 그 종류에 따라서 다르다.

예컨대, 그림 1–79에 나타내는 바와 같이 40[W]의 백열전구와 40[W]의 형광램프에서는 특성의 경사가 전연 다르다. 형광램프와 같이 일반 방전램프는 전압–전류 특성의 경사가 부특성으로 되며, 상용 전원으로 점등할 경우는 램프에 직렬로 안정기를 삽입하여 전원전압에 대하여 정특성을 갖도록 하고 있다

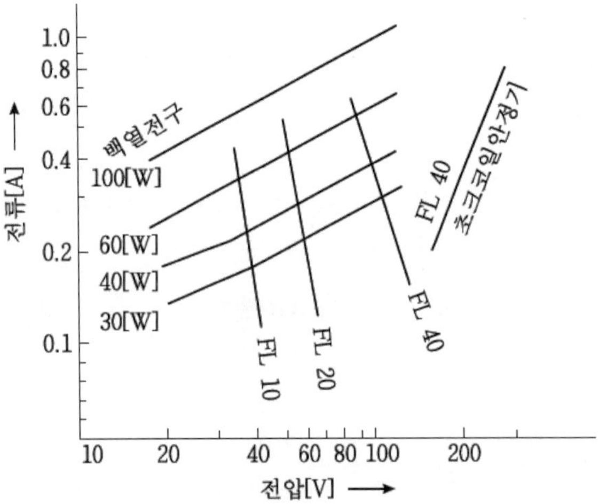

• 그림 1–79 광원의 전압–전류 특성 •

(나) 직류점등

방전등에서는 전류가 증가하면 단자전압이 감소하는 부특성이 있다. 방전이 일단 개시된 후 얼마만큼의 전류가 흐르는가는 방전관의 특성보다는 오히려 외부회로에 많이 관계된다.

그림 1–80 (a)에서 전원전압 V_0 을, 직렬저항 R 을, 방전관 단자전압을 V, 흐르는 전류를 I라고 하면 식 (1–23)과 같이 된다.

$$V_0 = IR + V \quad (1\text{–}23)$$

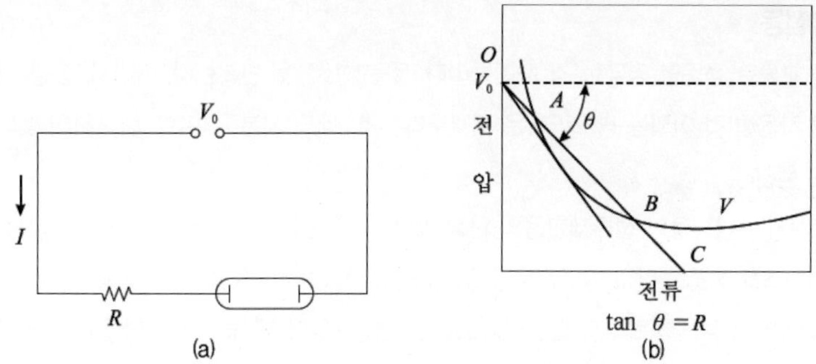

• 그림 1-80 **방전등의 점등회로와 방전특성곡선** •

방전관만의 전압-전류 특성이 곡선AB (V곡선)로 표시된다고 한다면 안정저항 R 에 전류 I 가 흐를 때의 전압강하는 전류 I 가 증가함에 따라서 커진다. 이 RI 은 V_0 로부터 뺀 전압($V_0 - IR$), 즉 $\overline{OC}$ 가 방전관의 양극간에 걸린다. $\overline{OC}$ 와 $\widehat{AB}$ 와의 교점 A, B 중에 A 점에서는 전류가 약간 증가하면 방전관 전압이 $\overline{OC}$ 보다 낮아지며, 따라서 더욱 전류가 증가하므로 방전은 불안정하다. 그러나 점에서는 전류가 약간 증가하여도 방전전압이 $\overline{OC}$ 의 위쪽으로 오르므로, 방전관에 가해지는 전압이 부족하여 전류는 원상태로 되돌아가므로 B 점에서는 방전이 안정하다. 즉,

$$R + \frac{dV}{dI} < 0 \text{인 점 } A\text{에서는 불안정}$$

$$R + \frac{dV}{dI} > 0 \text{인 점 } B\text{에서는 안정} \quad (1\text{-}24)$$

그림 1-80에서 V_0 를 일정하게 하고 저항을 증가하여 저항직선을 시계방향으로 돌리거나, 저항을 일정하게 하고, 전원전압을 내려서 저항직선을 평행이동시키든가 하면 어떤 곳에서 저항직선은 방전관의 특성곡선에 접선되고, 그 이상에서는 교점이 되지 않는다. 이렇게 되면 방전은 멈춘다. 또한, 저항을 0으로 하면 교차점은 방전관의 전류용량을 몹시 넘은 곳으로 가게 되므로 방전관은 즉시 파괴된다. 따라서, 방전관을 점등할 때에는 반드시 전류제한 장치를 직렬로 삽입할 필요가 있다. 이 저항을 안전저항(ballast resistance)이라 한다.

(다) 교류점등

방전관을 교류로 점등할 경우는 각 사이클마다 점등과 소등을 반복한다. 따라서, 잔광시간이 긴 형광물질을 사용한 것 이외는 광도파형은 전원주파수의 2배의 기본주파수로 변동하여 빛의 어른거림(flicker)이 생긴다.

직류회로에서는 방전등의 전류제한용의 안정기로는 저항만을 사용하지만, 교류회로에서는 저항 이외에 인덕턴스를 직렬로 삽입하는 경우나 LC 의 공진회로를 이용하는 경우 등이 있다.

그림 1-81에 각종 점등회로와 그 전원전압 E, 램프전압 V, 램프전류 I의 파형을 나타내었다.

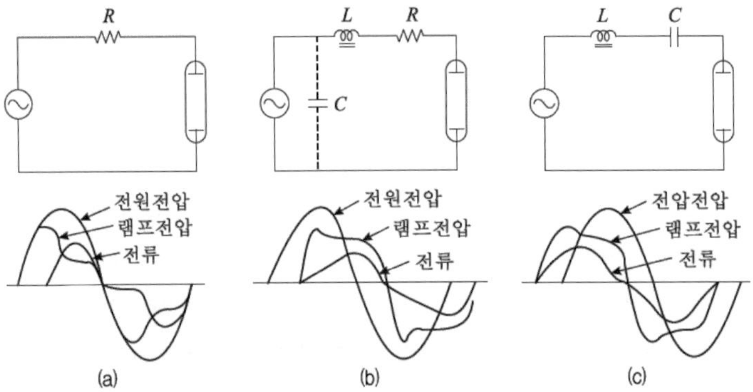

• 그림 1-81 **각종 교류방전등 점등회로와 그의 전류 및 전압파형** •

1 저항직렬회로

그림 1-81 (a)에 나타내는 바와 같은 저항직렬회로에서는 각 사이클에서 전류휴지시간이 길이 때문에 빛의 어른거림이 심해진다. 또한, 전원전압의 약 반은 저항에서 소비되어 손실로 되므로 모처럼 좋은 방전등이라도 종합효율은 반감되므로 우수한 회로라고 할 수 없다.

2 LR 직렬회로

인덕턴스 직렬회로에서는 저항직렬의 회로에 비하여 전력손실도, 빛의 어른거림도 적으므로 현재 널리 사용되고 있다. 형광등이나 수은등의 대부분은 이 점등회로이다.

이 회로에서는 램프전압 및 램프전류는 전원전압에 대하여 매우 늦어지며, 보통 역률은 60[%] 정도이다. 안정도나 빛의 어른거림의 정도를 고려하면 램프전압은 전원전압의 3/4을 초과하지 않는 것이 바람직하다.

③ 자기누설변압기 사용

네온사인의 경우 등과 같이 전원전압에서 직접 방전관을 시동할 수 없으며 승압이 필요한 경우에는 자기누설변압기를 사용하면 좋다. 자기누설변압기란 누설 인덕턴스를 크게 하여 변압기의 2차측을 단락하고 1차측에 정격전압을 인가하여도 일정 전류 이상은 흐르지 않도록 설계한 변압기이다. 자기누설변압기는 방전관을 직접 접속하여도 좋은 유일한 전원이다.

④ LC 직렬회로

방전관의 안정기로서 콘덴서를 단독으로 사용하면 전류파형이 가파라져서 바람직스럽지 않다. 보통은 그림 1-81 (c)에서와 같이 콘덴서와 인덕턴스를 직렬로 연결한 것이 사용된다. 이 경우 회로의 LC 에 의하여 정해지는 공진주파수 $\omega_r = 1/\sqrt{LC}$ 는 전원주파수 ω 보다 약간 높게 한다. 즉,

$$\frac{1}{\omega C} - \omega L > 0 \tag{1-25}$$

로 하고, 회로의 임피던스가 전원주파수에 대하여 용량성이 되도록 한다. 이와 같이 하면 램프전류는 그림 1-81 (c)에서와 같이 전원전압에 대하여 앞지름으로 제3주파 이상의 고주파에 대해서는 회로의 임피던스는 유도성으로 되고 그의 값은 매우 커지게 되므로 전류에는 고주파성분이 그리 포함되지 않고 파형이 개선된다.

❷ 각종 방전램프의 점등회로

방전램프는 그림 1-82에서와 같이 방전유지전압에 비하여 시동전압이 높고, 점등에는 전원전압과의 걸맞음 등으로 어떠한 시동기구를 고려하여야 한다.

시동기구로는 방전램프 자체의 전극구조나 봉입가스 등을 연구하여 특히 시동회로 등을 필요로 하지 않는 것도 있지만 일반적으로 표 1-30에 나타내는 바와 같이 여러 방식의 안정화 시스템(안정기) 외에 시동시스템(시동기 또는 시동회로)을 조합하여 점등시스템(점등장치)를 구성하고 있다.

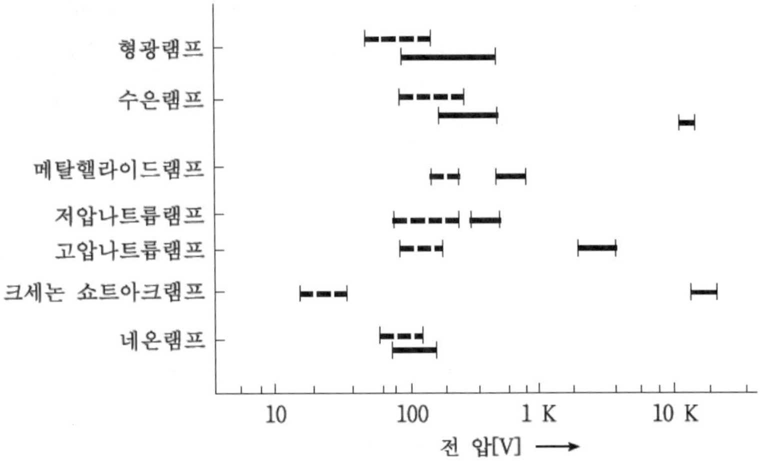

• 그림 1-82 **방전램프의 시동전압과 유지전압(점선)** •

시동시스템에서는 시동시에 필요한 전압을 발생시키기 위하여 여러 가지 방식이 쓰이지만, 시동을 위하여는 램프의 고유한 최소 시동에너지 및 최소 시동전력이 필요하다.

예컨대, 400[W] 메탈헬라이드램프에서 약 280[J]의 시동에너지, 약 42[W]의 시동전력을 필요로 한다. 다음에 구체적이고 대표적인 광원의 점등시스템에 대하여 설명하겠다.

• 표 1-30 **방전램프의 점등시스템** •

점등시스템	시동시스템	펄스 발생기, 승압변압기, 전자시동기(반도체 스타터) LC 공진기
	안정화시스템	직렬안정 임피던스(저항, 초크코일 콘덴서), 초크코일과 가포화 트랜스, 누설변압기, 고주파점등(인버터 회로, 스위치 회로)

(가) 형광등의 점등회로

Ⅰ 스타터형 점등방식

이 방식은 예열시동형 형광램프에 적용되는 것으로 그림 1-83 (a)에 그 회로를 표시하였다.

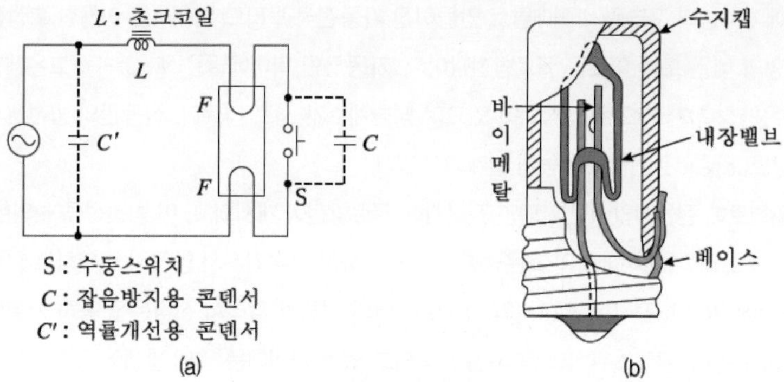

• 그림 1-83 **예열시동형 형광램프 점등회로** •

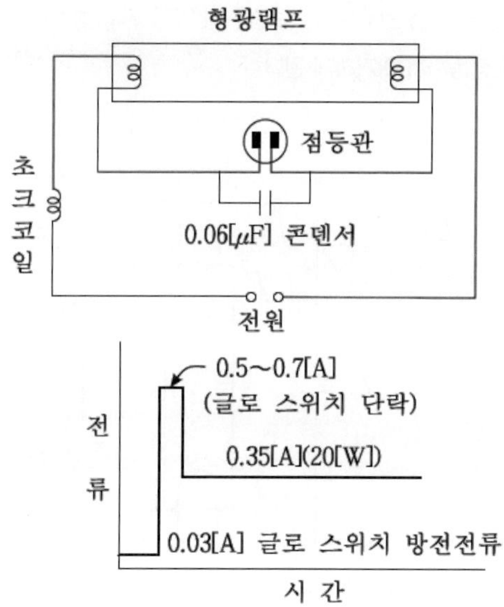

• 그림 1-84 **점등관에 의한 점등회로와 점등 특성** •

점등시 스위치 S 를 단락하여 램프전류의 약 1.5～2배의 예열전류를 램프 필라멘트 F에 흘리고, 이것이 충분히 가열된 때에 S 를 열면, 순간 초크코일 L에 수백[V]의 높은 과도전압이 발생하여 이것이 램프에 가해져서 시동시킨다.

스위치 대신에 그림 1-83 (b)에 표시하는 점등관(글로스타터)을 사용한 것이 많다. 점등관은 유리구 내에 U자형의 꾸부린 바이메탈로 만들어진 가동전극과 리드 와이어를 이용한 고정전극을 설치한 소형의 네온 또는 아르곤 글로방전광이다. 가동극인 바이메탈은 Ni-Cr-Fe(고온팽창측)와 Ni-Fe(저온팽창측)가 쌍으로 접착되어 있으며 팽창계수가 서로 다르다. 점등관의 방전개시전압을 전원전압보다 낮고 관전압보다 높게 설계되어 있다.

점등관회로에 전원전압이 인가되면 전극간에 글로방전이 개시되고, 이 방전전류에 의한 발열에 의하여 1~2초 후에 바이메탈의 고온팽창측이 팽창하여 꾸부러져서 양극이 접촉하고 회로가 단락된다. 이것에 의하여 전극에 평상시의 약 1.5~2배의 전류가 흘러서 전극은 급속히 가열되어 전자방사를 하게 된다. 글로스위치의 양극은, 단락되고 있는 사이에는 열의 발생이 없으므로 저온팽창측이 냉각되고 1~2초 후에 자동적으로 원위치로 되돌아가려고 떨어지므로 회로의 전류는 급격히 차단되어서 초크코일 내에 발생하는 고전압에 의하여 방전이 개시되어 점등한다.

형광램프의 점등 중 점등관에 관전압이 가해지고 있고, 관전압은 70[V] 이하로 되어 있으므로, 방전개시전압이 85[V] 이상인 점등관에서는 글로방전이 일어나지 않으며, 바이메탈의 접점이 열려 있는 대로 소등 후 다음의 점등까지 대기하게 된다.

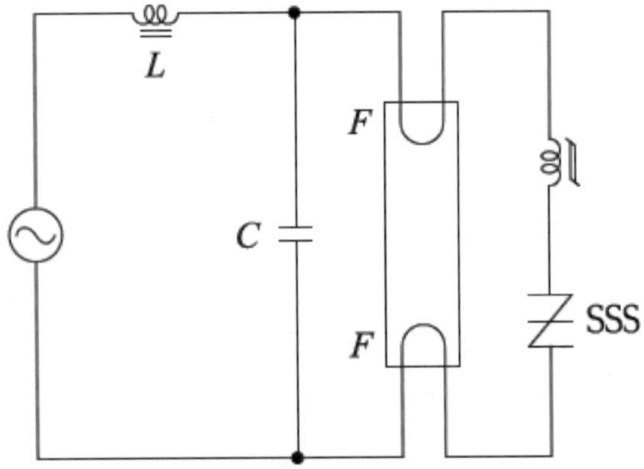

• 그림 1-85 **전자 스타터 점등회로** •

그림 1-85에 표시하는 바와 같이, 쌍방향성 반도스위치 SSS의 전원전압 반파마다의 개폐로 시동시키는 전자 스타터 회로도 실용화되고 있다. 40[W] 램프를 100[V] 전원으로 점등하는 경우는 승압변압기와 초크코일을 조합하면 된다.

2 래피드스타트(rapid start) 점등방식

래피드스타트 점등회로는 속시기동회로라고 하며 그림 1-86에 표기하는 바와 같이 누설변압기가 사용된다.

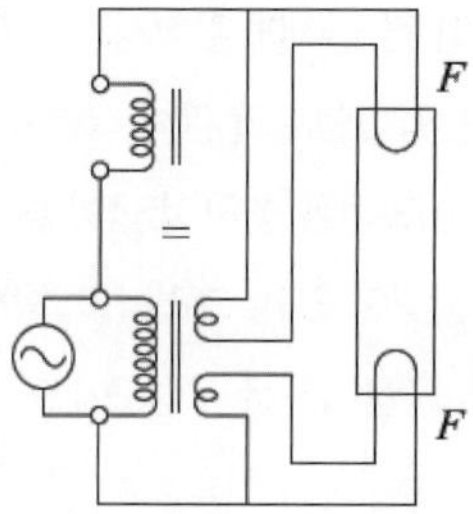

(a) 래피드스타터 점등회로

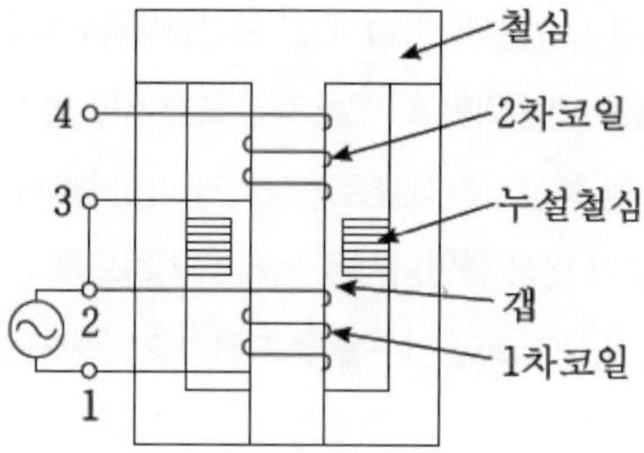

(b) 누설변압기의 기본구조

• 그림 1-86 •

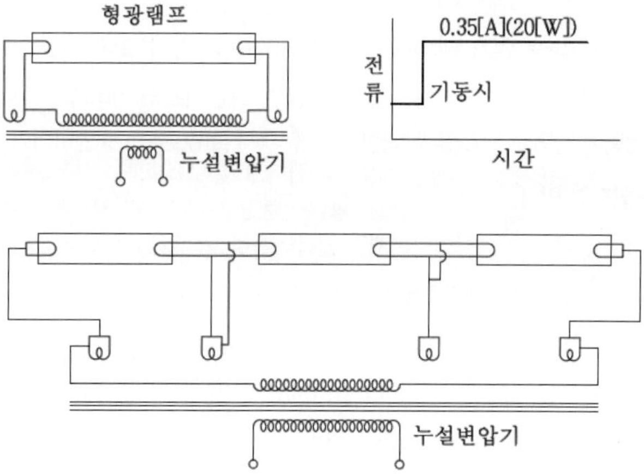

• 그림 1-87 누설변압기 점등회로 •

램프의 양극에는 안정기로부터 전극 가열용의 권선이 별도로 감겨진 것이며 항상 4[V] 정도의 전압이 가해지고 있고 전원전압은 승압되어 가열과 동시에 램프에 가해지므로 1~2초 정도로 시동한다.

전극은 3중코일 필라멘트로 되어 있어서 전자방사물질이 충분히 칠해져 있다.

누설변압기는 그림 1-86 (b)에 표시하는 구조로 1차 코일에 전원전압을 가하면 2차측에 무부하전압이 생기고, 이것에 1차전압이 가해져서 램프에 인가된다. 방전이 개시되어 램프전류가 흐르면 이 전류에 의하여 자속이 발생하지만 이것은 1차측의 자속과 반대방향으로 된다. 이 때문에 1차측의 자속은 2차 철심을 통과하기 힘들고 갭이 있는 누설철심을 통하여 1차 자속의 일부가 누설된다. 이 방식에는 기구에 가늘고 긴 도전판을 붙여서, 이것을 형광등의 전 길이에 밀착시키는 도전판식, 형광등의 벽면 외면에 가늘고 긴 도전편을 붙이는 외면도전편식, 형광램프의 관벽 내면에 투명도전의 피막을 형성시킨 내면도전막식과, 형광램프의 관벽의 외면에 실리콘을 칠하여 물방울이 붙지 않도록 하며 항상 절연저항을 높게 유지하도록 한 실리콘을 칠한 방식이 있다. 그러나 이 방식에서 기동전압을 내리려면 기구를 접지하여 기구반사판 등을 형광등에 근접시켜서 근접도체로서 이용할 필요가 있다.

3 고주파점등방식

방전램프를 고주파로 점등하는 경우의 원리는 상용주파수 점등과 동일하다. 안정기의 초크코일이나 콘덴서는 고주파용으로 되며 소형화도 되고 전력손실도 감소할 수 있다. 그러나 고주파전원이 필요하다.

상용주파로부터 고주파를 얻기 위해서는 그림 1-88에서와 같이 교류→직류→고주파의 변환을 하게 된다. 직류로부터 고주파로 변환하는 인버터회로는 트랜지스터 인버터가 주로 쓰이고 있다.

특히, 인버터 입력에 인덕턴스 L_1을 삽입한 정전류 푸시 풀(push pull) 인버터가 효율이 높고 일반조명용으로 실용화되고 있다.

교류-직류변환은 정류회로 평활회로이지만 입력역률을 고역률로 유지하고 평활효과를 내고 고효율점등으로 하기 위하여 부분평활회로가 쓰이고 있다.

고압방전램프를 고주파로 점등하면 방전관의 구조에 의하여 결정되는 공진주파수와 점등주파수가 일치하면 음향적 공진을 일으켜서 방전이 불안전하게 되므로, 이를 해결하지 못하면 실용화될 수 없다. 80[kHz] 이상의 고주파에서 점등하는 방법이나 주파수변조 점등 등의 방법이 검토되고 있다.

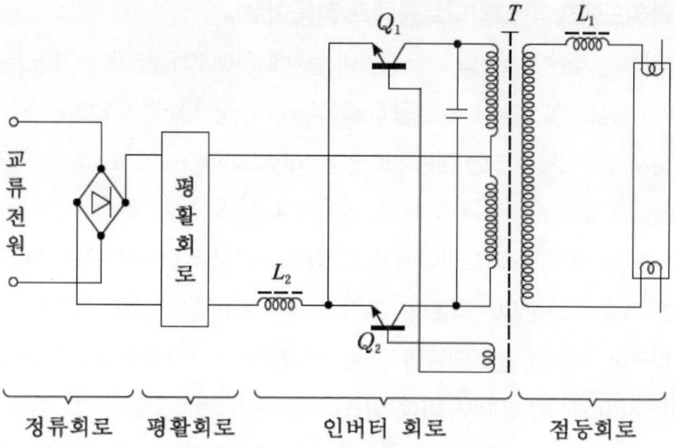

• 그림 1-88 **형광램프 고주파 점등회로** •

(나) 고압수은램프 점등회로

보통 그림 1-89 (a)에서와 같이 초크코일형 그림 (b)의 누설변압기형등 일반형 이외에, 그림 (c), (d)에서와 같은 정전력 점등회로가 쓰인다.

정전력형은 램프 L과 직렬로 콘덴서를 삽입한 진상회로로, 특히 회로의 일부에 포화철심을 사용한 전원전압의 변동에 대하여 램프부하에 정전력 특성을 갖도록 한 것이다. 그림 (c)는 누설변압기형으로 철심의 포화를 세게 하고, 콘덴서와의 철공진에 의하여 정전력 특성을 갖게 한 것이고, 그림 (d)는 초크코일에 전압의 변동분을 흡수시켜서 가포화변압기 T의 인가전압을 항상 일정하게 하는 정전력 특성을 갖도록 한 것이다.

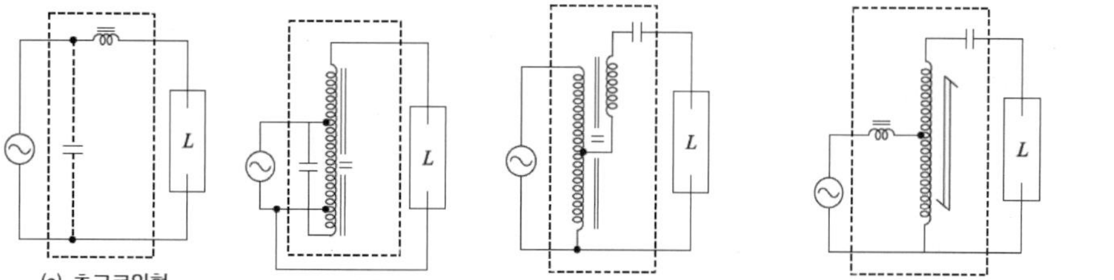

(a) 초크코일형 (b) 누설변압기형 (c) 누설변압기형(정전력) (d) 초크코일과 가포화 변압기와의 조립(정전력)

• 그림 1-89 **고압수은램프의 점등회로** •

(다) 메탈핼라이드램프 및 고압나트륨램프 점등회로

메탈핼라이드램프는 수은램프보다 시동전압이 높기 때문에 2차권선을 증가한 누설변압기나 누설변압기의 2차코일 철심부의 일부에 슬릿(공격)을 설치하여 국부적 자기포화에 의한 피크값이 큰 무부하전압을 발생시키는 리드 피크형 점등회로와 그 외에 그림 1-90에 표시하는 바와 같은 펄스시동형 점등회로가 쓰이고 있다.

펄스전압은 쌍방향 사이리스터(트라이액 SSS 등)와 같은 스위칭소자 S 의 개폐시에 회로의 인덕턴스가 발생하는 과도적 고전압에 의한다. 고압나트륨램프의 점등회로도 메탈핼라이드램프와 같으나 시동조건이 다르다. 예컨대, 펄스시동의 경우, 메탈핼라이드램프용은 전압이 비교적 낮고 펄스폭도 넓다(400[W]에서 피크전압 600[V] 이상, 펄스폭 0.5~1.5[ms]), 고압나트륨램프용은 전압이 높고 펄스폭이 좁다(피크전압 2,000[V], 펄스폭 수[μs] 이상). 후자의 경우 안정기를 램프로부터 분리하여 설치하는 경우는 배선의 분포용량 등으로 펄스가 감쇠하므로 주의할 필요가 있다.

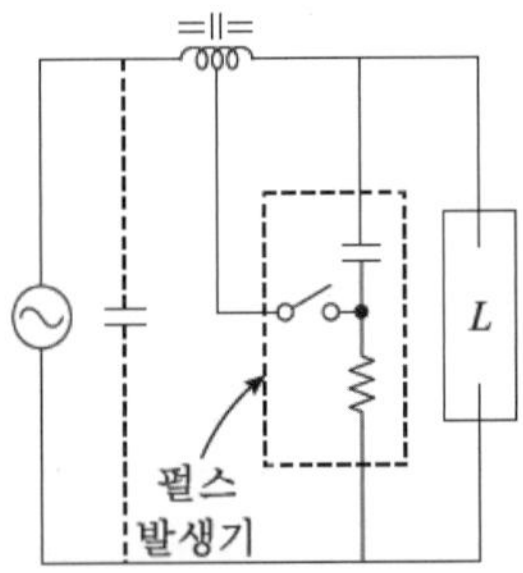

(a)

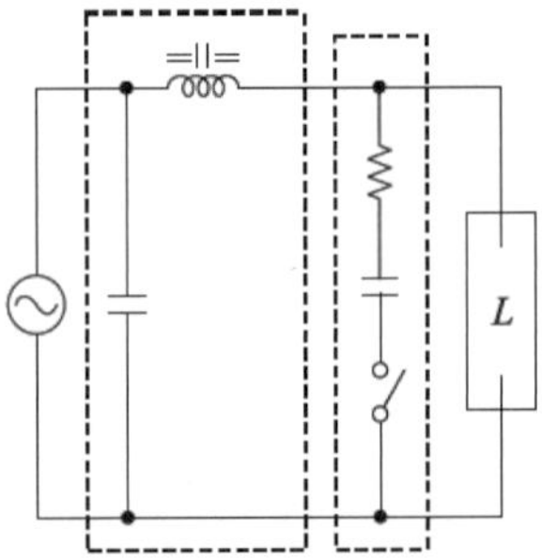

(b)

• 그림 1-90 **펄스시동형 점등회로** •

(라) 크세논램프 점등회로

그림 1-91에 크세논 쇼트 아크 램프의 점등회로의 예를 나타내었다. 크세논램프의 특징은 가스압이 비교적 높으므로 시동에 고전압이 필요하지만 시동과 동시에 안정되고, 또한 수시 재점등을 할 수 있는 점이 있다. 표준점등회로에서는 전원전압을 30~40배로 승압하고, 그것을 방전캡과 펄스 트랜스로 약 10배로 승압할 수 있는 고전압 펄스 시동기와 안정기를 조합한 방식이 사용되고 있다. 그리고 롱아크 크세논램프는 정특성을 갖고 있으므로 시동회로뿐이며 안정회로는 불필요하다.

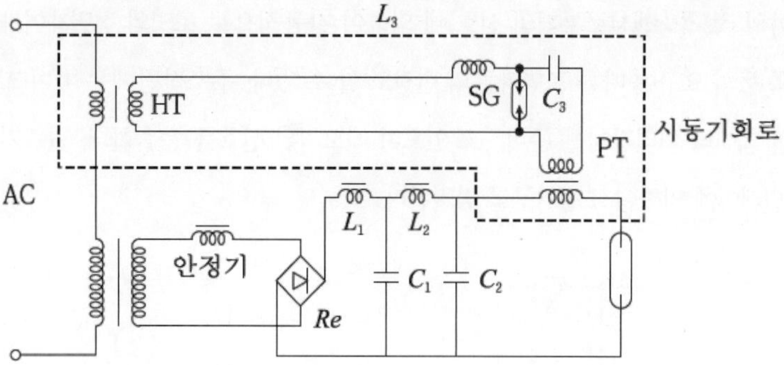

• 그림 1-91 크세논 쇼트 아크램프의 점등회로 •

9. 광제어회로 ····

❶ 점멸회로

램프의 점멸에는 수동 스위치, 전자개폐기, 타이머식 자동점멸기, 광전식 자동점멸기 등 여러 가지가 쓰이고 있다. 램프의 점멸특성은 그의 종류에 따라 다르므로, 사용조건에 적합한 램프의 선택 및 개개 램프의 과도특성 등을 충분히 검토할 필요가 있다. 예컨대, 반도체 스위치를 이용하는 경우에는 점등순간에 정상상태의 수십 배의 전류가 흐르고, 광속이 입상하는 시간에 거의 정격전류로 된다.

방전램프의 점멸에서도 크세논램프는 순간 시동하지만 형광램프의 시동시간은 0.5~5초, 수은램프의 시동시간은 3~6분, 저압나트륨램프에서는 12~15분으로 되고, 재시동특성도 각각 다르다.

자동점멸회로에는 그림 1-92 (a)와 같이 타이머에 의한 것, 그림 (b)에서와 같이 유화카드뮴(CdS) 광도전소자(조도에 따라 저항이 변화한다)와 서멀릴레이(가열용 히터와 바이메탈에 의한다)를 조합한 것과, 그림 (c)에서와 같이 광도전소자와 쌍방향 반도체 스위치의 트라이액을 사용한 무접점화한 것 등이 옥외등, 가로등 등의 점멸에 사용된다.

또한, 빌딩 등의 조명의 효율적인 점멸관리에 마이크로컴퓨터를 이용한 것으로 그림 1-93에 나타낸 시스템도 실용화되고 있다. 이 시스템에서는 프로그램된 조명파턴이나 타임스케줄,

주야의 정도(광센서로부터의 신호)에 의하여 자동적으로 조명의 점멸제어가 될 수 있으며, 블록 등의 요구에 따른 조명파튼의 변경도 할 수 있다. 주조작반에는 마이크로 컴퓨터를 사용한 데이터 처리장치를 준비하고 있으며 메모리된 신호를 송출한다. 단말기는 신호처리부와 릴레이에 의하여 조명기구를 점멸한다.

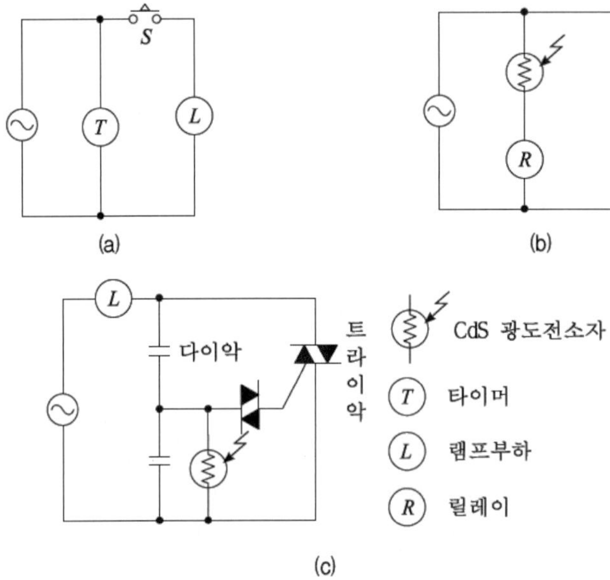

• 그림 1-92 **자동점멸회로** •

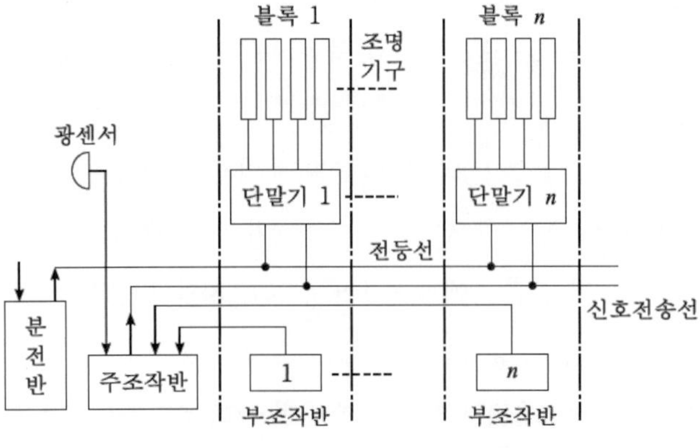

• 그림 1-93 **마이크로컴퓨터 이용에 의한 조명관리** •

❷ 조광회로

(가) 원리와 방식

조광제어는 램프를 소망하는 밝기로 변화하는 것이며 단계적 제어와 연속적 제어가 있다. 이들 조광회로에는 그림 1-94에 나타낸 바와 같이 램프 L에 직렬가변 임피던스 Z를 삽입하여 그의 전류 I를 변화시키는 것으로 오트트랜스 T로 전원전압을 변화시키는 것, 사이리스터로 램프의 전압 V및 전류 I의 도통각을 변화시키는 것 등이 있다.

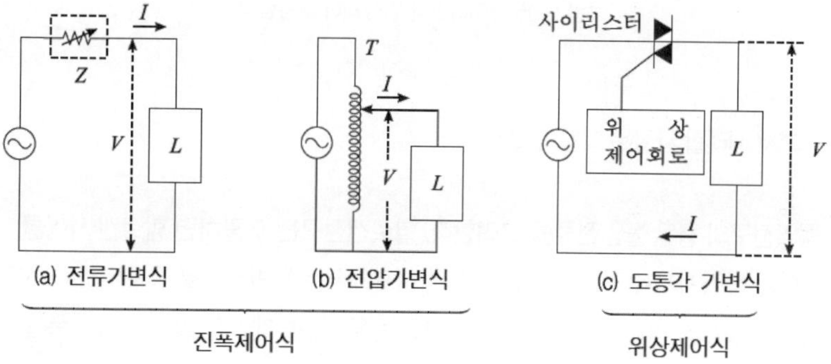

• 그림 1-94 조광제어 시스템 •

(나) 소형조광기(dimmer)

그림 1-95 (a)에는 소형조광기(1[kW] 미만)의 기본회로를 표시한다. 전원전압이 플러스의 반사이클의 경우 전류는 램프 L로부터 가변저항 R을 통하여 콘덴서 C를 충전한다. C의 충전전압이 트리거 소자 다이액의 브레이크 오버전압을 초과하면 C의 전하는 다이액을 통하여 트라이액의 게이트를 통하여 급속히 방전되며, 이 펄스모양의 전류로 트라이액의 게이트를 통하여 급속히 방전되며, 이 펄스모양의 전류로 트라이액의 주회로가 도통하고, 램프 L에 그의 시점에서의 전원전압이 가해진다. 이 도통시간은 가변저항 R를 변화시킴으로써 그림 (b)와 같이 제어할 수 있으므로 결국 램프전류를 가감한 것으로 된다.

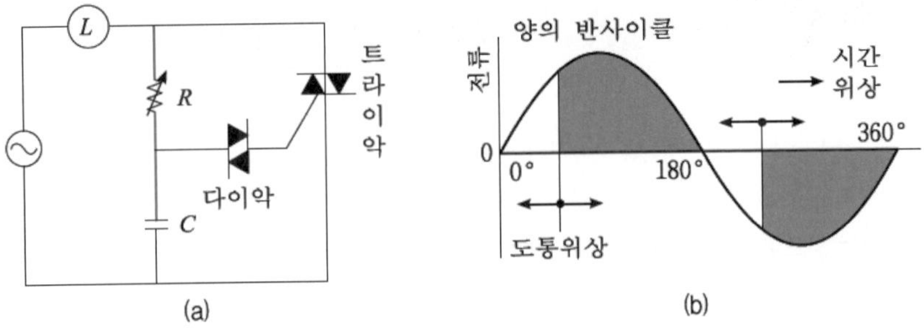

• 그림 1-95 사이리스터 위상제어 조광방식 •

조광에서 배려할 사항은 다음과 같다.

1. 백열전구의 경우 돌입전류를 고려한다. 할로겐전구는 조광하면 할로겐 사이클 상태가 나빠져서 수명이 짧아진다. 형광램프에서는 일반적으로 유도부하로 되므로, 램프전류의 입상이 늦어지면 트리거 펄스는 유지전류에 도달할 때까지의 폭을 갖게 할 필요가 있다.
2. 위상제어방식은 전원의 반파마다 전류를 제한하므로, 전류파형은 톱날파형으로 되어 전파, 음향잡음 등의 원인으로 되고 램프광속의 어른거림도 증가하기 때문에 주의할 필요가 있다.
3. 극장이나 스튜디오에서의 조광은 특히 조광기의 피더눈금과 눈에 느끼는 밝음이 직선적인 것이 바람직하다.

제1장
조명기초

출제예상문제와 풀이

문제 01 가시 광선의 파장 범위[Å]는?

① 3800~7600 ② 2800~3100 ③ 4000~4300
④ 5550~5800 ⑤ 6000~6500

풀이 빛의 감각을 일으키는 파장은 3800~7600[Å]의 광선이다.
2800~3100[Å] : 건강 자외선의 파장 범위
10000~21000[Å] : 적외선의 파장 범위

[답] ①

문제 02 시감도가 가장 좋은 광색은?

① 적색 ② 등색 ③ 청색
④ 녹색 ⑤ 백색

풀이 어느 파장의 에너지가 빛으로 느껴지는 정도를 시감도라 하며, 시감도는 파장 5550[Å]인 황록색이 최대 시감도가 된다. 이 때의 복사속 1[W]는 680[lm]의 광속에 상당한다.

[답] ④

문제 03 시감도가 가장 좋은 광색은?

① 적색 ② 등색 ③ 청색
④ 녹색 ⑤ 황록색

풀이

[답] ⑤

문제 04 최대 시감도는 몇 [lm/W]인가?

① 300 ② 555 ③ 680
④ 76 ⑤ 840

풀이 최대 시감도는 680[lm/W]이고, 이 때의 파장은 5550[Å]이다.

[답] ③

문제 05

복사속의 단위는?

① 스테라디안[sr] ② 와트[W] ③ 루멘[lm]

④ 칸델라[cd] ⑤ 럭스[lx]

풀이

복사속(radiant flux)이라 함은 에너지 복사의 시간적 비율, 즉 단위 시간에 어떤 면을 통화하는 복사 에너지의 양이며 단위는 [J/S]=[W]를 사용한다. [답] ②

문제 06

다음 중 휘도의 단위는 어느 것인가?

① [lx] ② [rlx] ③ [cd]

④ [sb] ⑤ [lm]

풀이

[lx]=[lm/m^2] : 조도의 단위, [rlx]=[lm/m^2] : 광속 발산도의 단위

[cd]=[lm/steradian] : 광도의 단위, [sb]=[cd/cm^2] : 휘도의 단위 [답] ④

문제 07

다음의 설명중 잘못된 것은?

① 조도의 단위는 [lx]=[lm/m^2]이다.

② 광속 발산도 단위[lm/m]를 [radient lux]라 하여 [lx]로 표시한다.

③ 광도의 단위는 [lm/steradian]으로 [candela]라 하여 [cd]로 표시한다.

④ 휘도의 보조 단위로는 [cd/cm^2]를 사용하고 [stilb]라 하여 [sb]로 표시한다.

⑤ 복사속의 단위는 [J/S]=[W]를 사용한다.

풀이

광속 발산도의 단위는 [lm/m^2]를 래드럭스(radlux)[rlx], [lm/cm^2]를 래드포트(radphot)[rph]로 표시한다. [답] ②

문제 08

광속이란 무엇인가?

① 복사 에너지를 눈으로 보아 빛으로 느끼는 크기로 나타낸 것

② 단위 시간에 복사되는 에너지의 양

③ 전자파 에너지를 얼마만큼의 밝기로 느끼게 하는가를 나타낸 것

④ 복사속에 대한 광속의 비

⑤ 에너지가 전자파로서 공간에 방출되는 현상

풀이

가시 범위(3800~7600[Å])의 복사속을 눈의 감도를 기준으로 하여 측정한 것을 광속이라 한다. 광속의 단위는 루멘(lm)이며 단위 시간에 통과하는 광량이다. [답] ①

문제 09

평면 구면 광도 I[cd]의 전등으로부터 전광속 F[lm]은?

① 4π ② π ③ $\pi^2 I$

④ $4\pi I$ ⑤ πr^2

풀이

모든 방향의 광도가 균등한 점광원을 균등 점광원이라 한다. 지금, 이 광도를 I[cd]이라 하면 이로부터 나오는 전광속 F[lm]은 1점 둘레의 입체각이 4π이므로

$F = 4\pi I$[lm] [답] ④

문제 10

평균 구면 광도가 120[cd]인 전구로부터의 총발산 광속[lm]은 얼마인가?

① 380 ② 1200 ③ 1507

④ 1600 ⑤ 1720

풀이

$F = 4\pi I = 4\pi \times 120 = 1507.2$[lm]

[답] ④

문제 11

평균 구면 광도가 780[cd]인 전구로부터의 총발산 광속[lm]은 약 얼마인가?

① 9796 ② 8604 ③ 7054

④ 6705 ⑤ 5840

풀이

$F = 4\pi I = 4\pi \times 780 = 9796.8$[lm]

[답] ①

문제 12

100[V]의 백열 전구가 있다. 평균 수평 광도 200[cd], 주변 확산율이 0.9일 때 전구의 전광속은 몇 [lm]인가가?

① 1180 ② 1250 ③ 2260

④ 3000 ⑤ 3480

풀이

평균 구면 광도 I와 평균 수평 광도 I_h사이에는

$I = 0.9I_h = 0.9 \times 200 = 180[cd]$

전광속 F는

$\therefore F = 4\pi I = 4\pi \times 180 = 2260[lm]$ [답] ③

문제 13 백열전구가 있다. 평균 수평면 광도는 100[cd], 주변 확산율이. 0.9일 때 전구의 전광속[lm]을 구하면?

① 90 ② 1256 ③ 1130
④ 1430 ⑤ 1520

풀이

평균 구면 광도 I와 평균 수평 광도 I_h사이에는

$I = 0.9I_h = 0.9 \times 100 = 90[cd]$

전광속 F는

$\therefore F = 4\pi I = 4\pi \times 90 = 1130[lm]$ [답] ③

문제 14 전등 효율이 15[lm/W]인 백열 전구 100[W]의 구면 광도는 몇 [cd]인가?

① 612 ② 519 ③ 375
④ 96 ⑤ 119

풀이

전소비 전력 P에 대한 전발광 광속 F의 비율을 전등 효율 η라 하면

$\eta = \frac{F}{P}[lm/W]$

$F = P\eta = 100 \times 15 = 1,500[lm]$

$F = 4\pi I$이므로 평균 구면 광도 I는

$\therefore I = \frac{F}{4\pi} = \frac{1,500}{4\pi} = 119[cd]$ [답] ⑤

문제 15 60[m²]의 정원에 평균 조도 20[lx]를 얻으려면 몇 [lm]의 광속이 필요한가?(단, 유효한 광속은 전광속의 40[%]이다.)

① 3000 ② 4000 ③ 4500
④ 5000 ⑤ 5500

풀이

유효 광속은 전광속의 40[%]이므로 정원의 평균 조도 E는

$$E=\frac{0.4F}{A} \qquad \therefore F=\frac{EA}{0.4}=\frac{20\times 60}{0.4}=3000[\mathrm{lm}]$$

[답] ①

문제 16

조도는 광원으로부터의 거리와 어떠한 관계가 있는가?

① 거리에 비례한다.
② 거리에 반비례한다.
③ 거리의 제곱에 반비례한다.
④ 거리의 제곱에 비례한다.
⑤ 거리의 세제곱에 반비례한다.

풀이

어떤 점광원의 어느 방향 광도가 I[cd]일 때, r[m] 거리에 있는 빛의 방향에 수직인 면위의 조도 E_n은 광원의 광도에 비례하고 거리의 제곱에 반비례한다.

$$E_n=\frac{I}{r^2}[\mathrm{lx}]$$

[답] ③

문제 17

60[W] 전구를 책상 위 2[m]인 곳에서 점등하였을 때 전구의 바로 밑의 조도가 18[lx]가 되었다. 이 전구를 50[cm]만큼 책상 쪽으로 가까이 할 때의 조도[lx]는?

① 약 13.5
② 약 18
③ 약 24
④ 약 32
⑤ 약 40

풀이

조도는 거리의 제곱에 반비례하므로 최초의 조도를 E, 50[cm] 가까이 할 때의 조도를 E'라면

$$\frac{E'}{E}=\left(\frac{2}{1.5}\right)^2 \qquad \therefore E'=E\times\left(\frac{2}{1.5}\right)^2=18\times\left(\frac{2}{1.5}\right)^2=32[\mathrm{lx}]$$

[답] ④

문제 18

모든 방향의 광도 360[cd]되는 전등을 지름 3[m]의 책상 중심 바로 위 2[m]되는 곳에 놓았다. 책상 위의 최소 수평 조도[lx]는?

① 23
② 46
③ 62
④ 90
⑤ 104

풀이

문제를 그림으로 표시하여 생각하면 책상 위의 최대 수평 조도인 점은 제일 가까운 O점이 되고 최소 수평 조도의 점은 책상 끝에 있는 C점 또는 B점이 된다. 조도에 관한 거리의 역제곱의 법칙에서

$$E_{max} = \frac{1}{AO^2} = \frac{320}{2^2} = 90[\text{lx}]$$

$$E_{min} = \frac{1}{AC^2} \cdot \cos\theta = \frac{1}{AO^2 + OC^2} \cdot \frac{AO}{\sqrt{AO^2 + OC^2}}$$

$$= \frac{360}{2^2 + 1.5^2} \times \frac{2}{\sqrt{2^2 + 1.5^2}} = 46.1[\text{lx}]$$

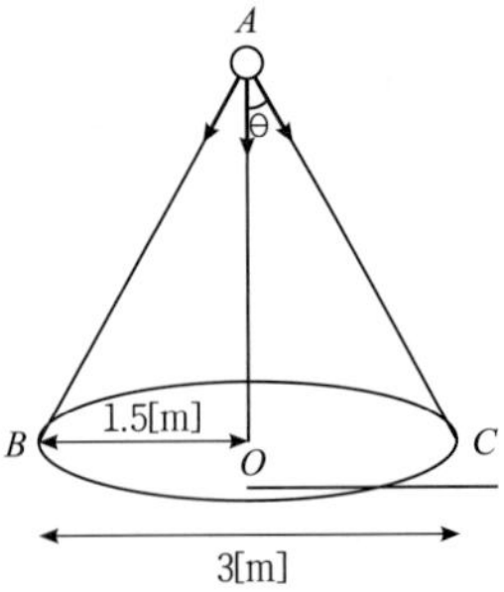

최대 수평 조도는 책상의 중심에서 90[lx]이고
최소 수평 조도는 책상의 끝에서 46.1[lx]이다.

[답] ②

문제 19 지표상 6[m]의 높이에 백열 전등을 장치하여 가로 조명을 하는 경우에 전등 바로 아래로부터 8[m] 떨어진 P점의 법선 조도[lx]는?(단, 전등의 P점을 향하는 방향의 광도는 50[cd]이다.)

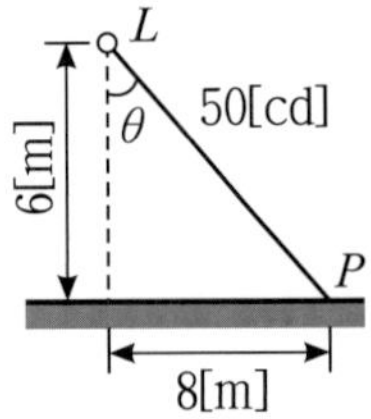

① 0.2 ② 0.3 ③ 0.4

④ 0.5 ⑤ 0.6

풀이

법선 조도 $E_n = \frac{I}{r^2}$

수평면 조도

$$E_h = E_n \cos\theta = \frac{I}{r^2}\cos\theta = \frac{I}{h^2}\cos^3\theta$$

$$= \frac{I}{d^2}\sin^2\theta \cdot \cos\theta$$

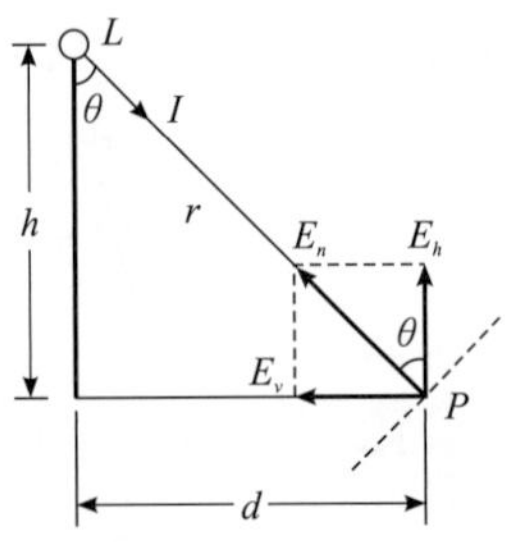

수직면 조도 $E_v = E_n \sin\theta = \frac{I}{r^2}\sin\theta$

$$= \frac{I}{h^2}\cos^2\theta \cdot \sin\theta = \frac{I}{d^2}\sin^3\theta$$

의 관계가 있다.

$h = 6[\text{m}]$, $d = 8[\text{m}]$, $I = 50[\text{cd}]$이므로

$$E_n = \frac{I}{d^2 + h^2} = \frac{50}{6^2 + 8^2} = 0.5[\text{lx}]$$

[답] ④

문제 20 점광원 150[cd]에서 5[m] 떨어진 거리에서 그 방향과 직각인 면과 기울기 60°로 설치된 간판의 조도[lx]는?

① 1 ② 2 ③ 3 ④ 4 ⑤ 5

풀이

입사각의 코사인 법칙 $E_\theta = E_n \cos\theta = \frac{I}{r^2}\cos\theta$ 에서 $\theta = 60°$, $I=150$[cd], $r=5$[m]이므로 $E_\theta = \frac{I}{r^2}\cos\theta = \frac{150}{5^2}\cos 60° = 3$[lx]

[답] ③

문제 21 그림과 같은 간판을 비추는 광원이 있다. 간판 면상점의 조도를 200[lx]로 하려면 광원의 광도[cd]는?(단,점은 광원을 포함하고 간판의 직각인 면상에 있으며, 또 간판의 기울기는와 30°이고,간은 1[m]이다.)

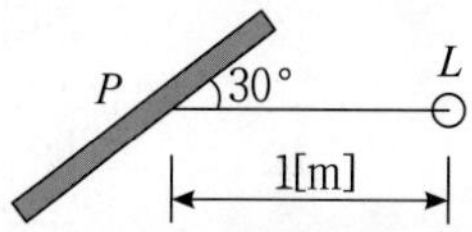

① 400 ② 200 ③ 100 ④ 50 ⑤ 25

풀이

조도 E와 광도 I 사이에는

$$E = \frac{I}{r^2}\cos\theta$$

$\theta = 90° - 30° = 60°$, $E = 200$[lx], $r = 1$[m] 이므로

$$\therefore I = \frac{Er^2}{\cos\theta} = \frac{200 \times 1}{\cos 60°} = \frac{200}{0.5} = 400\text{[cd]}$$

[답] ①

문제 22 그림과 같이 간판을 비추는 광원이 있다. 간판 위P점에서의 조도를 200 [lx]되게 하기 위한 광원의 광도[cd]는 얼마인가?(단, P점은 광원 L을 포함하고 간판에 직각인 평면 위에 있고, 간판의 기울기는 직선 LP와 30°이고, LP 의 거리는 2[m]이다.)

① 200 ② 800
③ 924 ④ 1600
⑤ 1800

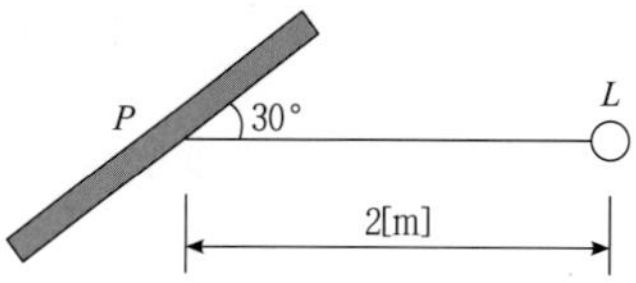

풀이

조도 E와 광도 I 사이에는

$$E = \frac{I}{r^2}\cos\theta$$

$\theta = 90° - 30° = 60°$, $E = 200[lx]$, $r = 2[m]$ 이므로

$$\therefore\ I = \frac{Er^2}{\cos\theta} = \frac{200 \times 2}{\cos 60°} = \frac{200 \times 2}{0.5} = 800[cd]$$

[답] ②

문제 23

그림과 같은 높이 3[m]의 가로등 A, B가 8[m]의 간격으로 배치되어 있고, 그 중앙에 P점에서 조도계를 A로 향하여 측정한 법선 조도가 1[lx], B를 향하여 측정한 법선 조도가 0.8[lx]라 한다. P점의 수평면 조도는 몇 [lx]인가?

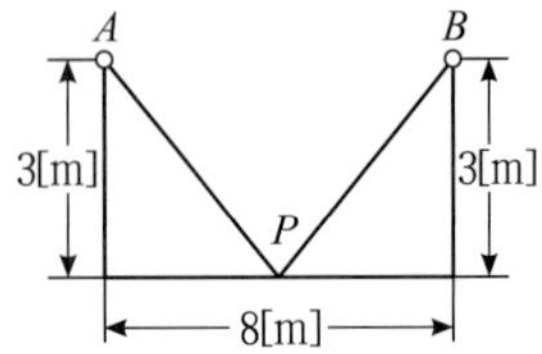

① 1.8 ② 1.48 ③ 1.08

④ 0.65 ⑤ 0.38

풀이

A에 의한 법선 조도를 E_{nA}, B에 의한 법선 조도를 E_{nB}라 하고 각각의 수평면 조도 E_{hA}, E_{hB}는 입사각을 그림과 같이 θ라 하면

$E_{hA} = E_{nA}\cos\theta$, $E_{hB} = E_{nB}\cos\theta$

$$\cos\theta = \frac{3}{\sqrt{3^2+4^2}} = \frac{3}{5}$$

P점의 수평면 조도는

$$E_h = E_{nA}\cos\theta + E_{nB}\cos\theta$$
$$= (E_{nA} + E_{nB})\cos\theta$$
$$= (1 + 0.8) \times \frac{3}{5}$$
$$= 1.08[lx]$$

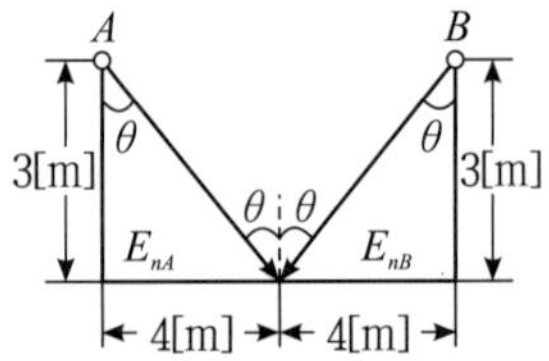

[답] ③

문제 24

그림과 같이 바닥 BC에서 높이 3[m], 벽 AB에서 거리 4[m] 되는 곳에 있는 광원 L에 의하여 모서리 B의 바닥에 생긴 조도가 20[lx]일 때, B로 향하는 방향의 광도[cd]는 약 얼마인가?

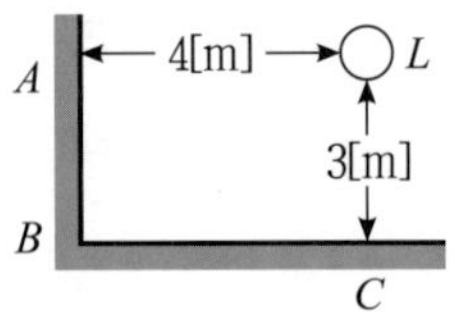

① 780 ② 833 ③ 900

④ 950 ⑤ 1020

풀이

바닥 위의 20[lx]는 수평면 조도 E_h

$$E_h = E_n \cos\theta = \frac{I}{r^2}\cos\theta$$

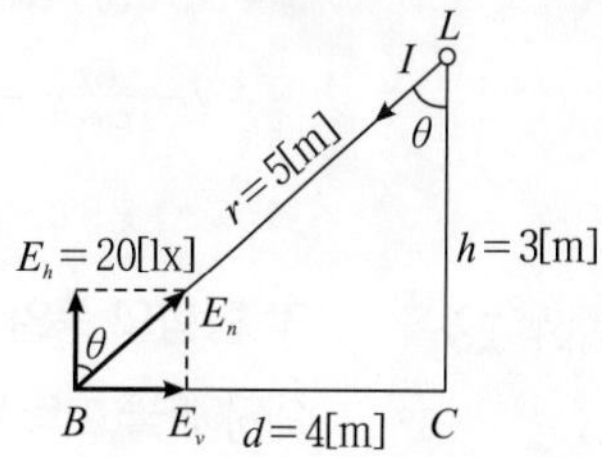

그림에서 $\cos\theta$ 는

$$\cos\theta = \frac{h}{r} = \frac{h}{\sqrt{d^2+h^2}}$$

$$= \frac{3}{\sqrt{4^2+3^2}} = \frac{3}{5} = 0.6$$

$$\therefore\ I = \frac{E_h r^2}{\cos\theta} = \frac{20\times5^2}{0.6} = 833.3[\text{cd}]$$

또한, 모서리 B의 벽면 조도는

$$E_v = E_n \sin\theta = \frac{I}{r^2}\sin\theta = \frac{I}{r^2}\cdot\frac{d}{\sqrt{d^2+h^2}} = \frac{833.3}{5^2}\cdot\frac{4}{\sqrt{4^2+3^2}} = 26.7[\text{lx}]$$ [답] ②

문제 **25**

모든 방향으로 860[cd]의 광도를 갖는 전등을 지름 4[m]인 원형 탁자의 중심에서 수직으로 3[m] 위에 점등하였다. 이 원형 탁자의 평균 조도[lx]는 얼마인가?)

① 72 ② 126

③ 144 ④ 180

⑤ 196

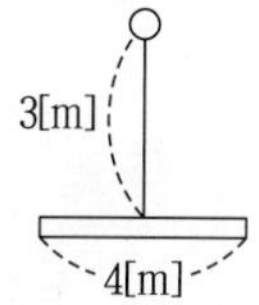

풀이

원형 탁자가 받는 광속을 F라 하고 연직각 α에 대한 입체각을 ω라 하면

$$\omega = 2\pi(1-\cos\alpha)$$

광속 F는

$$F = \omega I = 2\pi I(1-\cos\alpha)$$

여기서 $I = 860[\text{cd}]$,

$$\cos\alpha = \frac{3}{\sqrt{3^2+\left(\frac{4}{2}\right)^2}} = \frac{5}{6}$$

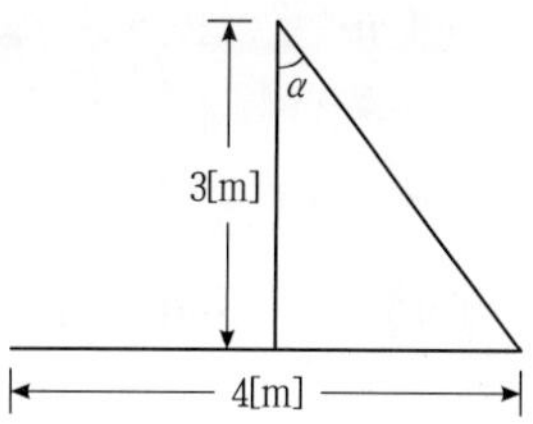

$$\therefore\ F = 2\pi\times860\left(1-\frac{5}{6}\right) = 286.7\pi\,[\text{lm}]$$

평균 조도 E_a는 원형 탁자의 면적을 S라 하면

$$\therefore\ E_a = \frac{F}{S} = \frac{286.7\pi}{\pi\times\left(\frac{4}{2}\right)^2} \fallingdotseq 72[\text{lx}]$$ [답] ①

$$E=\frac{I}{r^2}\cos\theta$$

$\theta=90°-30°=60°$, $E=200$[lx], $r=2$[m] 이므로

$$\therefore I=\frac{Er^2}{\cos\theta}=\frac{200\times2}{\cos60°}=\frac{200\times2}{0.5}=800[\text{cd}]$$

[답] ②

문제 26 각 방향의 동일 광도를 가지고 있는 광원을 지름 3[m]의 원탁 중심 바로 위 2[m]에 놓고 탁상 평균 조도를 200[lx]로 하려면 광원의 광도[cd]는 얼마로 하면 되겠는가?

① 110 ② 1125 ③ 1150

④ 1200 ⑤ 1320

풀이

광원의 원탁이 펼치는 입체각 $\omega=2\pi(1-\cos\theta)=2\pi\left(1-\frac{2}{2.5}\right)=0.4\pi$

원탁 위에 도시되는 광속 $F=EA=200\times\pi\times1.5^2=450\pi$ [lm]

단, 광원의 균등 광도는 I[cd]이라 하면

$$F=I\omega=I\times0.4\pi$$

$$\therefore I=\frac{F}{\omega}=\frac{F}{0.4\pi}=\frac{450\pi}{0.4\pi}=1125[\text{cd}]$$

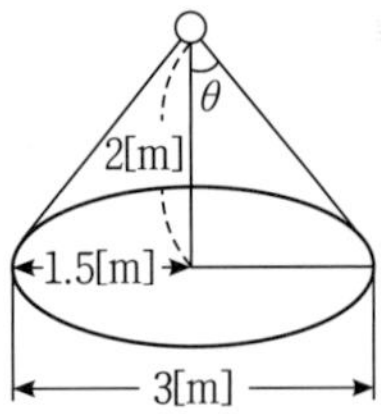

또는 원탁면의 평균 조도 E는

$$E=\frac{2I(1-\cos\theta)}{r^2}$$

이므로

$$\therefore I=\frac{Er^2}{2(1-\cos\theta)}=\frac{200\times1.5^2}{2\left(1-\frac{2}{2.5}\right)}=1125[\text{cd}]$$

[답] ②

문제 27 지름 1[m]인 원형 탁자의 중심에서의 조도가 500[lx]이고 중심에서 멀어짐에 따라 조도는 직선으로 감소하여 주변에서의 조도는 100[lx]가 되었다. 평균 조도[lx]는?

① 283 ② 233 ③ 123

④ 332 ⑤ 364

풀이

원형 탁자의 반지름을 R, 중심 조도를 E_0, 주변 조도를 E라 하면 구하는 전광속 F는

$F=\pi R^2\left(\frac{E_0+2E}{3}\right)$[lm] 따라서, 평균 조도 E_a는

$$E_a=\frac{F}{\pi R^2}=\frac{E_0+2E}{3}=\frac{500+2\times100}{3}=233[\text{lx}]$$

[답] ②

문제 28 그림과 같은 점광원으로부터 원뿔 밑면까지의 거리가 4[m]이고, 밑면의 반지름이 3[m]인 원형면의 조도가 평균 100[lx]라면, 이 점광원의 평균 광도[cd]는?

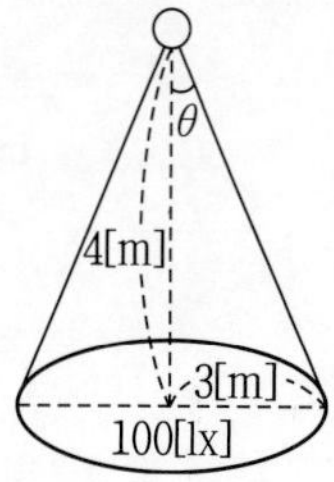

① 225 ② 250
③ 2250 ④ 2500
⑤ 2640

풀이

$E=\dfrac{2I(1-\cos\theta)}{r^2}$ $\therefore I=\dfrac{Er^2}{2(1-\cos\theta)}=\dfrac{100\times 3^2}{2\left(1-\frac{4}{5}\right)}=2250[\text{cd}]$ [답] ③

문제 29 2000[cd]의 점광원으로부터 4[m] 떨어진 점에서 광원에 수직한 평면상으로 1/50초간 빛을 비추었을 때의 노출[lx.s]은?

① 2.5 ② 3.7 ③ 5.7 ④ 6.3 ⑤ 7.2

풀이

노출 E_x는 E를 조도[lx], t를 조사시간[s]이라 하면

$E_x=E_t[\text{lm}\cdot\text{s}]$

$\therefore E_x=\dfrac{I}{r^2}\times t=\dfrac{2000}{4^2}\times\dfrac{1}{50}=2.5[\text{lx}\cdot\text{s}]$ [답] ①

문제 30 각 방향의 배광이 균일한 광도 I인 광원을 그림과 같이 배치하였을 때, 수평 거리 2[m]가 일정할 경우 점 P에서 수평면 조도가 최대가 되는 광원의 높이는 몇 [m]인가??

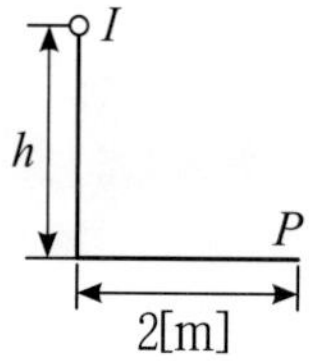

① $1/\sqrt{2}$ ② $\sqrt{2}$ ③ $2\sqrt{2}$
④ $\sqrt{3}$ ⑤ $4/\sqrt{2}$

풀이

점 P의 수평면 조도 E_h는

$$E_h=E_n\cos\theta=\frac{I}{r^2}\cos\theta=\frac{I}{(h^2+a^2)^2}\cdot\frac{h}{\sqrt{h^2+a^2}}=\frac{Ih}{(h^2+a^2)^{3/2}}$$

E_h가 최대가 되는 h의 값은 $\dfrac{dE_h}{dh}=0$이 되는 곳이다.

$$\frac{d}{dh}E_h=\frac{d}{dh}\left\{\frac{ih}{(h^2+a^2)^{3/2}}\right\}=0$$

$$I\left\{(h^2+a^2)^{-3/2}-h\cdot\frac{3}{2}(h^2+a^2)^{-3/2}\cdot 2h\right\}=0$$

$h^2+a^2-3h^2=0$

$\therefore\ h=\frac{a}{\sqrt{2}}$

따라서, $a=2$이므로

$\therefore\ h=\frac{a}{\sqrt{2}}$ (P점에서 최대의 수평면 조도를 갖는 높이)

$=\frac{2}{\sqrt{2}}=\sqrt{2}$[m]

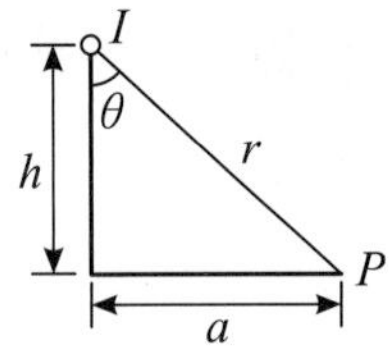

[답] ②

문제 **31**

h[m]의 높이에 있는 점광원에 의한 직사 조도에서 수평면 조도와 수직면 조도가 같게 되는 조건은?(단, 광원의 직하점에서 구하는 조도점까지의 거리를 d[m]라고 한다.)

① $h=0.5d$ ② $h=d$ ③ $h=1.5d$
④ $h=2d$ ⑤ $h=3d$

풀이

그림과 같이 구하는 점을 P라 하고 P점의 수평면 조도를 E_h, 수직면 조도를 E_v라 하면

$E_h=\frac{I}{r^2}\cos\theta$

$E_v=\frac{I}{r^2}\sin\theta$

문제에서 $E_h=E_v$이므로

$\therefore\ \sin\theta=\cos\theta$

그러므로, $\theta=45°$ $\therefore\ h=d$

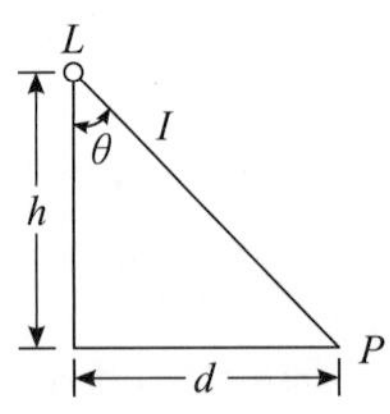

[답] ②

문제 **32**

바다속에 집어등을 점등하였다. 그 광도가 500[cd]일 때, 광원에서 10[m] 되는 곳의 법선 조도[lx]는?(단, 바닷물 1[m]당의 투과율은 45[%]라 한다.)

① 22.5 ② 225 ③ 5×0.45^{10}
④ 50×0.45^{10} ⑤ 10×0.45^{10}

풀이

1[m]당 투과율이 τ일때 x[m] 되는 곳의 투과율은 τ^x, 1[cd]의 광원에서 x[m] 되는 곳의 법선 조도 E는

$\therefore\ E=\frac{I\tau^x}{x^2}=\frac{500\times0.45^{10}}{10^2}=5\times0.45^{10}$[lx]

[답] ③

문제 33 눈부심을 느끼는 한계 휘도[cd/m^2]의 값은?

① 0.5×10^4 ② 5×10^4 ③ 50×10^4

④ 500×10^4 ⑤ 250×10^4

풀이

눈부심을 일으키는 휘도의 한계는 주위의 밝음에 따라 다르며, 대체로 항상 시야 내에 있는 광원에 대해서는 0.2[cd/m^2] 이하이고, 때때로 시야 내에 들어오는 광원에 대해서는 0.5[cd/cm^2] 이하이다. [답] ①

문제 34 완전 확산면은 어느 방향으로 보아도 무엇이 같은가?

① 광속 ② 조도 ③ 광도

④ 휘도 ⑤ 광속발산도

풀이

어느 방향에서 보아도 휘도가 같은 표면을 완전 확산면이라 하며 맑은 청공, 산화 마그네슘, 양질의 젖빛 유리면 등이 이에 가깝다. [답] ④

문제 35 완전 확산 평판 광원의 최대 광도가 I [cd]일 때의 전광속[lm]은?

① $\frac{I}{\pi}$ ② πI ③ $2\pi I$

④ $4\pi I$ ⑤ $3\pi I$

풀이

평판 광원의 한쪽만 빛난다는 것은 상식적으로 생각된다. 완전 확산면인 광도는 그림과 같이 분포된다.

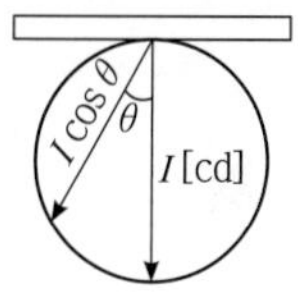

광원의 넓이를 S[m^2]라 하면

휘도 $B=\frac{I}{S}$[cd/m^2]

광속 발산도 $R=\pi B=\frac{\pi I}{S}$[lm/m^2]

$\therefore$ 전광속 $F=RS=\frac{\pi I}{S}\times S=\pi I$[lm]

따라서 πI가 정답이다. 그러나 양면에서 빛이 나올 때는 이것의 2배인 $2\pi I$가 정답이 되지만 보통 한 면에 광속이 나오는 것으로 한다.

또한,

구면 광원일 때(태양이나 확산 글로브) $F=4\pi I$[lm]

원주 광원일 때(형광등) $F=\pi^2 I_0$[lm] [답] ②

문제 36 원평판 광원의 최대 광도가 I [cd]일 때의 전광속[lm]은?

① $\frac{I}{\pi}$ ② πI ③ $2\pi I$

④ $4\pi I$ ⑤ $3\pi I$

풀이

[답] ②

문제 37 한 변 50[cm]인 정사각형 완전 확산성 평판 광원이 있다. 총광속이 157 [lm]이라면, 중심점에서의 수직 방향 최대 광도[cd]의 값은?

① 약 12.5 ② 약 50 ③ 약 200

④ 약 628 ⑤ 약 840

풀이

완전 확산성 평판 광원의 총광속 F는

$F = \pi I_0$[lm]

$\therefore\ I_0 = \frac{F}{\pi} = \frac{157}{\pi} \fallingdotseq 50$[cd]

별해

$R = \frac{F}{S} = \frac{157}{0.5\times0.5} = 628$[lm/m^2]

$B = \frac{R}{\pi} = \frac{628}{3.14} = 200$[cd/m^2]

$\therefore\ I = BS = 200\times(0.5\times0.5) = 50$[cd]

[답] ②

문제 38 완전 확산면의 휘도 B와 광속 발산도 R와의 관계는?

① $R = 4\pi B$ ② $R = B/\pi$ ③ $R = \pi B$

④ $R = \pi^2 B$ ⑤ $R = 4\pi^2 B$

풀이

완전 확산면에서는 휘도 B[cd/m^2]와 광속 발산도 R[lm/m^2]의 사이에 다음과 같은 관계가 있다.

$R = \pi B$[lm/m^2]

[답] ③

문제 39 완전 확산면의 휘도가 1[stilb]일 때의 광속 발산도[rlx]는?

① π　② $10^4\pi$　③ 4π　④ $10^{-4}\pi$　⑤ $4\times10^4\pi$

풀이

1[sb]=1[cd/cm²], 1[rlx]=1[lm/m²]이므로

$R=\pi B=\pi\times1[\text{lm/cm}^2]=10^4\pi[\text{lm/m}^2]=10^4\pi[\text{rlx}]$

[답] ②

문제 40 완전 확산면의 광속 발산도가 2000[rlx]일 때, 휘도는 약 몇 [cd/cm²]인가?

① 0.2　② 0.064　③ 0.682　④ 637　⑤ 0.64

풀이

완전 확산이므로 휘도 B[cd/m²]와 광속 발산도 R[lm/m²=rlx]의 사이에는

$R=\pi B$[rlx]

$\therefore B=\dfrac{R}{\pi}=\dfrac{2000}{\pi}[\text{cd/m}^2]=\dfrac{2000}{\pi}\times10^{-4}[\text{cd/cm}^2]=0.064[\text{cd/cm}^2]$

[답] ②

문제 41 완전 확산면의 광속 발산도가 600[rlx]일 때, 휘도는 약 몇 [cd/cm²]인가?

① 약 0.01　② 약 0.32　③ 약 0.0.32　④ 약 0.1　⑤ 약 0.64

풀이

$B=\dfrac{R}{\pi}=\dfrac{1000}{\pi}[\text{cd/m}^2]=\dfrac{1000}{\pi}\times10^{-4}[\text{cd/cm}^2]$

$=0.032[\text{cd/cm}^2]$

[답] ③

문제 42 휘도 B가 되는 무한히 넓은 등휘도 완전 확산성의 천장에서 직하 h만큼 떨어진 점의 수평 조도[lx]는?

① B/h　② πB　③ B/h^2　④ $\pi B/h$　⑤ $\pi^2 B$

풀이

무한히 넓은 확산 등휘도 B의 완전 광원에 의한 조도 E는 광원의 광속 발산도 $R=\pi B$와 같으므로 $E=R=\pi B$이다.

[답] ②

문제 **43** 천장에 장치한 가로 20[cm], 세로 60[cm]의 우유빛 유리판이 300[lm]의 광속을 발산하고 있다. 유리면의 광속 발산도[rlx]는 얼마인가?

① 5500 ② 2500 ③ 3500
④ 1500 ⑤ 4500

풀이

$R=\frac{F}{S}=\frac{300}{20\times60}=0.25[\text{lm/cm}^2]=0.25[\text{rph}]=2500[\text{rlx}]$ [답] ②

문제 **44** 휘도 B[sb], 반지름이 r[m]인 등휘도 완전 확산성 구광원의 전광속 F[lm]는 얼마인가?

① $4r^2B$ ② πr^2B ③ π^2r^2B
④ $4\pi^2r^2B$ ⑤ πrB

풀이

$R=\pi B[\text{lm/m}^2]$

$S=4\pi r^2[\text{m}^2]$

이므로 완전 확산성 구광원의 전광속 F는

$\therefore F=RS=\pi B\cdot 4\pi r^2=4\pi^2r^2B[\text{lm}]$ [답] ④

문제 **45** 면적 80×80[cm²]인 완전 확산성 유리면의 바로 아래에서 본 광도가 320 [cd]이다. 휘도[sb]를 구하면?

① 0.04 ② 0.05 ③ 0.06
④ 0.07 ⑤ 0.08

풀이

$B=\frac{I}{S}=\frac{320}{80\times80}=0.05[\text{cd/cm}^2]=0.05[\text{sb}]$ [답] ②

문제 **46** 지름 3[cm], 길이 1.2[m]인 관형 광원의 직각 방향 광도를 504[cd]라고 하면, 이 광원 표면 위의 휘도는[sb]는?

① 5.6 ② 4.4 ③ 2.6
④ 3.2 ⑤ 1.4

풀이

광원의 투영 면적은 길이 1.2[m], 폭 3[cm]의 면적이므로

$S = 3 \times 120 = 360[cm^2]$

$\therefore B = \frac{I}{S} = \frac{504}{360} = 1.4[cd/cm^2]$

$= 1.4[sb]$

[답] ⑤

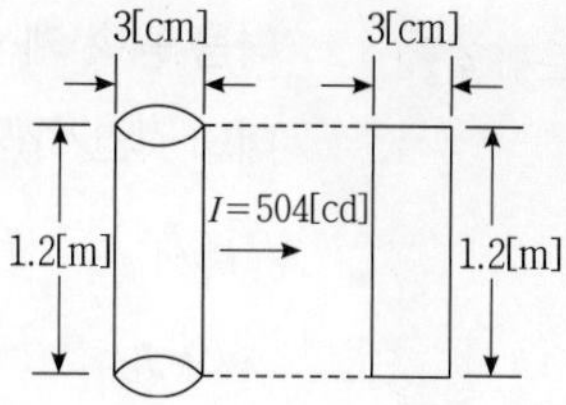

문제 47 휘도가 균일한 긴 원통 광원의 축 중앙 수직 방향 광도가 200[cd]이다. 전광속 F[lm]과 평균 구면 광도 I[cd]를 각각 구하면?

①약 $F=1972$, 약 $I=200$ ②약 $F=1972$ 약 $I=157$
③약 $F=628$, 약 $I=200$ ④약 $F=628$, 약 $I=100$
⑤약 $F=628$, 약 $I=157$

풀이

원통 광원의 수직 방향 광도 I_0와 전광속 F 사이에

$F = \pi^2 I_0 = \pi^2 \times 200 = 1972[lm]$

평균 구면 광도 I는

$I = \frac{F}{4\pi} = \frac{\pi^2 I_0}{4\pi} = \frac{\pi I_0}{4} = \frac{\pi \times 200}{4} = 157[cd]$ [답] ②

문제 48 휘도가 균일한 긴 원통 광원의 축 중앙 수직 방향 광도가 500[cd]이다. 이 광원의 평균 구면 광도는 약 몇 [cd]인가?

① 157 ② 275 ③ 392
④ 451 ⑤ 515

풀이

원통 광원 수직 방향 광도 I_0와 전광속 F 사이에는

$F = \pi^2 I_0 = \pi^2 \times 500 = 4930[lm]$

평균 구면 광도 I는

$\therefore I = \frac{F}{4\pi} = \frac{\pi^2 I_0}{4\pi} = \frac{\pi I_0}{4} = \frac{\pi \times 500}{4} \fallingdotseq 392[cd]$ [답] ③

문제 49 다음 광속 계산의 일반식 중에서 직선 광원(원통)에서의 광속을 구하는 식은 어느 것인가?(단, I_0는 최대 광도, I_{90}은 $\theta = 90°$ 방향의 광도이다.)

① πI_0　② $\pi^2 I_{90}$　③ $4\pi I_0$

④ $4\pi I_{90}$　⑤ $2\pi I_0$

풀이 원통 광원의 수직 방향의 광도 I_0와 전광속 F 사이에는

$F = \frac{2\pi}{R} \times S = \frac{2\pi}{R} \cdot \frac{1}{2}\pi R I_0 = \pi^2 I_0$　[답] ②

문제 50 휘도가 균일한 긴 원통 광원의 축 중앙 수직 방향 광도가 100[cd]일 때, 전광속[lm]은?

① 약 514　② 약 100　③ 약 986

④ 약 1256　⑤ 약 816

풀이 원통 광원의 수직 방향 광도 I_0와 전광속 F 사이에는

$F = \pi^2 I_0 = \pi^2 \times 100 = 986[\text{lm}]$　[답] ③

문제 51 루소 선도가 그림과 같이 표시되는 광원의 상반구 광속[lm]을 구하면?(단, 이 그림에서 곡선는 4분원이다.)

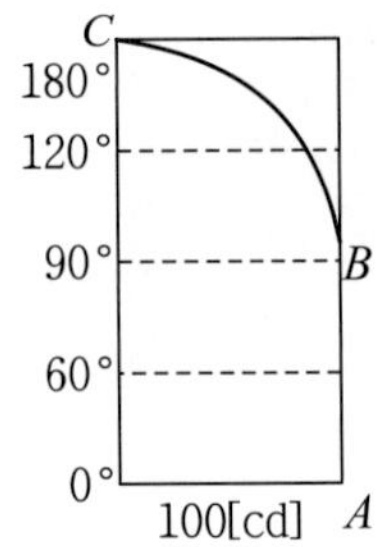

① 약 1250

② 약 628

③ 약 493

④ 약 418

⑤ 약516

풀이 루소 선도에서 전광속 F와 루소 선도의 면적 S 사이에는

$F = \frac{2\pi}{r} S$

$r = 100$

상반구 광속이므로

$S = \frac{\pi}{4} \times 100^2$

$$\therefore\ F = \frac{2\pi}{100}\left(\frac{\pi}{4}\times 100^2\right) = 493[\text{lm}]$$

또한, 하반구 광속은 $S = 100^2$이므로

$$\therefore\ F = \frac{2\pi}{100}\times 100^2 = 200\pi = 628[\text{lm}]$$

[답] ③

문제 52 루소 선도에서 전광속 F와 루소 선도의 면적 S사이에는 어떠한 관계가 성립하는가?(단, a및 b는 상수이다.)

① $F = \frac{a}{S}$ ② $F = aS$ ③ $F = aS + b$

④ $F = aS^2$ ⑤ $F = \frac{a}{S^2}$

풀이

F와 S 사이에는

$$F = \frac{2\pi}{r}S = aS \quad \left(\because\ a = \frac{2\pi}{r}\right)$$

[답] ②

문제 53 루소 선도가 그림과 같이 표시되는 광원의 하반구 광속[lm]은 약 얼마인가?

① 471

② 940

③ 1880

④ 7500

⑤ 860

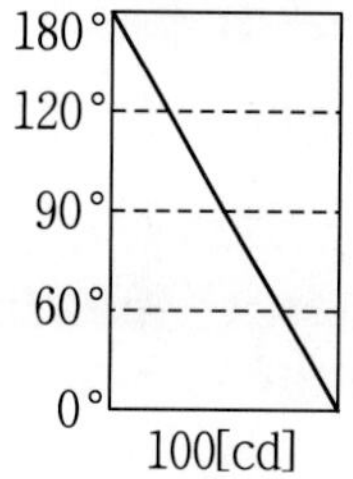

풀이

루소 선도에서 광원의 광속 F[lm]와 면적 S 사이에는

$$F = \frac{2\pi}{r}S, \quad r = 100$$

하반구 광속이므로 $S = \frac{100}{2}(100 + 50) = \frac{100\times 150}{2}$

$$\therefore\ F = \frac{2\pi}{100}\times\frac{100\times 150}{2} = 150\pi = 471[\text{lm}]$$

[답] ①

문제 **54**

루소 선도가 다음 그림과 같은 광원의 배광 곡선의 식을 구하여라.

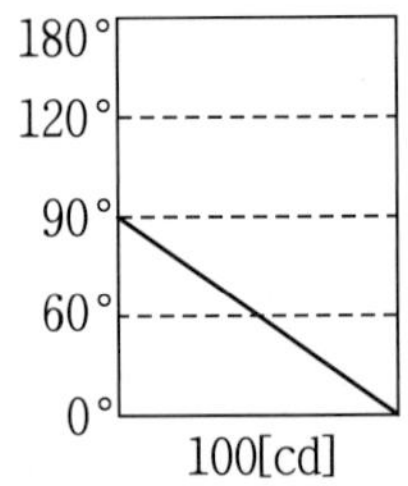

① $I_\theta = 100\cos\theta$ ② $I_\theta = 50(1-\cos\theta)$

③ $I_\theta = \frac{20}{\pi}100$ ④ $I_\theta = \frac{\pi-2\theta}{\pi}100$

⑤ $I_\theta = 100(1-\cos\theta)$

풀이

θ 방향의 광도를 I_θ라고 하면 루소 선도에서

$\frac{I_\theta}{100} = \frac{r\cos\theta}{r}$ $\therefore I_\theta = 100\cos\theta$

배광 곡선은 100을 반지름으로 하는 횡축에서 접하는 원이다. [답] ①

문제 **55**

반사율 ρ, 투과율 τ, 흡수율 δ 일 때, 이들의 관계식은?

① $\rho+\tau-\delta=1$ ② $\rho-\tau+\delta=1$

③ $\rho+\tau+\delta=1$ ④ $\rho-\tau-\delta=1$

⑤ $\rho+\tau+2\delta=1$

풀이

반사율 $\rho = \frac{F_\rho}{F}\times 100[\%]$

투과율 $\tau = \frac{F_\tau}{F}\times 100[\%]$

흡수율 $\delta = \frac{F_\delta}{F}\times 100[\%]$

여기서, F : 물질의 입사 광속, F_τ : 투과 광속, F_δ : 흡수 광속

$F_\rho + F_\tau + F_\delta = F$ $\therefore \rho+\tau+\delta=1$ [답] ③

문제 **56**

반사율 41[%], 흡수율 13[%]인 종이의 투과율[%]은?

① 59 ② 46 ③ 87

④ 77 ⑤ 64

풀이

$\rho+\tau+\delta=1$

$\therefore \tau = 1-\rho-\delta = 1-0.59-0.13 = 0.46 = 46[\%]$ [답] ②

문제 57 반사율 60[%], 흡수율 20[%]를 가지고 있는 물체에 2000[lm]의 빛을 비추었을 때, 투과되는 광속[lm]은?

① 400 ② 600 ③ 800

④ 1200 ⑤ 500

풀이

$\rho + \tau + \alpha = 1$

$\therefore \tau = 1 - \rho - \alpha = 1 - 0.6 - 0.2 = 0.2$

투과 광속 F_τ는

$\therefore F_\tau = \tau F = 0.2 \times 2000 = 400[\mathrm{lm}]$

[답] ①

문제 58 반사율 40[%], 흡수율 10[%]를 가지고 있는 캔트지에 1500[lm]의 광을 비쳤을 때 투과 광속[lm]은?

① 500 ② 750 ③ 850

④ 900 ⑤ 360

풀이

$\rho + \tau + \alpha = 1$

$\therefore \tau = 1 - \rho - \alpha = 1 - 0.4 - 0.1 = 0.5$

투과 광속 F_τ

$\therefore F_\tau = \tau F = 0.5 \times 1500 = 750[\mathrm{lm}]$

[답] ②

문제 59 100[cd]인 점광원의 하방 1[m] 되는 곳에 있는 반사율 70[%]인 백색판의 광속 발산도[rlx]는?

① 70 ② 20 ③ 0.7

④ 220 ⑤ 50

풀이

피조면의 조도를 E라 하면

$$E = \frac{F}{S} = \frac{4\pi I}{4\pi r^2} = \frac{I}{r^2} = \frac{100}{1^2} = 100[\mathrm{lx}]$$

피조면의 반사율을 ρ라 하면 광속 발산도 R은

$\therefore R = \rho E = 0.7 \times 100 = 70[\mathrm{rlx}]$

[답] ①

문제 60 반사율 70[%]인 완전 확산성 종이를 100[lx]의 조도로 비추었을 때, 종이의 휘도[cd/m²]는?

① 약 22 ② 약 32 ③ 약 45
④ 약 50 ⑤ 약 62

풀이

완전 확산면의 조도를 E, 광속 발산도를 R, 반사율을 ρ, 휘도를 B라 하면

$R = \pi B = \rho E$

의 관계가 있으므로

$\therefore B = \frac{\rho E}{\pi} = \frac{0.7 \times 100}{3.14} = 22.3[\mathrm{cd/m^2}]$ [답] ①

문제 61 투과율이 40[%]인 완전 확산성의 우유빛 유리판을 천장 위에서 비추고 그 유리면의 조도를 측정하니 15700[lx]이었다. 유리 아래 바닥에서 본 유리면의 휘도[cd/cm²] 값은 얼마인가?

① 0.2 ② 1.3 ③ 2000
④ 13000 ⑤ 26000

풀이

$R = \tau E$

$R = \pi B$(완전 확산면)에서

$R = \tau E = \pi B$

$\therefore B = \frac{\tau E}{\pi} = \frac{0.4 \times 15700}{3.14} = 2000[\mathrm{cd/cm^2}]$ [답] ③

문제 62 반사율이 50[%], 면적이 50[cm]×40[cm]인 완전 확산면에 100[lm]의 광속을 투사하면 그 면의 휘도[cd/m²]는 얼마인가?

① 약 60 ② 약 80 ③ 약 100
④ 약 120 ⑤ 약 160

풀이

완전 확산면의 조도를 E, 광속 발산도를 R, 반사율을 ρ, 휘도를 B라고 하면

$E = \frac{F}{S} = \frac{100}{0.5 \times 0.4} = 500[\mathrm{lx}]$

$R = \pi B = \rho E$ 의 관계가 있으므로

$\therefore B = \frac{\rho E}{\pi} = \frac{0.5 \times 500}{\pi} = 80[\mathrm{cd/m^2}]$ [답] ②

문제 63 투과율이 50[%]인 완전 확산성의 유리를 천장 뒤에서 비추었을 때, 마루에서 본 휘도가 0.2[sb]인 경우 천장 뒤의 유리면 조도 [lx]는?

① 12.56 ② 125.6 ③ 1256

④ 12560 ⑤ 1.256

풀이

천장 이면의 유리면 조도를 E, 유리 밑면의 광속 발산도를 R, 휘도를 B, 유리의 투과율을 τ라 하면

$R=\tau E$

$R=\pi B$(완전 확산면) 이므로

$R=\tau E=\pi B$

$\therefore\ E=\frac{\pi B}{\tau}=\frac{\pi\times 0.2}{0.5}[cd/m^2]=\frac{\pi\times 0.2\times 10^4}{0.5}[cd/m^2]=12560[lx]$ [답] ④

문제 64 광속 5500[lm]의 광원에서 4[m²]의 투명 유리를 일정 방향으로 조사하는 경우, 그 유리 뒷면의 광속 발산도 R[rlx] 및 휘도 B[nt]는 얼마인가?(단, 투명 유리의 투과율은 80[%]이다.)

① $R=1100\quad B=350$

② $R=4400,\ B=1400$

③ $R=550,\ B=175$

④ $R=2200\quad B=700$

⑤ $R=1100\quad B=700$

풀이

투명 유리의 투과율은 $\tau=0.8$이므로, 이면에서 발산하는 광속은

$F'=\tau F=0.8\times 5500=4400[lm]$

투명 유리의 면적은 $4[m^2]$이므로 이면의 광속 발산도 R은

$R=\frac{F'}{S}=\frac{4400}{4}=1100[lm/m^2]=1100[rlx]$

투명 유리의 면을 완전 확산면으로서 그의 휘도를 B라 하면 $R=\pi B$이므로

$\therefore\ B=\frac{B}{\pi}=\frac{1100}{\pi}=350[cd/m^2]=350[nt]$ [답] ①

문제 65 전반 완전 확산 반사면으로 되어 있는 밀폐 구내에 광원을 두었을 때, 그 면의 확산 조도는 어떻게 되는가?

① 광원의 형태에 의하여 변한다.

② 광원의 위치에 의하여 변한다.

③ 광원의 배광에 의하여 변한다.

④ 광원의 종류에 의하여 변한다.

⑤ 구의 지름에 의하여 변한다.

풀이

반사율 ρ, 지름 D인 완전 확산 구면 내의 중심에 전광속 F의 광원을 놓을 때, 구면 내면상의 한 점에서의 확산 조도는

$$E=\frac{F}{4\pi r^2}\cdot\frac{\rho}{1-\rho}=\frac{F}{\pi D^2}\cdot\frac{\rho}{1-\rho}\propto\frac{1}{D}$$

즉, 구의 지름은 D에 따라 변한다. [답] ⑤

문제 66 150[W] 가스입 전구를 반지름 20[cm], 투과율 80[%]인 구의 내부에서 점등시켰을 때 구의 평균 휘도[cd/cm²]는?(단, 구의 반사는 무시하고 전구의 광속은 2450[lm]이라 한다.)

① 0.124 ② 0.390 ③ 0.487

④ 0.496 ⑤ 0.584

풀이

외구에서 나오는 광속은 F_0, 전구의 광속을 F라고 하면

$$F_0=\tau F=0.8\times 2450=1960[\text{lm}]$$

광도를 I라 하면 평균 휘도 B는

$$\therefore\ B=\frac{I}{S}=\frac{\frac{F_0}{4\pi}}{\pi r^2}=\frac{F_0}{4\pi^2 r^2}=\frac{1960}{4\pi^2\times 20^2}=0.124[\text{cd/cm}^2]$$

[답] ①

문제 67 모든 방향의 광도가 균일하게 1000[cd]인 광원이 있다. 이것을 지름 40 [cm]인 완전 확산성 구형 글로브의 중심에 두었을 때, 그 휘도가 1[cm²]당 0.56[cd]가 되었다. 이 글로브의 투과율을 구하여라.(단, 글로브의 내면 반사는 무시한다.)

① 0.007 ② 70 ③ 20

④ 0.002 ⑤ 35

풀이

$I=1000[cd]$, $d=40[cm]$이므로 글로브의 내면 조도 E는

$$E=\frac{F}{S}=\frac{4\pi I}{4\pi r^2}=\frac{I}{r^2}=\frac{1000}{0.02^2}[lx]$$

외면의 광속 발산도는 글로브의 투과율을 τ라 하면

$$R=\tau E=\frac{\tau\cdot 1000}{0.2^2}[rlx]$$

또한, 완전 확산면이므로 $R=\pi B$에서

$$B=\frac{R}{\pi}=\frac{\tau\cdot 1000}{0.2^2\pi}[cd/m^2]$$

이므로, 이것이 $0.56[cd/cm^2]$와 같게 된다. $1[cd/m^2]=1\times10^4[cd/cm^2]$이므로

$$\frac{\tau\cdot 1000}{0.2^2\pi}=0.56\times10^4[cd/m^2]$$

$$\therefore\ \tau=\frac{0.2^2\pi\times0.56\times10^4}{1000}=0.7034\fallingdotseq70[\%]$$

[답] ②

문제 **68**

온도가 3000[°K] 되는 흑체의 전방사 에너지는 1000[°K]일 때 값의 몇 배가 되는가?

① 3 ② 9 ③ 27

④ 81 ⑤ 18

풀이

$$W=\sigma T^4[W/m^2]$$

이므로 온도가 3배인 경우는 전방사 에너지는 $3^4=81$배가 된다.

[답] ④

문제 **69**

균일한 휘도를 가진 긴 원주 광원을 구형 글로브에 넣어 점등하고 그 구면 광도를 측정해 보니 200[cd]였다. 이 글로브의 투과율을 80[%]라 하면, 내부 원주 광원축 수직 방향의 광도는 약 몇 [cd]인가?

① 318 ② 255 ③ 628

④ 503 ⑤ 109

풀이

원통 광원의 수직 방향의 광도 I_0와 전광속 F 사이에는

$$F=\pi^2 I_0[lm]$$

글로브에서 나오는 광속 F_0는

$$F_0=\tau F[lm]$$

평면 구면 광도 I는

$$I=\frac{F_0}{4\pi}=\frac{\tau F}{4\pi}=\frac{\tau\pi^2 I_0}{4\pi}=\frac{\tau\pi I_0}{4}\,[\mathrm{cd}]$$

$$\therefore I_0=\frac{4I}{\tau\pi}=\frac{4\times200}{0.8\times3.14}=318.47[\mathrm{cd}]$$

[답] ①

문제 70

지름 2[m]의 유리로 된 완전 확산면의 천장이 있다. 이것을 1000[lx]의 조도로 위에서 균일하게 비추었을 때, 천장에 평행된 마룻바닥의 원형 천장 바로 밑의 수평면 조도[lx]는?(단, 여기서 유리의 투과율은 80[%], 바닥과 천장의 높이는 3[m], 천장과 방바닥의 상호 반사는 무시한다.)

① 1000 ② 800 ③ 80

④ 50 ⑤ 60

풀이

원판 광원의 광속 발산도 R은

$$R=\tau E=0.8\times1000[\mathrm{lm/m^2}]$$

휘도 B는

$$B=\frac{R}{\pi}=\frac{\tau E}{\pi}=\frac{0.8\times1000}{\pi}\,[\mathrm{cd/m^2}]$$

원판 천장 바로 밑의 수평선 조도 E는 광원의 반지름을 a, 광원의 높이를 h라 하면

$$\therefore E=\pi B\sin^2\theta=\pi B\cdot\frac{a^2}{a^2+h^2}$$

$$=\pi\times\frac{0.8\times1000}{\pi}\times\frac{1^2}{1^2+3^2}=80[\mathrm{lx}]$$

[답] ③

문제 71

반지름 20[cm]인 완전 확산성 반구를 사용하여 평균 휘도가 0.4[cd/cm²]인 천장등을 가설하려고 한다. 기구 효율을 0.8이라 하면 약 몇 [lm]의 광속이 나오는 전등을 사용하면 되는가?

① 약 1980 ② 약 3950 ③ 약 7900

④ 약 10530 ⑤ 약 2840

풀이

완전 확산면에서 휘도 B와 광속 발산도 R 사이에는

$$R=\pi B=\pi\times0.4=0.4\pi[\mathrm{cd/cm^2}]$$

반구의 표면적을 $S[\mathrm{cm^2}]$라고 할 때 총 발산 광속 $F[\mathrm{lm}]$은

$$F = RS = R \cdot \frac{\pi D^2}{2} = 0.4\pi \times \frac{\pi \times 40^2}{2} = 320\pi^2[\mathrm{lm}]$$

기구 효율 η 일 때 전구의 광속 F_0[lm]은

$$\therefore F_0 = \frac{F}{\eta} - \frac{320\pi^2}{0.8} = 400\pi^2 = 3943.84 ≒ 3950[\mathrm{lm}]$$

[답] ②

문제 72 전등 효율이 16.3[lm/W]인 100[W] 가스입 전구의 평균 구면 광도 I[cd]는 얼마인가?

① 약 1630 ② 약 407 ③ 약 130
④ 약 40 ⑤ 약 260

풀이

전소비 전력 P에 대한 전발광 광속 F의 비율을 전등 효율 η 라 한다.

$$\eta = \frac{F}{P}[\mathrm{lm/W}]$$

$$F = P\eta = 100 \times 16.3 = 1630[\mathrm{lm}]$$

또한, $F = 4\pi I$이므로 평균 구면 광도 I는

$$\therefore I = \frac{F}{4\pi} = \frac{1630}{4\pi} ≒ 130[\mathrm{cd}]$$

[답] ③

문제 73 백열 전구의 동정 곡선은 다음 중 어느 것을 결정하는 중요한 요소가 되는가?

① 전류, 광속, 효율, 시간 ② 전류, 광속과 전압
③ 광속, 휘도와 전류 ④ 전류, 광도 및 전압
⑤ 광속, 광도 및 시간

풀이

백열 전구는 전압이 변화하면 필라멘트의 온도가 변화하고 저항, 전류, 전력, 광속, 효율, 수명 등이 변화한다.

[답] ①

문제 74 100[W] 전구를 우유색 구형 글로브에 넣었을 경우 우유색 유리의 반사율을 40[%], 투과율은 50[%]라고 할 때, 글로브의 효율[%]은 약 얼마인가?

① 20 ② 40 ③ 50
④ 83 ⑤ 96

풀이

구형 글로브의 효율 η 는

$$\eta = \frac{\tau}{1-\rho} = \frac{0.5}{1-0.4} = 0.833 ≒ 83[\%]$$

[답] ④

문제 **75**

200[W] 전구를 우유색 구형 글로브에 넣었을 경우 우유색 유리 반사율을 30[%], 투과율은 50[%]라고 할 때, 글로브의 효율[%]을 구하면?

① 약 88 ② 약 83 ③ 약 76
④ 약 71 ⑤ 약 64

풀이

광원의 광속을 F, 구형 글로브의 반사율을 ρ, 투과율을 τ, 흡수율을 α라고 한다. 광속 F가 글로브의 내벽에 반사하는 확산 광속 F_i를 생기게 하고 글로브 내벽에 입사하는 것은 직사 광속과 확산 광속의 합 $F+F_i$이다. 이 $F+F_i$ 중에서 $(1-\rho)$ 부분이 흡수에 의하여 글로브 외부로 나간다.

$$(F+F_i)(1-\rho)=F$$

$$F+F_i=\frac{F}{1-\rho}$$

다음에 글로브의 내벽에 입사한 광속 $F+F_i$ 중에서 투과에 의하여 외부에 나오는 것은 $(F+F_i)\tau$이다. 따라서, 구형 글로브의 효율 η는

$$\therefore \eta=\frac{(F+F_i)\tau}{F}=\left(\frac{F}{1-\rho}\right)\tau/F=\frac{\tau}{1-\rho}$$

$\rho=0.3$, $\tau=0.5$이므로

$$\eta=\frac{\tau}{1-\rho}=\frac{0.5}{1-0.3}=0.71=71[\%]$$

[답] ④

문제 **76**

정격 전압 100[V], 100[W] 가스입 전구의 직하 1.2[m] 되는 곳의 조도가 60[lx]이고, 이 때의 전압을 측정하니 98[V]가 되었다. 정격 전압하의 조도[lx]를 구하면?(여기서 광속의 전압 지수는 3.6으로 취한다.)

① 60 ② 62 ③ 64
④ 68 ⑤ 72

풀이

광속의 전압 특성식에서

$$\frac{F}{F_0}=\left(\frac{V}{V_0}\right)^{3.6}$$

조도 E는 광도 I에 비례하고 광도 I는 광속 F에 비례하므로 조도 E의 전압 특성식은

$$\frac{E}{E_0}=\left(\frac{V}{V_0}\right)^{3.6}$$

$$\therefore E_0=E\left(\frac{V}{V_0}\right)^{-3.6}=60\left(\frac{98}{100}\right)^{-3.6}=60(1-0.02)^{-3.6}\fallingdotseq 60(1+3.6\times0.02)=64.2[\text{lx}]$$

[답] ③

문제 77 반사율 10[%], 흡수율 20[%]인 5.6[m²]의 유리면에 광속 1000[lm]인 광원을 균일하게 비추었을 때 그 이면의 광속 발산도[rlx]는?(단, 전등 기구 효율은 90[%]이다.)

① 921.4 ② 100.5 ③ 112.5

④ 124.4 ⑤ 164.8

풀이

$\rho+\tau+\alpha=1$ 이므로

$\therefore \tau=1-\rho-\alpha=1-0.1-0.2=0.7$

이면의 광속 발산도 R은

$\therefore R=\dfrac{\tau F}{S}\cdot\eta=\dfrac{0.7\times1000}{5.6}\times0.9=112.5[\text{rlx}]$ [답] ③

문제 78 지름 40[cm]인 완전 확산성 구형 글로브의 중심에 모든 방향의 광도가 균일하게 120[cd] 되는 전구를 넣고 탁상 2[m]의 높이에서 점등하였다. 탁상 위의 조도[lx]는?(단, 글로브 내면의 반사율은 40[%], 투과율은 50[%]이다.)

① 약 30 ② 약 25 ③ 약 20

④ 약 15 ⑤ 약 12

풀이

글로브의 효율 η는

$\eta=\dfrac{\tau}{1-\rho}=\dfrac{0.5}{1-0.4}=0.833$

구하는 조도 E는 $I=120[\text{cd}]$, $R=2[\text{m}]$이므로

$\therefore E=\dfrac{\eta I}{R^2}=\dfrac{0.833\times120}{2^2}=25[\text{lx}]$ [답] ②

문제 79 100[W] 전구를 우유색 구형 글로브에 넣었을 경우, 우유색 유리의 반사율 30[%], 투과율 40[%]라고 할 때, 글로브의 효율[%]을 구하면?

① 25 ② 43 ③ 57

④ 81 ⑤ 108

풀이

구형 글로브의 효율 η는

$\eta=\dfrac{\tau}{1-\rho}=\dfrac{0.4}{1-0.3}=0.57=57[\%]$ [답] ③

문제 **80**

지름 0.5[cm]인 금속구를 2000[°K]로 가열하였을 때의 전방사속[W]을 구하면?(단, 금속구의 전발산율을 0.3, 스테판-볼쯔만의 정수를 5.68×10^{-3} $[W\cdot m^{-2}\cdot deg^{-4}]$라 한다.)

① 16 ② 21 ③ 27

④ 32 ⑤ 42

풀이

스테판 볼쯔만의 법칙에 의하여 절대 온도 T[°K]에서 전발산율로 되는 물체의 복사 발산도 S는

$S=k\sigma T^4$[W/m²]

전복사속을 W, 복사 면적을 A라고 하면

$\therefore W=SA=k\sigma T^4A=0.3\times5.68\times10^{-8}\times(2\times10^3)^4\times\pi\times(0.5\times10^{-2})^2=21.4$[W]

[답] ②

문제 **81**

완전 흑체의 온도가 4000[°K]일 때 단색 방사 발산도가 최대가 되는 파장은 730[mμ]이다. 최대의 단색 방사 발산도가 555[mμ]인 흑체의 온도[°K]는?

① 약 5000 ② 약 5260 ③ 약 5380

④ 약 5730 ⑤ 약 6140

풀이

최대 스펙트럼 방사 발산도를 생기게 하는 파장 λ_m은 빈의 변위 법칙에 의하여

$\lambda_m=\frac{2896}{T}$ $\therefore 2896=\lambda_m T$

따라서, 구하는 555[mμ]인 흑체의 온도[°K]는

$\frac{4000\times730}{555}\fallingdotseq5260$[°K] [답] ②

문제 **82**

책상 위 2[m] 되는 곳에 광원이 있다. 이 광원을 반투명 아크릴로 에워싸고 0.7[m] 하향 배치시켰더니 책상 위 조도가 전과 같아졌다. 이 아크릴의 투과율은 약 얼마인가?

① 0.65 ② 0.54 ③ 0.42

④ 0.34 ⑤ 0.28

풀이

아크릴로 에워싸지 않는 경우의 조도 E_1은

$$E_1 = \frac{I}{2^2}$$

아크릴로 에워싼 경우의 조도 E_2는

$$E_2 = \frac{I\tau}{(2-0.7)^2} = \frac{I\tau}{1.69}, \quad E_1 = E_2$$

$$\therefore \frac{I}{4} = \frac{I\tau}{1.69}$$

$$\therefore \tau = 0.42$$

[답] ③

문제 **83**

폭 10[m], 길이 15[m], 높이 4[m]의 사무실이 있다. 같은 백열전구 12개를 설비하였을 때 천장, 벽, 바닥의 평균 조도는 각각 30, 40, 70[lx]가 되었다. 지금 천장, 벽, 바닥의 반사율을 각각 60, 40, 10[%]라고 하고 조명기구의 효율은 60[%]라고 하면, 전구 1개의 전광속[lm]은 얼마나 되는가?

① 1200　② 1338　③ 2230
④ 2500　⑤ 2840

풀이

전구 1개의 광속을 F, 조명기구의 효율을 η, 개수를 N개라고 하면, 광원이 복사하는 전광속은 $N\eta F$

천장, 벽, 바닥의 넓이를 각각 A_1, A_2, A_3, 반사율을 각각 ρ_1, ρ_2, ρ_3, 조도를 각각 E_1, E_2, E_3라고 하면, 각 면의 흡수 광속은

$$(1-\rho_1)A_1E_1 + (1-\rho_2)A_2E_2 + (1-\rho_3)A_3E_3$$

광원의 복사 광속과 실내의 흡수 광속이 같으므로

$$N\eta F = (1-\rho_1)A_1E_1 + (1-\rho_2)A_2E_2 + (1-\rho_3)A_3E_3$$

$$12 \times 0.6F = (1-0.6) \times 150 \times 30 + (1-0.4) \times 200 \times 40 + (1-0.1) \times 150 \times 70$$

$$\therefore F = \frac{16050}{12 \times 0.6} \fallingdotseq 2230[\text{lm}]$$

[답] ③

문제 **84**

발광 현상에서 복사에 관한 법칙이 아닌 것은?

① 스테판-볼쯔만의 법칙　② 비인의 변위 법칙
③ 입사각의 코사인 법칙　④ 플랑크식의 법칙
⑤ 흑체의 온도복사 법칙

풀이

입사각의 코사인 법칙은 조도에 관한 법칙이다.

[답] ③

문제 85 온도[°K]의 흑체의 단위 표면적으로부터 단위 시간에 복사되는 전복사 에너지 [W]는?

① 그 절대 온도에 비례한다.

② 그 절대 온도에 반비례한다.

③ 그 절대 온도의 4승에 비례한다

④ 그 절대 온도의 4승에 반비례한다.

⑤ 그 절대 온도의 자승에 반비례한다.

풀이

완전 복사체(흑체)의 표면 단위 면적으로부터 단위 시간에 복사되는 에너지 W [W/m²]는 표면의 절대 온도 T[°K]의 4승에 비례한다.

$W = \sigma T^4$[W/m²] 단, $\sigma = 5.6697 \times 10^{-3}$[W/m² · T^4] [답] ③

문제 86 절대 온도 T [°K]인 흑체의 방사 발산도는?(단, σ 는 정수이다.)

① σT ② $\sigma T^{1.6}$ ③ σT^2 ④ $\sigma T^{0.5}$ ⑤ σT^4

풀이

$W = \sigma T^4$ 단, $\sigma = 5.6697 \times 10^{-3}$[W/m² · T^4] [답] ⑤

문제 87 온도가 2000[°K] 되는 흑체의 전방사 에너지는 1000[°K]일 때 값의 몇 배가 되는가?

① 2배 ② 4배 ③ 8배 ④ 16배 ⑤ 32배

풀이

온도 T[°K]의 흑체 단위 표면적으로부터 단위 시간에 방사되는 전방사 에너지 W는 그 절대 온도 T의 4제곱에 비례한다.

$W = \sigma T^4$[W/m²]

온도가 2배인 경우는 전방사 에너지는 $2^4 = 16$배가 된다. [답] ④

문제 88 지름 50[cm]인 완전 확산성 글로브의 중심에 각 방향으로 100[cd]의 광도를 갖는 전구를 넣으면 글로브의 표면 휘도는 몇 [sb]인가?(단, 글로브의 투과율은 95[%]이다.)

① 0.0242 ② 0.0484 ③ 0.0510

④ 0.1936 ⑤ 0.0242

풀이

평균 구면 광도를 I라 하면 전광속 F는

$F=4\pi I=4\pi\times100$[lm]

이 중에서 외부로 나오는 광속 F_0는

$F_0=\tau F=0.95\times4\pi\times100$[lm]

평균 휘도 B는

$\therefore B=\frac{I}{\pi r^2}=\frac{F_0}{4\pi\times\pi r^2}=\frac{0.95\times4\pi\times100}{4\pi\times\pi\times25^2}=0.0484$[sb] [답] ②

문제 89 지름 20[cm]인 완전 확산성 구형 글로브의 중심에 모든 방향의 광도가 균일하게 100[cd] 되는 전구를 넣고 탁상 2[m]의 높이에서 점등하였다. 이 전등 직하의 탁상 조도를 몇 [lx]인가?(여기서, 글로브 내면의 반사율은 40[%], 투과율은 50[%]이다.)

① 30 ② 25 ③ 20

④ 15 ⑤ 10

풀이

글로브의 효율 η는

$\eta=\frac{\tau}{1-\rho}=\frac{0.5}{1-0.4}=0.8333$

구하는 조도 E는 $I=100$[cd], $R=2$[m]이므로

$\therefore E=\frac{\eta I}{R^2}=\frac{0.833\times100}{2^2}=20.825$[lx] [답] ③

문제 90 흑체 복사의 최대 에너지 파장 λ [μ]는 그 온도를 절대 온도 T [°K]로 표시할 때 어떤 관계가 있는가?

① T^4에 비례 ② $1/T$에 비례 ③ $1/T^2$에 비례

④ T^{-4}에 비례 ⑤ $T^{\frac{1}{4}}$에 비례

풀이

$\lambda_m T=2896$ [μ°K]

$\therefore \lambda_m=\frac{2896}{T}\propto\frac{1}{T}$ [답] ②

문제 91 3300[°K]에서 흑체의 최대 파장[μ]은?

① 0.517 ② 0.628 ③ 0.724
④ 0.878 ⑤ 0.946

풀이

최대 스펙트럼 복사 발산도를 발생하는 파장은 빈의 변위 법칙에 의하여

$\lambda_m T = 2896[\mu°K]$

$\therefore \lambda_m = \frac{1896}{T} = \frac{2896}{3300} = 0.878[\mu]$ [답] ④

문제 92 지름 40[cm]인 완전 확산성 구형 글로브의 중심에 모든 방향의 광도가 균일하게 110[cd] 되는 전구를 넣고 탁상 2[m]의 높이에서 점등하였다. 탁상 위의 조도[lx]는?(단, 글로브 내면의 반사율은 40[%], 투과율은 50[%]이다.)

① 약 53 ② 약 49 ③ 약 33
④ 약 23 ⑤ 약 17

풀이

글로브의 효율은

$\eta = \frac{\tau}{1-\rho} = \frac{0.5}{1-0.4} = 0.833$

구하는 조도 E는 $I=110[cd]$, $R=2[m]$이므로

$\therefore E = \frac{\eta I}{R^2} = \frac{0.833\times110}{2^2} \fallingdotseq 23[lx]$ [답] ④

문제 93 온도 방사에 관한 플랑크의 식 $E(\lambda, T) = \frac{C_1}{\lambda^5} \cdot \frac{1}{e^{C_2/\lambda T}-1}[W/cm^2 \cdot \mu]$는 무엇을 나타내는가?

① 방사발산도 ② 최대 방사속에 대한 파장
③ 분광 방사속 발사도 ④ 단위 시간당 방사 에너지
⑤ 흑체의 분광 복사휘도

풀이

파장 $\lambda[\mu]$, 온도 $T[°K]$에서 단위 파장폭$[\mu]$당 완전 복사체의 분광 방사속 발산도를 나타낸다. [답] ③

문제 **94** 광원의 광색온도란?

① 백색을 낼 때의 온도
② 같은 색을 낼 때의 백금의 온도
③ 같은 색을 내는 흑체의 온도
④ 같은 색을 내는 열루우미네슨스의 온도
⑤ 같은 색을 내는 복사루우미네슨스의 온도

풀이

어느 광원의 광색이 어떤 온도의 흑체 광색과 같을 때, 그 흑체의 온도를 이 광원의 색온도라고 한다. 예를 들면 태양의 색온도는 6500[°K]이지만 지상에서는 5000[°K] 근처가 된다.

[답] ③

문제 **95** 방사 고온계의 특징 중 잘못된 것은?

① 온도를 직독할 수 있다.
② 피측온물의 크기가 매우 작은(지름 0.1[mm] 정도까지) 경우에도 측정할 수 있다.
③ 피측온물로부터 떨어진 위치에서 온도를 기록할 수 있다.
④ 온도 측정 범위(약 900~4000[℃] 정도)가 넓다.
⑤ 스테판-볼쯔만의 법칙을 이용한 것이다.

풀이

방사 고온계는 온도 방사에 관한 스테판 볼쯔만의 법칙을 이용한 것으로 광학계를 사용하여 피측온물의 상을 수열판에서 받아 수열판의 온도 상승을 열전대 등을 사용하여 측정한다.

[답] ②

문제 **96** 발광 현상이 없는 것은?

① 온도 방사 ② X선 ③ 전기불꽃
④ 인광 ⑤ 형광

풀이

[답] ②

문제 97 복사 루우미네슨스 중 자극을 주는 조사가 계속되는 동안만 발광 현상을 일으키는 것은?

① 형광 ② 마찰 ③ 인광
④ 파이로 ⑤ 복사

풀이

루우미네슨스는 발광의 지속 시간에 따라 형광(fluorescence)과 인광(phosphorescen-ce)으로 분류된다. 형광은 자극이 작용하는 동안만 발광을 계속하고 자극이 사라지면 곧 발광을 멈추는 것을 말하고, 인광은 자극이 없어진 후에도 수분 이상 수일 또는 그 이상 에너지를 축적하여 발광을 지속하는 것이다. [답] ①

문제 98 파이로 루우미네슨스를 이용한 것은?

① 텔리비전 영상 ② 수은등 ③ 형광등
④ 석영 ⑤ 발염 아크등

풀이

파이로 루우미네슨스는 알카리 금속, 알카리 토금속 등의 휘발하기 쉬운 원소 또는 그 염류를 가스의 불꽃 속에 넣을 경우 금속 증기가 발광하는 것을 말하며, 염색 반응에 의한 화학 분석, 스펙트럼 분석, 발염 아크등 등이 이의 응용이다. [답] ⑤

문제 99 백열 전구의 베이스(base)에는 다음 어떠한 것이 사용되는가?

① 철판 ② 황동판 ③ 구리판
④ 니켈판 ⑤ 백금

풀이

베이스는 전구를 전원에 접속하기 위하여 유리구에 부착시키는 부분이며, 재료는 황동이나 알루미늄을 사용하고 있다. [답] ②

문제 100 전구의 봉함부 도입선으로 쓰이는 재료는?

① 구리선 ② 몰리브덴
③ 구리에 니켈강을 피복한 것 ④ 니켈강에 구리를 피복한 것
⑤ 니켈

풀이

전구의 도입선은 내부 도입선, 봉함부 도입선 및 외부 도입선으로 되며, 봉함부 도입선은 유리구 내에 기밀로 전류를 도입하는 것으로서 팽창 계수가 유리와 같은 철-니켈 합금에 구리를 피복한 듀밋선(dumet wire)이 사용되고 있다. 내부 도입선으로는 소형인 경우는 니켈이, 외부 도입선은 구리선이 사용된다. [답] ④

문제 **101**

백열 전구의 앵커에 사용되는 재료는?

① 철 ② 크롬 ③ 망간
④ 몰리브덴 ⑤ 구리

풀이

필라멘트 지지물인 앵커는 내열성, 내진성이 요구되며 보통 몰리브덴선이 사용된다. [답] ④

문제 **102**

백열 전구에 가스를 봉입하는 이유와 관계가 없는 것은?

① 필라멘트의 증발 억제 작용을 한다.
② 수명을 길게 한다.
③ 발광 효율이 높아진다.
④ 휘도가 낮아진다.
⑤ 열전도율이 적다.

풀이

30[W] 이상의 전구에는 가스를 봉입한다. 백열된 텅스텐에 화합하지 않고 열전도율이 적으며 전리 전압이 높은 가스를 봉입하면 가스 입력으로 텅스텐의 증발을 억제하여 수명이 길어지게 되고 고온으로 유지되므로 발광 효율이 높아진다. [답] ④

문제 **103**

백열 전구에서 몰리브덴선을 재료로 사용하는 부분은?

① 필라멘트 ② 베이스 ③ 앵커
④ 내부 도입선 ⑤ 외부도입선

풀이

백열 전구는 유리와 잘 밀착되는 몰리브덴선을 사용한다. [답] ③

문제 104 전구에 가스를 봉입하는 이유에 적합하지 않는 사항은?

① 광색의 개선
② 필라멘트 증발 억제 작용
③ 수명을 길게 한다.
④ 발광 효율이 높아진다.
⑤ 열전도율이 적어진다.

풀이

[답] ①

문제 105 가스입 텅스텐 전구에 봉입하는 가스는?

① 수소
② 아르곤
③ 탄산 가스
④ 네온
⑤ 산소

풀이

고온에서 필라멘트의 증발을 막기 위하여 텅스텐과 화합되지 않는 불활성 가스를 넣는다. 봉입 가스는 질소와 아르곤의 혼합 가스가 사용된다. 아르곤은 무겁기 때문에 증발 억제 효과가 크고 열손실도 적으나 아크 전압이 낮아서 아크가 일어나기 쉬우므로 이것에 질소를 섞어서 아크를 억제한다. [답] ②

문제 106 가스입 전구에 아르곤 가스를 넣을 때 질소를 봉입하는 이유는?

① 대류 작용 촉진
② 아크 방지
③ 대류 작용 억제
④ 흑화 방지
⑤ 열손실이 적다.

풀이

[답] ②

문제 107 가스를 넣은 전구에서 질소 대신 아르곤을 쓰는 이유는?

① 값이 싸다.
② 열의 전도율이 크다.
③ 열의 전도율이 작다.
④ 비열이 작다.
⑤ 광색의 개선

풀이

가스를 넣은 전구의 열손실은 가스의 열전도율이 적을수록 또한 원자량이 클수록 적어진다. 따라서 질소보다 아르곤이 원자량이 크므로 아르곤을 넣은 것이 효율이 좋아진다. [답] ③

문제 **108** 상온에서 가스입 백열 전구의 전등시 가스 압력[mmHg]은?

① 100~200 ② 200~300 ③ 350~450

④ 700~800 ⑤ 800~900

풀이 가스 압력은 보통 600[mmHg] 정도로 봉입하고 점등시는 1기압 정도로 한다.

[답] ④

문제 **109** 백열 전구에 봉입하는 가스 중 질소 대신 아르곤을 사용하는 이유는?

① 필라멘트의 과열을 막는다. ② 아크 전압이 높다.

③ 가스손이 적다. ④ 값이 싸다.

⑤ 비열이 적다.

풀이

[답] ③

문제 **110** 진공 전구에 적린(赤燐) 게터(getter)를 사용하는 이유는?

① 광속을 많게 한다. ② 전력을 적게 한다.

③ 효율을 좋게 한다. ④ 수명을 길게 한다.

⑤ 광도를 좋게 한다.

풀이 게터는 필라멘트 또는 스템의 일부분에 칠해 두면 전구 내에 남아 있는 미량의 공기와 결합하여 필라멘트의 산화를 방지한다. 그러므로 유리구의 흑화를 방지하고 전구의 수명을 길게 한다.

[답] ④

문제 **111** 네온 전구의 특징이 아닌 것은?

① 소비 전력이 크다. ② 잔광성이 없다.

③ 광도와 전류가 비례한다. ④ 역률이 좋다.

⑤ 부(−)글로우

풀이

[답] ①

문제 112 백열 전구에 게터(getter)를 사용하는 목적은?

① 효율 개선 ② 광속 증가 ③ 전력 감소

④ 수명 보존 ⑤ 조도 개선

풀이

[답] ④

문제 113 텅스텐 필라멘트 전구에서 2중 코일의 주목적은?

① 수명을 길게 한다. ② 광색을 개선한다.

③ 휘도를 줄인다. ④ 배색을 개선한다.

⑤ 광도를 개선한다.

풀이

2중 코일 필라멘트는 동일한 길이와 지름의 직선형 필라멘트보다 기계적인 진동에 대하여 견고하고 가스손을 적게 하며 효율을 10~20[%] 정도 높일 수 있으므로 수명이 길어진다. 단선시까지 광속의 저하율이 적고 배광이 개선된다. [답] ①

문제 114 2중 코일 필라멘트를 사용하는 주목적은?

① 배광 개선 ② 휘도 감소 ③ 광색 개선

④ 효율 개선 ⑤ 수명 연장

풀이

[답] ④

문제 115 진공 전구에 사용하는 게터는?

① 적린 ② 질화바륨 ③ 바륨

④ 숯 ⑤ 아르곤

풀이

30[W] 이하의 진공 전구에서 적린(P)을 게터로 사용하고, 40[W] 이상의 큰 용량 전구에는 질화바륨($B_a(N_3)_2$)을 게터로 사용한다. [답] ①

문제 116 백열 전구에서 필라멘트의 재료로서 필요 조건 중 틀린 것은?

① 고유 저항이 적어야 한다.
② 선팽창률이 적어야 한다.
③ 가는 선으로 가공하기 쉬워야 한다.
④ 기계적 강도가 커야 한다.
⑤ 가격이 저렴해야 한다.

풀이

필라멘트 재료로서의 필요 조건은 다음과 같다.

① 용해점이 높을 것
② 고유 저항이 클 것
③ 높은 온도에서의 증발(승화)이 적은 것
④ 점화 온도에서 주위의 것과 화합하지 않을 것
⑤ 가는 선으로의 가공이 쉬울 것
⑥ 고온으로 되어도 기계적 강도가 감소하지 않을 것
⑦ 선팽창 계수가 적을 것
⑧ 전기 저항의 온도 계수가 플러스일 것
⑨ 재료가 풍부하고 가격이 염가로 될 것

[답] ①

문제 117 필라멘트 재료의 구비 조건에 해당되지 않는 것은?

① 융해점이 높을 것
② 고유 저항이 작을 것
③ 높은 온도에서 증발이 적을 것
④ 선팽창 계수가 작을 것
⑤ 고유저항이 클 것

풀이

[답] ②

문제 118 전구의 동정 곡선이 표시하는 관계는?

① 전류, 광속과 전압
② 전류, 광속과 시간
③ 광속, 휘도와 전압
④ 광속, 휘도와 시간
⑤ 전류, 휘도와 전압

풀이

에이징(aging)이 끝난 전구는 사용함에 따라 필라멘트가 승화하여 가늘어지므로 점차로 그의 저항은 증가하고 전류나 광속은 감소한다. 이와 같이 변화하여 가는 과정을 동정(performance)이라 하고, 이 변화를 곡선으로 그린 것을 동정곡선이라 한다 .

[답] ②

문제 119 반사율 10[%], 흡수율 20[%]인 5.6[m²]의 유리면에 광속 1000[lm]인 광원을 균일하게 비추었을 때, 그 이면의 광속 발산도[rlx]는?(단, 전등 기구 효율은 80[%]이다.)

① 100 ② 114 ③ 129 ④ 142 ⑤ 154

풀이

$\rho+\tau+\alpha=1$ 이므로

$\therefore \tau=1-\rho-\alpha=1-0.1-0.2=0.7$

이면의 광속 발산도 R은

$\therefore R=\frac{\tau F}{S}\cdot\eta=\frac{0.7\times1000}{5.6}\times0.8=100[\mathrm{rlx}]$ [답] ①

문제 120 100[V], 100[W]인 백열 전구의 광속[lm]은?

① 1000 ② 1500 ③ 2000

④ 2500 ⑤ 3000

풀이

백열 전구의 특성 및 수명(KS C 7501)은 다음과 같다.

형식	전경 전압 [V]	초 특 성			수명[h]
		소비전력[W]	광속 [lm]	효율 [lm/W]	
Ld 100[V] 30[W]	100	30±3.0	330±50	11.0±1.7	900
L 100[V] 30[W]	100	30±3.0	290±45	9.7±1.5	900
Ld 100[V] 60[W]	100	60±6.0	830±125	13.9±2.1	900
L 100[V] 60[W]	100	60±6.0	760±115	12.6±1.9	900
Ld 100[V] 100[W]	100	100±10.0	1570±240	15.7±2.9	900
L 100[V] 100[W]	100	100±10.0	1500±230	15.0±2.7	900

L_d : 이중 코일형, L : 코일형 [답] ②

문제 121 200[W] 가스입 전구의 효율[lm/W]는?

① 13 ② 14 ③ 15 ④ 16 ⑤ 18

풀이

수명 1,000[시간]의 1/2일 때에 효율은 15.3[lm/W] 이상이다. [답] ③

문제 122 백열 전구를 점등할 때 전압이 정격 전압보다 3[%] 감소하였다면 광속의 변화는 대략 어떻게 되는가?

① 3[%] 감소 ② 3[%] 증가 ③ 6[%] 감소
④ 6[%] 증가 ⑤ 10[%] 증가

풀이

$$\frac{F}{F_0}=\left(\frac{V}{V_0}\right)^{3.6}$$

$$\therefore F=\left(\frac{97}{100}\right)^{3.6}F_0=(1-0.03)^{3.6}F_0=(1-3.6\times0.03)F_0=(1-0.108)F_0$$

즉, 10.8[%] 감소한다. [답] ④

문제 123 정격 전압 100[V]의 전구를 점등한 방의 조도를 측정하여 110[lx]를 얻었다. 이때 전구의 전압을 측정하니 101[V]가 되었다. 정격 전압하인 이 방의 조도[lx]를 구하면?(단, 여기서 광속의 전압 지수를 3.6으로 한다.)

① 약 110 ② 약 106 ③ 약 102
④ 약 98 ⑤ 약 94

풀이

광속의 전압 특성식은

$$\frac{F}{F_0}=\left(\frac{V}{V_0}\right)^{3.6}$$

조도 E는 광도 I에 비례하고 광도 I는 광속 F에 비례하므로 조도 E의 전압 특성식은

$$\frac{E}{E_0}=\left(\frac{V}{V_0}\right)^{3.6}$$

$$\therefore E_0=E\left(\frac{V}{V_0}\right)^{-3.6}=110\left(\frac{101}{100}\right)^{-3.6}=110(1+0.01)^{-3.6}\fallingdotseq110(1-3.6\times0.01)$$

$$=105.6[\text{lx}]$$

[답] ②

문제 124 백열 전구의 전압이 10[%] 저하하면 광속의 대략을 감소율[%]은?

① 5 ② 10 ③ 20
④ 30 ⑤ 40

풀이

광속의 전압 특성식에서

$$\frac{F}{F_0}=\left(\frac{V}{V_0}\right)^{3.6},\ F=\left(\frac{90}{100}\right)^{3.6}F_0=(1-.01)^{3.6}F_0=\{1+3.6\times(-0.1)\}F_0=(1-0.36)F_0$$

즉, 36[%] 감소한다. [답] ④

문제 125 100[W] 전구를 우유색 구형 글로브에 넣었을 경우, 우유색 유리의 반사율을 30[%], 투과율을 50[%]라고 할 때, 글로브의 효율[%]은?

① 21 ② 41 ③ 61

④ 71 ⑤ 81

풀이

$\rho=0.3,\ \tau=0.5$이므로

$$\eta=\frac{\tau}{1-\rho}=\frac{0.5}{1-0.3}=0.71=71[\%]$$

[답] ④

문제 126 100[V], 20[W] 전구와 100[V], 25[W] 전구를 직렬로 하여 200[V]의 전원에 접속하여 두 전구 모두 정격 전압으로 점등하기 위해서는 몇 [Ω]의 저항을 어느 전구에 병렬로 연결하여야 하는가?

① 25[W]에 1000 ② 20[W]에 1000

③ 25[W]에 2000 ④ 20[W]에 2000

⑤ 20[W]에 1500

풀이

100[V]에서 20[W], 25[W] 전구의 저항을 R_{20}, R_{25}라 하면

$$R_{20}=\frac{V^2}{P_{20}}=\frac{100^2}{20}[\Omega]$$

$$R_{25}=\frac{V^2}{P_{25}}=\frac{100^2}{25}[\Omega]$$

따라서, 20[W]에 저항 $r[\Omega]$을 병렬로 연결하여 $\frac{100^2}{25}[\Omega]$과 같게 한다.

$$\frac{1}{r}+\frac{20}{100^2}=\frac{25}{100^2}\quad\therefore\ r=2000[\Omega]$$

[답] ④

문제 127 정격 전압 100[V], 60[W] 전구의 수명이 1000[h]이다. 96[V] 하에서 점등할 때의 수명[h]을 구하면?(단, 수명은 전압의 14승에 반비례한다.)

① 1000 ② 1040 ③ 1080
④ 1560 ⑤ 1640

풀이

수명의 특성 방정식은

$$\frac{L}{L_0}=\left(\frac{V}{V_0}\right)^{-14}$$

$$\therefore L=L_0\left(\frac{V}{V_0}\right)^{-14}=1000\left(\frac{96}{100}\right)^{-14}=1000(1-0.04)^{-14}$$

$$=1000(1+14\times0.04)=1560[h]$$

[답] ④

문제 128

40[W] 2중 코일 텅스텐 전구의 표준 광속이 500[lm]이다. 이때 전등 효율[lm/W]은?

① 12.5 ② 11 ③ 14
④ 15.5 ⑤ 10

풀이

$P=40[W]$, $F=500[lm]$이므로

$$\eta=\frac{F}{P}=\frac{500}{40}=12.5[lm/W]$$

[답] ①

문제 129

100[W] 백열 전구의 광속은 1570[lm]이다. 이 때 효율[lm/W]은?

① 14.7 ② 15.7 ③ 16.7
④ 17.7 ⑤ 18.7

풀이

$P=100[W]$, $F=1570[lm]$이므로

$$\eta=\frac{F}{P}=\frac{1570}{100}=15.7[lm/W]$$

[답] ②

문제 130

전등 효율이 14[lm/W]인 100[W] 백열 전구의 구면 광도[cd]는?

① 95 ② 127 ③ 111
④ 120 ⑤ 136

풀이

전소비 전력 P에 대한 전발광 광속 F의 비율을 전등 효율 η라 한다.

$$\eta = \frac{F}{P}[\text{lm/W}]$$

$$F = P\eta = 100 \times 14 = 1400[\text{lm}]$$

$F = 4\pi I$이므로 평균 구면 광도 I는

$$\therefore I = \frac{F}{4\pi} = \frac{1400}{4\pi} = 111.5[\text{cd}]$$

[답] ③

문제 131 광질과 특색이 고휘도이고 광색은 적색 부분이 비교적 많은 편이고 배광 제어가 용이하고 흑화가 거의 일어나지 않은 전등은?

① 수은등 ② 형광등 ③ 할로겐 램프

④ 나트륨등 ⑤ 백열등

풀이

할로겐 전구는 할로겐 사이클에 의해 수명이 길어질 뿐만 아니라 수명이 끝날 때까지 필라멘트는 덜 가늘어지고 유리구의 흑화도 적으며, 따라서 광속의 저하나 색온도의 저하가 매우 적다. 그러므로 동일 정격의 백열 전구에 비하여 효율, 수명을 개선할 수 있고 소형, 경량화되고 있다. 할로겐 전구의 전등 효율은 20[lm/W] 정도이고 수명은 2000[h]이다.

[답] ③

문제 132 배열 전구의 일종이며, 백열 전구에 비하여 소형이며 발생 광속이 크고 배광의 제어가 쉽다. 광학계 조명기구와 조합하여 원거리 대상물 조명에 좋다. 점등시 전구의 외피 온도는 250[℃] 정도로 주의를 요하며 사용 중 이동을 삼가야 하는 전구는?

① 사진용 전구 ② 할로겐 전구 ③ 적외선 전구

④ 영사용 전구 ⑤ 나트륨 등

풀이

할로겐 전구는 석영관의 중앙에 텅스텐 코일을 직선상으로 펴고 불활성 가스와 함께 미량의 옥소 등 할로겐 원소를 봉입한 전등이다. 용도로서는 각종 투광 조명용 광원으로서 가장 적합하며 야구 경기장, 건축 벽면, 주차장, 도로, 광고판, 스튜디오, 8[mm] 촬영용 등 그 용도가 광범위하다.

[답] ②

문제 133

적외선 전구는 다음의 어떤 목적에 사용되는가?

① 살균용 ② 건조용 ③ 조명용
④ 장식용 ⑤ 투광 조명용

풀이

적외선 전구는 적외선에 의하여 가열, 건조 등 공업의 각 분야에 널리 이용되는 것을 목적으로 사용한다. [답] ②

문제 134

적외선 전구의 필라멘트의 온도[°K]는?

① 2500 ② 2000 ③ 1500
④ 1000 ⑤ 500

풀이

적외선 건조용 전구의 필라멘트 색온도는 2,400~2,500[°K]로서 적외선의 방사 효과를 80[%]까지 증대하고 있다. 수명은 5,000[h] 정도이다. [답] ①

문제 135

방전 개시 전압을 나타내는 법칙은?

① 스토크스의 법칙 ② 패닝의 법칙 ③ 파센의 법칙
④ 톰슨의 법칙 ⑤ 스테판-볼쯔만의 법칙

풀이

방전 개시 전압은 일정한 전극 금속과 기체와의 조합에서는 pd, 즉, 기압 p[mmHg]와 전극 간격 d[m]의 곱만인 함수로 된다. 이것을 파센의 법칙이라 한다. [답] ③

문제 136

탄소 아크등의 순탄소 양극 소모율[mm/분]은?

① 1 ② 1.5 ③ 2
④ 2.5 ⑤ 3.0

풀이

순탄소 아크등의 효율은 20[lm/W] 이하, 휘도는 9,000~15,000[cd/cm^2], 전극 소모율은 1[mm/min] 정도이며, 주로 실험용으로 사용된다. [답] ①

문제 137 고휘도 램프는?

① 전구 ② 탄소 아크등 ③ 고압 수은등
④ 형광등 ⑤ 저압 수은등

풀이

탄소 아크등은 고전적인 광원이기는 하지만 오늘날에도 고휘도, 고광도 광원으로서 다른 광원과 비교가 되지 않는 정도이며 영사용, 청사진용, 제판용, 의료용 등으로 사용되고 있다. [답] ②

문제 138 나트륨등의 색파장[mμ]은?

① 적(660) ② 등(620) ③ 황(590)
④ 녹(540) ⑤ 백(480)

풀이

나트륨등은 나트륨 증기 중의 방전을 이용한 것으로 분광 분포는 D선이라 불리우는 5,890~5,896[Å]의 황색선이 대부분(76[%])을 차지한다. [답] ③

문제 139 나트륨등의 D선의 에너지는 전복사 에너지의 몇 [%]인가?

① 56 ② 66 ③ 76
④ 86 ⑤ 96

풀이

D선의 에너지는 전복사 에너지의 약 76[%]에 도달한다. [답] ③

문제 140 다음은 휘도가 낮고 효율이 좋아 가로 조명, 도로 조명 등에 사용되는 나트륨등의 설명이다. 적당하지 않은 것은?

① 실용적인 유일한 단색 광원으로 589[mμ]의 파장을 낸다.
② 냉음극이 설치된 발광관과 외관으로 되어 있다.
③ 효율이 높아 실용상의 효율이 40~70[lm/W]이다.
④ 점화 후 10분 정도에서 방전이 안정된다.
⑤ D선을 광원으로 이용한다.

풀이

나트륨등은 나트륨 증기를 통하여 방전할 때 생기는 D선(5,890[Å])을 광원으로 이용한 것으로 열음극을 가지고 있는 발광관에 보온용의 외관을 붙인 구조로 되어 있다.

[답] ②

문제 **141** 나트륨등의 효율[lm/W]은 어떤 범위가 가장 적당한가?

① 20~25 ② 25~55 ③ 80~150

④ 50~85 ⑤ 90~120

풀이

나트륨등은 나트륨 증기를 통하여 방전할 때 생기는 D선(5,890~5,896[Å])을 광원으로 이용한 것으로 실용상 효율은 40~70[lm/W] 정도이며 실용적인 유일한 단색 광원이다.

[답] ②

문제 **142** 다음의 광원 중 효율이 가장 좋은 것은?

① 형광등 ② 고압 수은등 ③ 나트륨등

④ 크세논등 ⑤ 탄소 아크등

풀이

나트륨등의 효율이 좋은 이유는 나트륨의 D선(589 [mμ])을 광원으로 이용하는 나트륨 증기의 방전등이기 때문이다. [답] ③

문제 **143** 저압 수은등에서 발산되는 스펙트럼에서 최대 에너지의 파장[Å]은?

① 5560 ② 3550 ③ 4500

④ 2537 ⑤ 1860

풀이

수은 증기압이 10^{-3} ~ 10^{-1}[mmHg] 정도의 수은등을 저압 수은등이라 하며, 수은의 공진선이 2537[Å]으로 가장 세고 전방사의 90[%] 이상이 된다. [답] ④

문제 **144** 수은 증기압 10^{-2}[mmHg] 속에서 방전할 경우 발생하는 스펙트럼의 최대 에너지 파장[Å]은?

① 5791 ② 4358 ③ 3663

④ 2537 ⑤ 1884

풀이

[답] ④

문제 **145** 고압 수은등의 증기압은?

① 100[mmHg] ② 1기압 ③ 10기압
④ 100기압 ⑤ 20기압

풀이

저압 수은등은 10^{-2}[mmHg] 정도, 고압 수은등은 100~760[mmHg] 정도로 약 1기압이고, 초고압 수은등은 10~200기압 정도이다. [답] ②

문제 **146** 고압 수은등의 점등에 소요되는 시간은?

① 1분 정도 ② 3분 정도 ③ 5분 정도
④ 10분 정도 ⑤ 15분 정도

풀이

점등 후 최대 광도에 도달하려면 약 5~8분이 걸리고 또한 정상적으로 점등된 것을 한번 소등하고 다시 스위치를 넣어도 바로 점등되지 않고 약 7~10분이 걸려서 점화된다. [답] ④

문제 **147** 고압 수은등은 발광관과 외관의 2중관으로 되어 있다. 외관이 필요한 이유는?

① 발광관과 온도를 고온으로 유지하기 위하여
② 발광관을 기계적으로 보호하기 위하여
③ 배광을 개선하기 위하여
④ 점등 전압을 저하시키기 위하여
⑤ 효율을 좋게 하기 위하여

풀이

고압 수은등은 수은 증기압을 1기압 정도로 유지하기 위하여 발광관의 온도는 아크 자신의 발열로 400[℃] 이상 유지할 필요가 있으므로 발광관의 외부에 외관을 씌워서 양관 사이를 배기하든가 적당한 가스를 봉입하여 열의 전도를 막는다. [답] ①

문제 **148** 고압 수은등의 효율[lm/W] 중 가장 적합한 것은?

① 10 ② 40 ③ 60

④ 100 ⑤ 120

풀이

고압 수은등의 크기는 300~1000[W]로 효율은 50[lm/W] 정도로 높다. 수명은 3000~6000시간으로 도로, 공원, 광장, 경기장 및 큰 공장의 조명에 사용되고 있다. [답] ③

문제 149

형광 방전등의 형광 물질의 자극 파장[Å]은?

① 2537 ② 2735 ③ 3537

④ 3635 ⑤ 3727

풀이

형광등은 저압 수은 방전등의 일종으로 저압 수은 증기의 방전에 의하여 수은의 공명선인 2537[Å]의 자외선을 다량 복사한다. 이것을 형광 물질이 받아서 가시선으로 변환한다. 즉, 전기 루우미네슨스와 복사 루우미네슨스를 이용한 전등이다. [답] ①

문제 150

수은 증기압이 10기압 이상으로 광색은 일반적으로 녹색이 강하고 압력과 전력이 높으면 백색에 가까워진다. 휘도가 높은 것이 특징이고 증기압의 증가에 따라 휘도가 증대되고 150기압에서 100000[cd/cm²] 이상이 되는 등은?

① 초고압 수은등 ② 메탈핼라이드등 ③ 형광 수은등

④ 고압 수은등 ⑤ 나트륨등

풀이

고압 수은등의 특징을 극도로 발휘한 것이 초고압 수은등이다. 수은 증기압은 10~200[기압]이며 발광 효율은 40~70[lm/W]에 도달하고 휘도가 높다. 광색은 수은 증기압 및 전력이 커질수록 연속 스펙트럼이 많아지며 백색광에 가까워진다. [답] ①

문제 151

주광색 형광등의 색온도[°K]는?

① 3500 ② 4500 ③ 6500

④ 7500 ⑤ 8500

풀이

주광색(D)은 색온도 6500[°K]의 광색이고, 백색(W)은 색온도 4500[°K]이다. [답] ③

문제 152 청색 형광 램프의 형광체는?

① 텅스텐산칼슘 ② 규산카드뮴 ③ 규산아연
④ 붕산카드뮴 ⑤ 텅스텐산마그네슘

풀이

형광체의 광색은 다음과 같다.

형광체	분자식	광색	형광체	분자식	광색
텅스텐산칼슘	$CaWO_4$–Sb	청색	규산카드뮴	$CdSiO_2$–Mn	등색
텅스텐산마그네슘	$MgWO_4$	청백색	붕산카드뮴	CdB_2O_5	핑크색
규산아연	$ZnSiO_3$–Mn	녹색	할로린산칼슘	$3Ca_3(PO_4)_4.Ca_2(Cl_2F_2)$ –Sb, Mn	황백색

[답] ①

문제 153 다음에서 정육점 육류 진열장에 조명할 형광등의 형광체는 어느 것이 가장 효과적인가?

① 텅스텐산칼슘($CaWO_4$–Sb) ② 텅스텐산마그네슘($MgWO_4$)
③ 붕산카드뮴(CdB_2O_5) ④ 규산아연($ZnSiO_3$–Mn)
⑤ 규산카드뮴

풀이

붕산카드뮴(CdB_2O_5)-핑크색 [답] ③

문제 154 형광체로 쓰이지 않는 것은?

① 텅스텐산칼슘 ② 규소아연 ③ 붕산카드뮴
④ 규산 아연 ⑤ 황산나트륨

풀이

[답] ⑤

문제 155 형광 램프의 초광속은 다음 어느 때 측정한 값을 말하는가?

① 제조 직후 ② 점등 50시간 후 ③ 점등 100시간 후
④ 점등 200시간 후 ⑤ 점등 500시간 후

풀이

한국 공업 규격(KS C 7901)에서는 초특성의 전광속이라는 것은 100시간 점등 후의 값으로 정하였다. [답] ③

문제 156 형광 램프의 동정 특성에서 광속은 어느 때 측정한 값을 말하는가?

① 제조 직후 ② 점등 100시간 후 ③ 점등 500시간 후
④ 점등 1000시간 후 ⑤ 점등 2000시간 후

풀이

한국 공업 규격(KS C 7901)에서는 동정 특성의 광속은 500시간 점등 후의 광속으로 정하였다. [답] ③

문제 157 형광 방전등의 효율이 가장 좋으려면 주위 온도는 몇 [℃]가 가장 적당한가?

① 10 ② 25 ③ 40
④ 60 ⑤ 75

풀이

형광등은 관벽 온도가 낮으면 수은 증기압이 떨어져 전자가 수은보다 아르곤의 편에 많이 충돌해서 에너지를 아르곤에 빼앗겨 약해지고, 또 8[℃] 이하에서는 수은이 증발하기 어렵게 되므로 효율은 저하한다. 반대로 관벽 온도가 높아지면 수은 증기압이 증가해서 복사는 파장이 긴 편으로 이동하므로 발광 효율은 저하된다.
일반적으로 주위 온도가 20~27[℃]일 때의 관벽 온도는 40~45[℃]이므로 최고 효율이 되도록 설계되어 있다. [답] ②

문제 158 형광 램프의 관벽 온도[℃]는?

① 10~20 ② 20~30 ③ 30~40
④ 40~50 ⑤ 50~60

풀이

형광 램프의 관벽 온도가 40~45[℃]일 때, 자외선 2537[Å]의 방사 효율은 최대로 된다. [답] ④

문제 159 고역률형 형광등의 역률의 규격값은?

① 80[%] 이상 ② 85[%] 이상 ③ 90[%] 이상
④ 95[%] 이상 ⑤ 97%] 이상

풀이 [답] ②

문제 160 형광등은 주위 온도가 몇 [℃]일 때 가장 효율이 높은가?

① 5~10 ② 10~15 ③ 20~25
④ 35~40 ⑤ 45~50

풀이 [답] ③

문제 161 형광등에서 가장 효율이 높은 색깔은?

① 백색 ② 적색 ③ 주황색
④ 녹색 ⑤ 청색

풀이 효율이 높은 색깔의 순서는 녹색→백색→주황색→적색이다. [답] ④

문제 162 형광등에서 아르곤을 봉입하는 이유는?

① 연색성을 개선한다. ② 효율을 개선한다.
③ 역률을 개선한다. ④ 방전을 용이하게 한다.
⑤ 수명을 길게 한다.

풀이 형광등은 방전 개시를 용이하게 하기 위하여 5~6[mmHg]의 아르곤이 봉입되어 있다.
[답] ④

문제 163 40[W] 백색 형광 방전등의 광속이 2400[lm]인 때의 안정기 손실이 8[W]이면 효율[lm/W]은?

① 70 ② 60 ③ 50 ④ 40 ⑤ 30

풀이 $F=2400$[lm], 안정기 손실은 8[W]이므로

$P=40+8=48[\text{W}]$

$\eta=\frac{F}{P}=\frac{2400}{48}=50[\text{lm/W}]$ [답] ③

문제 164 형광등 안정기의 역률[%]은?

① 30~40 ② 50~60 ③ 10~20

④ 70~80 ⑤ 80~90

풀이 형광등의 안정기에는 대부분의 경우 초크 코일이 사용되므로 역률이 나빠져서 55~65[%] 정도로 된다. 이것을 85[%] 정도의 고역률로 개선하려면 전원에 병렬로 1등당 3.5~5.5[μF]의 콘덴서를 넣는다.

[답] ②

문제 165 FL-20D 형광등의 전압이 100[V], 전류가 0.35[A], 안정기의 손실이 5[W]일 때 역률은 몇 [%]인가?

① 약 57 ② 약 65 ③ 약 71

④ 약 85 ⑤ 약 91

풀이 $V=100[V]$, $I_L=0.35[A]$, 안정기 손실은 5[W]이므로

$P=20+5=25[W]$

$$\cos\theta = \frac{P}{VI_L} = \frac{25}{100\times0.35} = 0.714 = 71.4[\%]$$

[답] ③

문제 166 다음 램프 중에서 분광 에너지 분포가 주광 에너지 분포와 가장 가까운 것은?

① 형광등 ② 나트륨등 ③ 크세논 램프

④ 고압 수은 램프 ⑤ 저압 수은 램프

풀이 크세논 램프(xenon lamp)는 높은 압력으로 봉입한 크세논 가스 중의 방전을 이용한 램프로서 점광원이고 휘도가 높으면 분광 분포가 천연 주광에 가깝기 때문에 표준 백색 광원, 영사용 광원에 사용된다.

[답] ③

문제 167 광원의 연색성이 좋은 순으로 바르게 배열한 것은 어느 것인가?

① 크세논등, 백색 형광등, 형광 수은등, 나트륨등

② 백색 형광등, 형광 수은등, 나트륨등, 크세논등

③ 형광 수은등, 나트륨등, 크세논등, 백색 형광등

④ 나트륨등, 크세논등, 백색 형광등, 형광 수은등

⑤ 크세논등, 형광수은등, 백색 형광등, 나트륨 등

풀이

[답] ①

문제 168

네온관등의 발광에 이용한 것은?

① 음극 글로우 ② 부 글로우 ③ 양극 광막

④ 양광주 ⑤ 네온관용 변압기

풀이

네온관등은 가늘고 긴 유리관의 양단에 전극을 봉입하고 수[mmHg]의 불활성 가스 또는 수은의 방전을 이용한 냉음극 방전등으로 양광주 부분의 발광을 이용한다.

[답] ④

문제 169

네온 사인(neon sign)용으로 사용되는 네온관등(neon tube lamp)에 봉입하는 기체 중 청색을 내는 기체는?

① Ne(네온) ② A(아르곤)

③ A+Hg(아르곤+수은) ④ He(헬륨)

⑤ A+He

풀이

가스와 광색은 다음과 같다.

봉입 가스	유리관색	관등의 색
네 온	투명	등적색
네 온	청색	등색
아르곤과 수은	투명	청색
아르곤과 수은	황록색	녹색
헬 륨	투명	백색
헬 륨	황갈색	황갈색
아 르 곤	투명	고동색

[답] ③

문제 170

발광에 양광주를 이용하는 조명등은?

① 텅스텐 아크등 ② 네온 전구 ③ 탄소 아크등

④ 네온관등 ⑤ 나트륨등

풀이

네온관등, 형광등, 수은등은 관을 길게 하며 양광주를 이용하고 네온 전구는 전극간을 단축하여 부글로우를 이용한 것이다. [답] ④

문제 171 네온 전구의 가스 봉입 압력은?

① 수[mmHg] ② 수10[mmHg] ③ 수100[mmHg]

④ 수기압 ⑤ 수십기압

풀이

유리구 내에 전극을 2~3[mm] 간격으로 접근하며 장치하고 네온 또는 아르곤을 수10[mmHg]의 압력으로 봉입하는 것으로 베이스 내에 1500~3000[Ω] 정도의 안정 저항을 직렬로 삽입한다. 이 네온 전구는 전극간의 길이가 짧으므로 부글로우를 발광으로 이용한 것이다. [답] ②

문제 172 네온 전구의 전극에는 다음의 어떠한 것이 사용되는가?

① 철 ② 알루미늄 ③ 구리

④ 황동 ⑤ 마그네슘

풀이

네온 전구의 전극에는 100[V]용은 전극에 알카리 희토류 금속인 바륨, 세슘, 마그네슘, 나트륨 등을 칠한 전극을 사용하고, 전극간 전압은 65~75[V]이며, 200[V]용은 전극에 철 또는 니켈을 사용하고 전극간 전압은 120~130[V]이다. 네온 전구만은 100[V]로써 0.05~1.5[W]의 것이 0.06[cd] 정도이다. [답] ①

문제 173 네온 전구의 용도 설명 중 잘못된 것은?

① 소비 전력이 크므로 배전반의 파일럿, 종야등에 적당하다.

② 직류의 극성 판별용에 이용된다.

③ 일정 전압에서 점화하므로 검전기, 교류 파고치의 측정에 쓰인다.

④ 빛의 관성이 없고 어느 범위 내에서는 광도와 전류가 비례하므로 오실로 그래프, 스토로보스코프용에 이용된다.

⑤ 부(−)글로우를 이용한다.

풀이

[답] ①

문제 174 다음 등 중에서 방전등이 아닌 것은?

① 나트륨등 ② 크세논등 ③ 형광등
④ EL등 ⑤ 수은등

풀이 형광등, 수은등, 나트륨등, 크세논등은 방전등이고, EL등은 고체등이다. [답] ④

문제 175 특수 형광 물질과 유전체의 혼합된 형광체에 교류 전압을 가하여 발광시킨 면 광원 램프는?

① 나트륨 램프 ② EL 램프 ③ 크세논 램프
④ 형광 램프 ⑤ 수은등

풀이 EL 램프(electro luminescense lamp)의 구조는 그림과 같이 유리면에 투명한 도전성의 피박을 입히고, 그 위에 전기 루우미네슨스용의 특수한 형광체를 유전 물질 중에 넣은 것을 100[μ] 정도 이하의 엷은 층으로 바르고, 그 위에 금속 피막을 증착시킨 것으로서 양전극 사이에 형광체의 엷은 층을 샌드위치 모양으로 만든 것이다. 이 투명 전극과 금속 전극 사이에 교류 전압을 걸면 형광체에 강한 교번 자계가 가해지게 되어 형광체가 발광한다. [답] ②

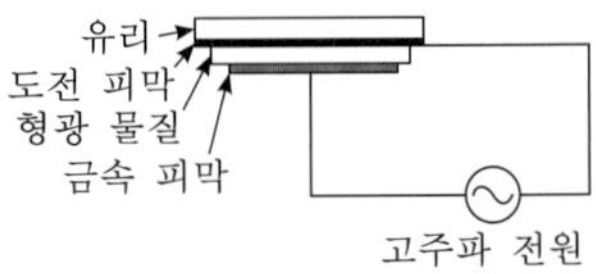

문제 176 길이 2[m]인 장형 광도계로 10[cd]의 표준등에서 90[cm]인 곳에 광도계 두부가 있을 때 측광 평형이 얻어졌다면 피측 전구의 광도[cd]는?

① 약 7 ② 약 8 ③ 약12
④ 약 15 ⑤ 약 20

풀이 양광원의 광원을 I_A, I_B라 하면 $I_A=10$[cd]에서 90[cm]인 곳에서 평형이 얻어졌으므로

$$\frac{I_A}{90^2}=\frac{I_B}{(200-90)^2} \qquad \frac{10}{90^2}=\frac{I_B}{110^2}$$

$$\therefore I_B=\left(\frac{110}{90}\right)^2\times 10=1.22^2\times 10 \fallingdotseq 15[\text{cd}]$$

[답] ④

문제 177 광원 중에서 가장 시력이 좋고 정밀한 일을 하는데 적합한 것은?

① 고출력형 형광등 ② 백열 전등 ③ 나트륨등
④ EL등 ⑤ 고압 수은등

풀이

[답] ①

문제 178 방전등의 전압 전류 특성은 마이너스(負特性)이므로 이것을 일정 전압의 전원에 연결하면 전류가 급속히 증대되어 방전등을 파괴한다. 이것을 방지하기 위하여 필요한 장치는?

① 점등관 ② 콘덴서 ③ 안정기
④ 초크 코일 ⑤ 방전 코일

풀이

방전등은 전류의 안정을 얻기 위하여 접속하는 저항 또는 초크 코일을 안정기라 한다.

[답] ③

문제 179 직접 조명 기구의 하향 광속 비율[%]은?

① 10~40 ② 40~60 ③ 60~90
④ 90~100 ⑤ 20~50

풀이

직접 조명 기구는 발산 광속을 거의(90~100[%]) 아랫 방향으로 향하게 하여 작업면을 직접 조명하는 조명 방식이다. 이러한 조명 기구는 강조형 루버 기구, 스폿라이트 기구, 배조형 반사갓과 유리 및 플라스틱판 매입 기구 등으로 이루어진다. [답] ④

문제 180 길이 2[m]인 장형 광도계로 20[cd]의 표준 등에서 90[cm]인 곳에서 광도계 두부가 측광 평형이 되었다면 피측 전구의 광도[cd]는 얼마인가?

① 약 15 ② 약 18 ③ 약 24
④ 약 30 ⑤ 약 40

풀이

양광원의 광도를 I_A, I_B라 하면 $I_A=20$[cd]에서 90[cm]인 곳에서 평형이 얻어졌으므로

$\frac{I_A}{90^2}=\frac{I_B}{(200-90)^2}$ $\frac{10}{90^2}=\frac{I_B}{110^2}$ $\therefore I_B=\left(\frac{110}{90}\right)^2\times 10=15$[cd] [답] ①

문제 181 사무소, 공장에 적당한 조명 방식은?

① 전반 조명 ② 국부 조명
③ 전반 국부 병용 조명 ④ 중점 배열 조명
⑤ 전반 확산 조명

풀이 전반 국부 병용 조명은 전반 조명의 등기구를 작업 장소에 중점적으로 배치하는 방식으로서 연속된 작업대, 컨베이어 등의 위에서 작업면을 고르게 조사한다. 이 방식은 국부적으로 높은 조도를 얻을 수 있기 때문에 정밀 조립, 점검 작업 등에 적합하다.

[답] ③

문제 182 전반 확산 조명 방식에 적당한 조명 기구는?

① 유백색 반사기 ② 금속 반사기 ③ 유백색 외구
④ 루버 기구 ⑤ 반사볼

풀이 전반 확산 조명 기구의 대부분은 유백색 유리나 플라스틱 및 아크릴의 외구형(外球形)이다. 고급 사무실, 상점, 주택, 공장 등의 전반 조명용에 사용되고 있다. [답] ③

문제 183 정밀 공장의 작업면의 조도[lx]는?

① 50 ② 100 ③ 500
④ 1500 ⑤ 1800

풀이 정밀 작업의 조도는 300~700[lx] 정도이다. [답] ③

문제 184 빛을 아래쪽에 확산, 복사시키며 또 눈부심을 적게 하는 조명 기구는?

① 글로브 ② 루버 ③ 반사볼
④ 투광기 ⑤ 금속 반사기

풀이 직사 눈부심이 없고 밝은 직사광을 얻고 싶은 곳에 루버 조명(louver lighting)을 하면 훌륭한 효과를 얻을 수 있다. 루버 조명 기구의 효율은 램프 은폐형에서는 70~80[%]이고, 일반 은폐형에서는 50~75[%]이다. [답] ②

문제 185 정밀급 작업의 공장에 적당한 조명 방식은?

① 전반 조명 ② 국부 조명 ③ 전반 국부 병용 조명
④ 보조 조명 ⑤ 중점 배열 조명

풀이

전반 국부 병용 조명은 국부적으로 높은 조도를 얻을 수 있으므로 정밀 작업 등에 적합하다. [답] ③

문제 186 무영등(無影燈)의 사용이 절실히 요구되는 곳은?

① 수술실 ② 초정밀 가공실 ③ 축구 경기장
④ 천연색 촬영실 ⑤ 터널

풀이

[답] ①

문제 187 전원을 넣자마자 곧바로 점등되는 형광등용의 안정기는?

① 글로우 스타트식 ② 필라멘트 단락식 ③ 래피드 스타트식
④ 점등관식 ⑤ 진공관식

풀이

래피트 스타트식(rapid start)식 형광등은 점등관이 필요없고, 약 1초 정도로 점등되며 또한 기동이 용이하므로 점열을 빈번히 하여도 수명에 별 영향이 없다. [답] ③

문제 188 효율이 우수하고 특히 안개가 많이 끼는 지역에서 많이 사용되고 있는 등은?

① 수은등 ② 나트륨등 ③ 고압 수은등
④ 백열등 ⑤ EL등

풀이

나트륨등은 형광등과 같은 방전등으로 관내에 미량의 네온, 아르곤과 함께 나트륨을 봉입한 것이며, 방전에 의해서 D선이라 불리우는 등황색의 단색 발광을 한다.
효율이 대단히 좋고(80~110[lm/W]) 수명이 길며, 연기 · 안개 등에 대한 투과력이 강하다. 이와 같은 이유로 도로 조명 또는 공장, 항만 채석장, 압연 공장 등의 작업장 조명, 표식 등 안개가 많이 끼는 곳의 조명에 적합하다. [답] ②

문제 **189**

광원 중 램프 효율이 가장 좋지 않는 것은?

① 백열 전구 ② 수은 램프 ③ 형광램프
④ 메탈핼라이드 램프 ⑤ 나트륨 램프

풀이

[답] ①

문제 **190**

등기구의 표시 중 H자 표시가 있는 것은 무슨 등인가?

① 백열등 ② 형광등 ③ 수은등
④ 나트륨등 ⑤ 크세논등

풀이

특별히 표시할 필요가 있을 경우는 용량의 앞에 각각의 기호를 붙인다.
형광등 : F, 수은등 : H, 메탈핼라이드등 : M, 나트륨등 : N, 크세논등 : X [답] ③

문제 **191**

네온 전구의 용도로서 잘못된 것은?

① 소비 전력이 적으므로 배전반의 파일럿, 종야 등에 적합하다.
② 일정 전압에서 점화하므로 검전기, 교류 파고값 측정에 필요 없다.
③ 음극만 빛나므로 직류의 극성 판별용에 사용된다.
④ 빛의 관성이 없고 어느 범위 내에서는 광도와 전류가 비례하므로 오실로그래프용 스트로보스코프 등에 이용된다..
⑤ 부(−)글로우를 이용한다.

풀이

일정 전압에서 점화하므로 검전기, 교류 파고값 측정에 쓰인다. [답] ②

문제 **192**

평균 수평 조도는 200[cd], 구면 확산율이 0.8일 때 백열 전구의 전광속[lm]은?

① 2260 ② 2009 ③ 2060
④ 3060 ⑤ 2560

풀이

평균 구면 광도 I와 평균 수명 광도 I_h사이에는

$I = 0.8I_h = 0.8 \times 200 = 160$[cd]

전광속 F는

$\therefore F=4\pi I=4\pi\times160=2009.6[cd]$ [답] ②

문제 **193**

반사율 50[%]인 완전 확산성의 종이를 100[lx]의 조도로 비추었을 때 종이의 광속 발산도[lx]는?

① 40 ② 50 ③ 75
④ 100 ⑤ 125

풀이

$\rho=50[\%]$, $E=100[lx]$이므로

$R=\rho E=0.5\times100=50[lx]$ [답] ②

문제 **194**

반사율 80[%]인 완전 확산성의 종이를 100[lx]의 조도로 비쳤을 때 종이의 휘도 B [cd/cm²]를 구하면?

① 25 ② 30 ③ 37 ④ 45 ⑤ 52

풀이

$B=\frac{\rho E}{\pi}=\frac{0.8\times100}{\pi}=\frac{0.8\times100}{3.14}=25.48[cd/cm^2]$ [답] ①

문제 **195**

어떤 유리판에 1000[lm]을 조사하여 700[lm]이 반사되고 250[lm]이 투과하였다. 이 유리의 흡수율[%]은?

① 5 ② 10 ③ 15 ④ 20 ⑤ 25

풀이

$F=1000[lm]$, $F_\rho=700[lm]$, $F_\tau=250[lm]$, $F_\alpha=50[lm]$이므로

$\alpha=\frac{F_\alpha}{F}\times100=\frac{50}{1000}\times100=5[\%]$ [답] ①

문제 **196**

500[W]의 전구를 우유색 구형 글로브에 넣었을 때 우유색 유리의 반사율 30[%], 투자율 40[%]라 하면 글로브의 효율[%]는?

① 28 ② 57 ③ 64 ④ 83 ⑤ 91

풀이

$\rho=0.3$, $\tau=0.4$ 이므로

$$\eta = \frac{\tau}{1-\rho} = \frac{0.4}{1-0.3} = 0.572 = 57.2[\%]$$

[답] ②

문제 197 일반적으로 발광되는 파장은 발광시키기 위하여 가한 원복사의 파장보다 길다는 법칙은?

① 플랑크의 법칙 ② 스테판볼쯔만의 법칙
③ 스토크스의 법칙 ④ 빈의 변위 법칙
⑤ 입사각 여현의 법칙

풀이

[답] ③

문제 198 다음 광원 중 루우미네슨스에 의한 발광 현상을 이용하지 않은 것은?

① 형광등 ② 수은등 ③ 백열 전구
④ 네온 전구 ⑤ 브라운관

풀이

[답] ③

문제 199 『평등 전계하에서 방전 개시 전압은 기체 압력과 전극 거리와의 곱의 함수가 된다.』는 법칙은?

① 스토크스의 법칙 ② 스테판-볼쯔만의 법칙
③ 파셴의 법칙 ④ 패러데이 법칙
⑤ 플랑크의 법칙

풀이

[답] ③

문제 200 녹색 형광 램프의 형광 재료는?

① 규산아연 ② 텅스텐칼슘 ③ 규소카드뮴
④ 붕산카드뮴 ⑤ 할로닌산칼슘

풀이

[답] ①

문제 201 네온 전구의 특징이 아닌 것은?

① 소비 전력이 적다.
② 잔광성이 없다.
③ 광도와 전류가 비례한다.
④ 역률이 좋다.
⑤ 일정 전압에서 점화한다.

풀이 [답] ④

문제 202 방전등의 일종으로 효율이 대단히 좋으며 광색은 순황색이고, 연기나 안개속을 잘 투과하며 대비성이 좋은 램프는?

① 수은등
② 나트륨등
③ 클리어 전구
④ 크리프튼 전구
⑤ 형광등

풀이 [답] ②

문제 203 직류 극성을 판별하는데 이용되는 것은?

① 형광등
② 수은등
③ 네온 전구
④ 나트륨등
⑤ 백열전구

풀이 네온 전구는 음극에서 발광하므로 직류 극성의 판단이 가능 [답] ③

문제 204 진공에서 파장이 555[m μ]인 빛의 진동수는?

① 0.54×10^{17}[Hz]
② 0.5×10^{17}[Hz]
③ 0.54×10^{15}[Hz]
④ 0.5×10^{16}[Hz]
⑤ 0.54×10^{16}[Hz]

풀이 $f=\frac{c}{\lambda}=\frac{3\times10^8}{555\times10^{-9}}=0.54\times10^{15}[\text{Hz}]$ c : 광속 3×10^8[m/s] [답] ③

문제 205 그림과 같은 간판을 비추는 광원이 있다. 간판 면상 P점의 조도를 200[lx]로 하려면 광원의 광도[cd]는? 단, P점은 광원 L을 포함하고 간판의 직각인 면상에 있으며, 또 간판의 기울기는 직선 LP와 30°이고, LP간은 1[m]이다.

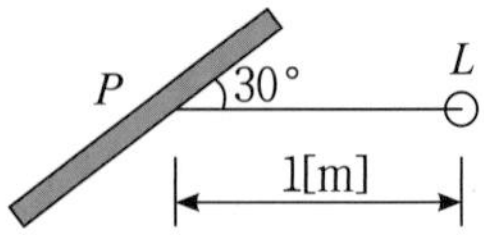

① 400 ② 200 ③ 100 ④ 50 ⑤ 25

풀이

$E=\frac{I}{r^2}\cos\theta$ [lx], θ 는 수직면에서부터의 각이므로 60°임을 알 수 있다.

$I=200\times1^2\times\frac{1}{\cos60°}$ [cd]

$\therefore I=400$[cd]

[답] ①

문제 206 그림과 같이 광원 L에서 P점 방향의 광도가 50[cd]일 때 P점의 수평면 조도는?

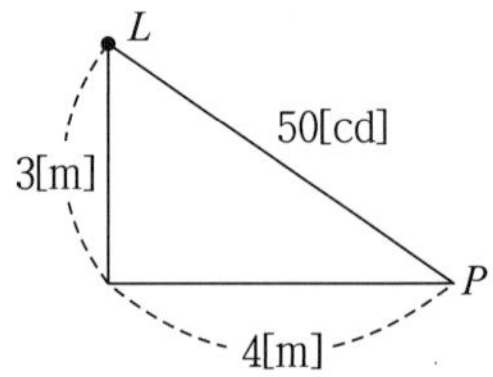

① 0.6[lx] ② 0.8[lx]
③ 1.2[lx] ④ 1.6[lx]
⑤ 2.4[lx]

풀이

$E=\frac{I}{r^2}\cos\theta=\frac{50}{(\sqrt{4^2+3^2})^2}\times\frac{3}{\sqrt{4^2+3^2}}=\frac{50}{25}\times\frac{3}{5}=1.2$[lx]

[답] ③

문제 207 균일한 휘도를 가진 긴 원통(원주) 광원의 축 중앙 수직 방향의 광도가 150[cd]이다. 이 원통 광원의 구면 광도[cd]는?

① 117 ② 120 ③ 136 ④ 147 ⑤ 152

풀이

$F=\pi^2 I=1478.9$[lm]

구면광도 $I=\frac{F}{4\pi}=\frac{1478.9}{4\pi}=117.75$[cd]

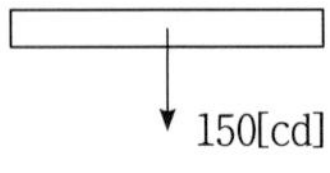

[답] ①

문제 208 200[W] 전구를 우유색 구형 글로브에 넣었을 경우 우유색 유리 반사율은 30[%], 투과율은 50[%]라고 할 때 글로브의 효율[%]을 구하면?

① 약 88 ② 약 83 ③ 약 76 ④ 약 71 ⑤ 약 65

풀이

글로브의 효율 $\eta = \frac{\tau}{1-\rho} = \frac{0.5}{1-0.3} = 0.71 \quad \therefore \eta = 71[\%]$ [답] ④

문제 209

지름 40[cm]인 완전 확산성 구형 글로브의 중심에 모든 방향의 광도가 균일하게 120[cd]되는 전구를 넣고 탁상 2[m]의 높이에서 점등하였다. 탁상 위의 조도[lx]는? 단, 글로브 내면의 반사율은 40[%], 투과율은 50[%]이다.

① 약 30 ② 약 25 ③ 약 20 ④ 약 15 ⑤ 약 10

풀이

글로브의 효율 $\eta = \frac{\tau}{1-\rho} = \frac{0.5}{1-0.4} = 0.833$

구하는 조도 $E = \frac{\eta I}{R^2} = \frac{0.833 \times 120}{2^2} = 25[\text{lx}]$

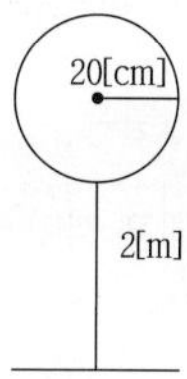

[답] ①

문제 210

반사율 70[%]의 완전 확산성 종이를 100[lx]의 조도로 비추었을 때 종이의 휘도[cd/m²]는?

① 약 22 ② 약 32 ③ 약 45 ④ 약 50 ⑤ 약 55

풀이

$R = \pi B = \rho E$에서 $B = \frac{\rho E}{\pi} = \frac{0.7 \times 100}{3.14} = 22.3[\text{cd/m}^2]$ [답] ①

문제 211

전등 효율이 14[lm/W]인 100[W] 백열 전구의 구면 광도는 몇 [cd]인가?

① 약 119 ② 약 111 ③ 약 109 ④ 약 101 ⑤ 약 95

풀이

$F = P\eta = 100 \times 14 = 1400[\text{lm}]$

$\therefore I = \frac{F}{4\pi} = \frac{1400}{4 \times 3.14} = 111.5[\text{cd}]$ [답] ②

문제 212 완전 흑체의 온도가 4000[°K]일 때 단색 방사 발산도가 최대가 되는 파장은 730[m μ]]이다. 최대의 단색 방사 발산도가 555[m μ]]인 흑체의 온도[°K]는?

① 약 5000 ② 약 5260 ③ 약 5380

④ 약 5730 ⑤ 약 5820

풀이

최대 스펙트럼 방사 발산도를 생기게 하는 파장 λ_m은 빈의 변위 법칙에 의하여

$\lambda \propto \frac{1}{T}$ 이며 $4000 : \frac{1}{730} = x : \frac{1}{555}$

$\therefore\ x = \frac{730}{555} \times 4000 = 5261[°K]$ [답] ②

문제 213 다음 광원 중 루우미네슨스에 의한 발광 현상을 이용하지 않는 것은?

① 형광등 ② 수은등 ③ 백열 전구

④ 네온 전구 ⑤ 방전등

풀이

루우미네슨스 물체의 온도를 높여서 발광시키는 온도복사 이외의 모든 발광을 루우미네슨스라 한다. 백열 전구나 할로겐 전구를 온도 복사를 이용한 광원이다. [답] ③

문제 214 가스입 전구에 아르곤 가스를 넣을 때 질소를 봉입하는 이유는?

① 대류 작용 촉진 ② 아크 방지 ③ 대류 작용 억제

④ 흑화 방지 ⑤ 효율증가

풀이

아르곤에 질소를 섞는 것은 순 아르곤의 아크 전압이 낮아서 아크가 일어나기 쉬우므로, 이것에 질소를 섞어서 아크를 억제하기 위함이다. [답] ②

문제 215 가스를 넣은 전구에서 질소 대신 아르곤을 쓰는 이유는?

① 값이 싸다. ② 열의 전도율이 크다.

③ 열의 전도율이 작다. ④ 비열이 작다.

⑤ 수명이 증가한다.

풀이

가스손을 적게 하려면 필라멘트의 열이 가스에 전달되지 않는 것이 가장 좋다.

[답] ③

문제 **216** 형광등은 주위 온도가 몇[℃]일 때 가장 효율이 높은가?

① 5~10 ② 10~15 ③ 20~25
④ 35~40 ⑤ 40~45

풀이 주위 온도가 20~27[℃]일 때의 관벽 온도는 40~45[℃]이므로 이때 온도에서 최고 효율이 되도록 설계되어 있다. [답] ③

문제 **217** 전구의 봉함부 도입선으로 쓰이는 재료는?

① 구리선 ② 몰리브덴
③ 구리에 니켈강을 피복한 것 ④ 니켈강에 구리를 피복한 것
⑤ 구리에 몰리브덴을 피복한 것

풀이 봉함부 도입선 : 듀밋선(42[%]의 니켈을 포함한 철강선에 구리를 두껍게 피복한 것) [답] ④

문제 **218** 수은 증기압 10^{-2}[mmHg]에서 방전할 경우 발생하는 스펙트럼의 최대 에너지 파장[Å]은?

① 5791 ② 4358 ③ 3663
④ 2537 ⑤ 2137

풀이 저압 수은등 0.01[mmHg]의 경우에는 2537[Å]의 자외선이 발생한다. [답] ④

l i g h t i n g d e s i g n e r

2장

조명설계

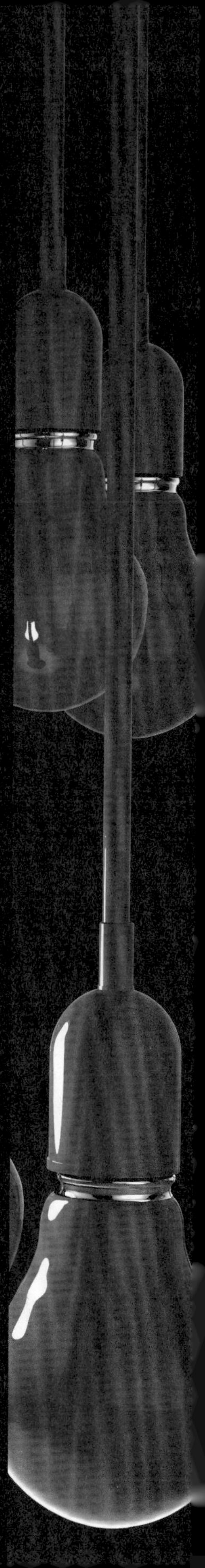

1. 조명 계산
2. 주광의 이해와 응용
3. 실내조명
4. 옥외조명

| 출제예상문제와 풀이 |

02 조명설계

l i g h t i n g d e s i g n e r

1 / 조명 계산

1. 조명설계의 기초 ····

❶ 실지수(k)

방의 면적이 같은 2개의 방에 같은 수의 광원을 설치하여도 그림 2-1과 같이 방의 모양이 다른 경우에는 작업면상의 조도는 다르게 된다. 그래서 천장, 바닥이 장방형인 방은 가로 X, 세로 Y 2변의 평균을 1변으로 하는 정방형인 방과 동일하다고 하는 이론에 의해 실지수 k를 다음과 같이 결정한다.

$$k = \frac{XY}{H(X+Y)} \quad (2\text{-}1)$$

(여기서, H 는 광원으로부터 작업면까지의 높이[m]이다.)

방의 가로 X, 방의 세로 Y, 광원에서 작업면까지의 높이를 H 라 하면 X/H, Y/H 의 값을 계산하여 그림 2-2의 실지수 표면에 적용하면 실지수를 구할 수 있다. 예를 들면 X/H = 8.8이고, Y/H=5.7이면 실지수는 C 가 된다.

또한, 실지수를 구하는 데 도표를 사용할 수도 있다.

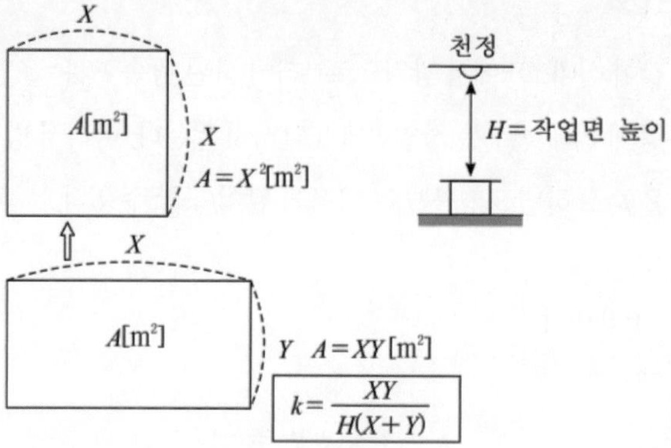

• 그림 2-1 실지수 •

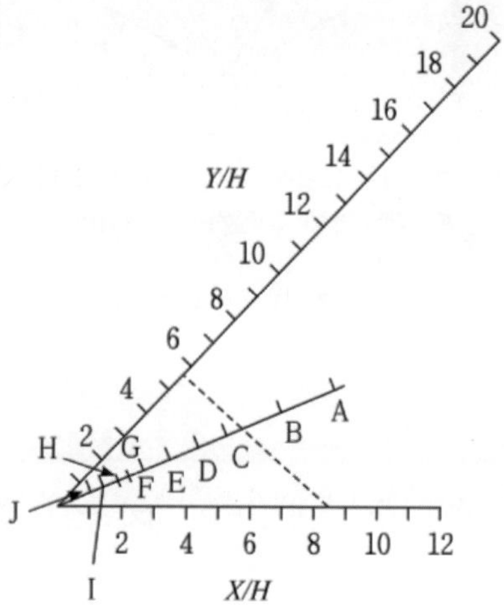

• 그림 2-2 실지수 도표 •

• 표 2-1 실지수와 분류 기호표 •

실지수	5.0	4.0	3.0	2.5	2.0	1.5	1.25	1.0	0.8	0.6
기 호	A	B	C	D	E	F	G	H	I	J

❷ 조명률 U [%]

그림 2-3과 같이 실내조명에서 광원으로부터 방사된 광속 F_0는 조명기구의 손실과 천장, 벽면의 흡수 등에 의해 전부는 작업면에 도달하지 않는다. 따라서 방사광속을 F_0, 작업면의 입사광속을 F로 하면 조명률 U는 다음과 같이 구할 수 있다.

$$U = \frac{F}{F_0} \times 100\,[\%] \qquad (2\text{-}2)$$

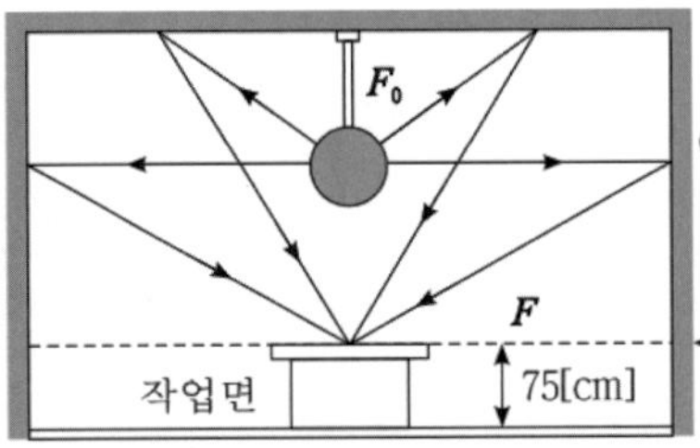

F_0 : 광원으로부터 나오는 전광속[lm]
F : 작업면에 도달하는 광속[lm]

• 그림 2-3 **조명률** •

❸ 감광보상률의 결정

조명 시설은 사용함에 따라 작업면의 조도가 점차적으로 감소되어 간다. 그 주요 원인은 다음과 같다.

1. 필라멘트 증발로 인한 광속의 감소, 유리구 내면의 흑화
2. 등기구, 천장, 벽 및 바닥 등의 색상변화, 먼지부착, 등기구의 노화 등에 의한 흡수율의 증가
3. 전압변동에 따른 필라멘트의 열화 등을 들 수 있다.

따라서 조명 설계를 할 때는 점등중의 광속 감퇴를 고려하여 소요 광속에 여유를 두어야 한다. 그 정도를 감광보상률(depreciation factor)이라 한다. 백열전구를 사용할 때 보통 깨끗한 곳에서는 30[%], 특히 먼지가 많은 곳에서는 100[%]의 여유를 주며 감광보상률은 각각 1.3

과 2.0으로 본다. 감광보상률 대신에 그 역수인 유지율을 사용하는 경우도 있다.

직접조명인 경우 감광보상률은 일반 장소에서는 1.3 그리고 먼지나 오물 등이 많은 장소에서는 1.5~2.0정도로 본다. 또, 간접조명인 경우 감광보상률은 1.5~2.0 정도이다.

❹ 보수율(유지율)

조명의 시설을 장기간 사용하면 램프의 광속이 감소하게 된다. 이 원인은 기구에 부착된 먼지라든가 광원의 광속감소 등에 의한다. 형광등은 특히 먼지의 부착이 현저하다. 낮아진 조도와 초기조도와의 비를 보수율이라 하며 표 2-2에 보수율의 기준을 나타내었다.

• 표 2-2 보수율의 기준 •

	전 구	형광등	보수상태	예
일반 조명	0.75	0.7	좋음	백화점 은 행
먼지가 많은 경우 또는 청소가 어려운 기구	0.7	0.65	보통	사무실
간접 조명	0.6	0.55	나쁨	현 관 학 교

• 표 2-3 조명률, 감광보상률 및 등의 설치 간격 •

배광 / 가설 간격	등기의 예	감광보상률 [D] 보수상태 상	중	하	반사율 천정 / 벽 / 실지수	0.75 / 0.5	0.75 / 0.3	0.75 / 0.1	0.50 / 0.5	0.50 / 0.3	0.50 / 0.1	0.30 / 0.3	0.30 / 0.1
						조명률 U [%]							
간접 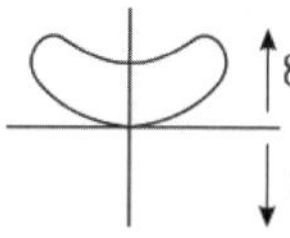	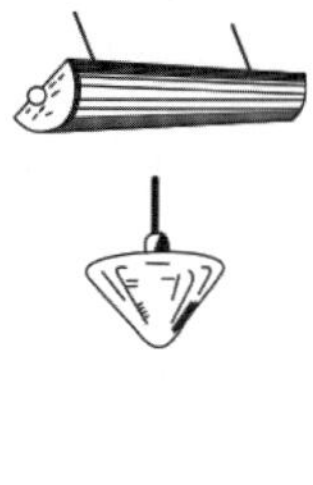	전 구			J	16	13	11	12	10	08	06	05
					I	20	16	15	15	13	11	08	07
		1.5	1.8	2.0	H	23	20	17	17	14	13	10	08
					G	28	23	20	20	17	15	11	10
					F	29	26	22	22	19	17	12	11
		형광등			E	32	29	26	25	21	19	13	12
					D	36	32	30	26	24	22	15	14
					C	38	35	32	28	25	24	16	15
		1.9	2.0	2.4	B	42	39	36	30	29	27	18	17
$S \leq 1.2H$					A	44	41	39	33	30	29	19	18

배광 / 가설 간격	등기의 예	감광보상률 [D] 보수상태			반사율 천정	0.75			0.50			0.30	
					벽	0.5	0.3	0.1	0.5	0.3	0.1	0.3	0.1
		상	중	하	실지수	조명률 U [%]							
반간접 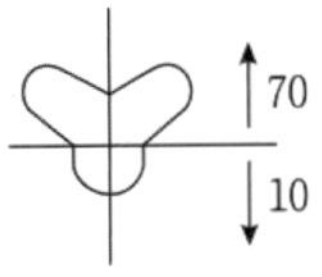 $S \leq 1.2H$	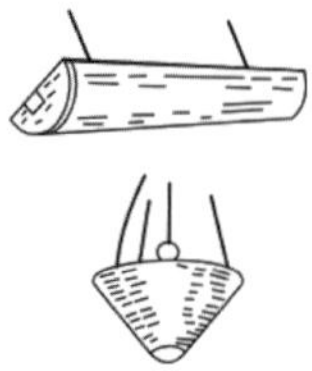	전 구			J	18	14	12	14	11	09	08	07
					I	22	19	17	17	15	13	10	09
		1.4	1.5	1.8	H	26	22	19	20	17	15	12	10
					G	29	25	22	22	19	17	14	21
					F	32	28	25	24	21	19	15	14
		형광등			E	35	32	29	27	24	21	17	15
					D	39	35	32	29	26	24	19	18
					C	42	38	35	31	28	27	20	19
		1.9	1.8	2.0	B	46	42	39	34	31	29	22	21
					A	48	44	42	36	33	31	23	22
전반확산 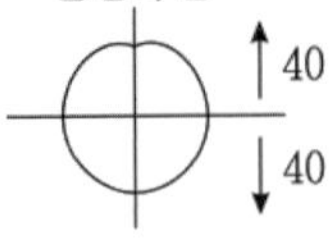 $S \leq 1.2H$	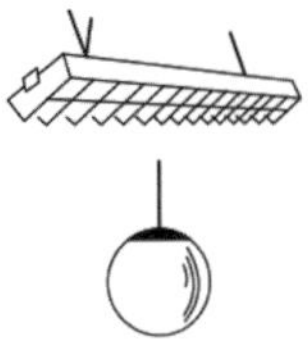	전 구			J	24	19	16	22	18	15	16	14
					I	27	25	22	27	23	50	21	19
		1.4	1.5	1.7	H	33	28	26	30	26	24	24	21
					G	37	32	26	33	29	26	26	24
					F	40	36	31	36	32	29	29	26
		형광등			E	45	40	36	40	36	33	32	29
					D	48	43	39	43	39	36	34	33
					C	51	46	42	41	41	38	37	34
		1.4	1.5	1.7	B	55	50	47	49	42	42	40	33
					A	57	53	49	51	47	44	41	40
반직접 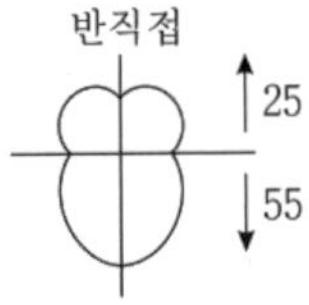 $S \leq H$	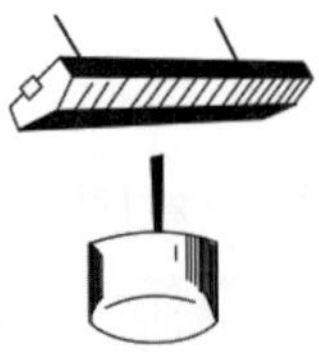	전 구			J	26	22	19	24	21	18	19	17
					I	33	38	26	30	29	24	25	23
		1.5	1.6	1.7	H	36	32	20	33	30	28	28	26
					G	40	36	33	36	33	30	30	29
					F	43	39	35	39	35	33	33	31
		형광등			E	47	44	40	43	39	36	36	34
					D	51	47	43	46	42	40	37	37
					C	54	49	45	48	44	42	42	38
		1.3	1.5	1.8	B	57	53	50	51	47	45	43	41
					A	59	55	52	53	49	47	47	43
직접 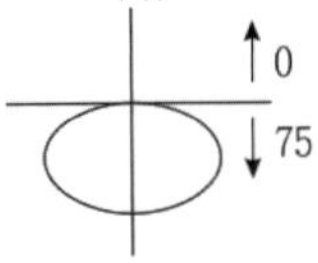 $S \leq 1.3H$	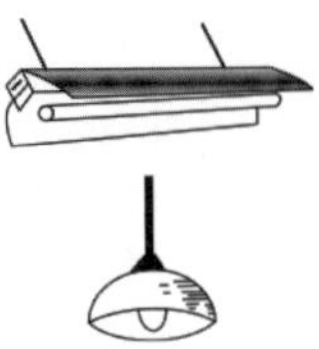	전 구			J	34	29	26	32	29	26	29	36
					I	43	38	35	46	37	35	37	34
		1.3	1.5	1.7	H	47	43	40	49	43	40	42	40
					G	47	44	44	46	43	45	43	·
					F	52	50	47	51	49	46	48	46
		형광등			E	58	55	52	57	54	51	53	51
					D	62	58	56	60	59	56	57	56
					C	64	61	58	62	60	58	59	58
		1.5	1.7	2.0	B	67	64	62	65	63	61	62	60
					A	68	66	64	66	64	66	64	63

배광	등기의 예	감광보상률 [D] 보수상태			반사율 천정	0.75			0.50			0.30	
가설 간격					벽	0.5	0.3	0.1	0.5	0.3	0.1	0.3	0.1
		상	중	하	실지수	조명률 U [%]							
직접 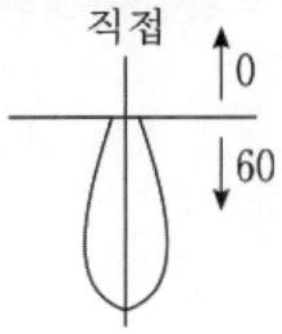	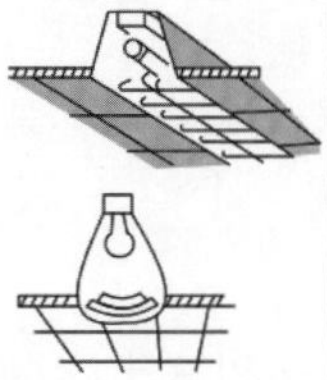	전 구			J	63	63	32	29	27	32	29	27
					I	29	27	39	35	35	39	36	35
		1.4	1.5	1.7	H	30	34	42	39	39	41	43	38
					G	46	38	45	42	42	44	40	41
					F	42	41	48	44	44	46	44	43
		형광등			E	50	49	47	48	48	46	47	46
					D	54	51	50	51	51	49	50	49
$S \leq 0.9H$		1.4	1.6	1.8	C	55	53	51	52	52	51	51	52
					B	56	54	54	53	53	52	52	50
					A	58	55	54	54	54	53	54	52

2. 조도 계산····

❶ 조도 계산의 기초식

(가) 거리의 역제곱 법칙

그림 2-4 (a)에 나타낸 것과 같이 점광원 L 의 광도를 I , L 과 P 의 거리를 r 이라 하면, I 에 의해 조명된 P 점의 조도 E 는 다음 식과 같다.

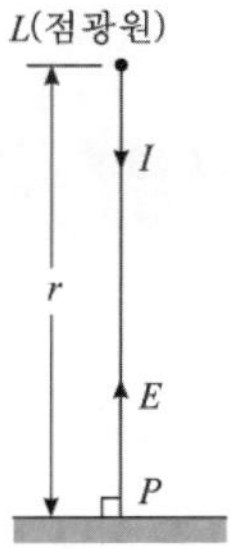

(a) 거리의 역제곱의 법칙

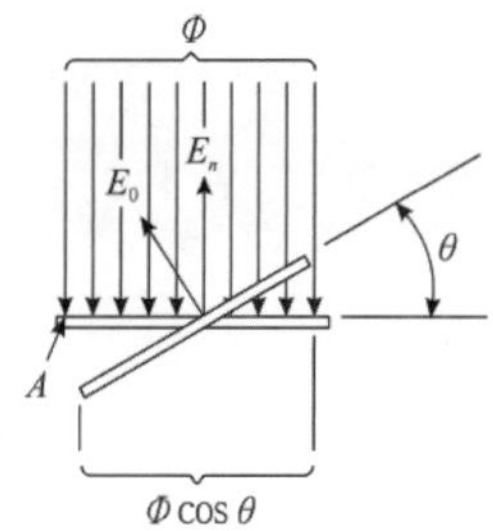

(b) 입사각여현의 법칙

• 그림 2-4 조도 계산의 기초 2분법 •

$$E = \frac{I}{r^2} \qquad (2\text{-}3)$$

이것을 거리의 역제곱의 법칙이라고 한다.

……

(나) 입사각 여현의 법칙

그림 2-4에 나타낸 것과 같이, 면적 A 의 평면에 수직으로 광속 Φ가 입사하고 있을 때의 조도 E_n 과 이 면을 θ 각만 기울였을 때의 조도 E_0 와의 관계는 다음 식과 같다. 즉, 어떤 면의 조도는 $E_0 = \Phi\cos\theta / A = E_0\cos\theta$ 광의 입사각(면의 법선과 입사광의 방향이 이루는 각도)의 여현에 비례하므로, 입사각 여현의 법칙이라고 한다.

……

(다) 법선조도, 수평면조도 및 연직면조도

그림 2-5에 나타낸 것과 같이, 점광원 L 에 의해 거리가 p 인 평면 I 상 위의 점 P 에 생기는 법선조도 E_n , 수평면조도 E_h , 연직면적도 E_v 는 역제곱의 법칙과 사각여현의 법칙에 의해 다음 식과 같이 나타낼 수 있다.

법선조도 : $E_n = \dfrac{I(\theta)}{p^2} = \dfrac{I(\theta)}{h^2}\cos^2\theta = \dfrac{I(\theta)}{(x^2+h^2)}$

수평면조도 : $E_h = E_n\cos\theta = \dfrac{I(\theta)}{p^2}\cos\theta = \dfrac{I(\theta)}{h^2}\cos^3\theta = \dfrac{I(\theta)\times h}{(x^2+h^2)^{3/2}}$

연직면조도 ($\Phi = 0$의 경우) : $E_{v0} = E_n\sin\theta = \dfrac{I(\theta)}{h^2}\sin\theta\cos^2\theta$

$$= \frac{I(\theta)\times x}{(x^2+h^2)^{3/2}}$$

연직면조도(평면 2의 경우) : $E_v = \dfrac{I(\theta)}{P^2}\sin\theta\cos\phi = \dfrac{L(\theta)}{h^2}\sin\theta\cos^2\theta\cos\phi$

$$= \frac{I(\theta)\times x}{(x^2+h^2)^{3/2}}\cos\phi$$

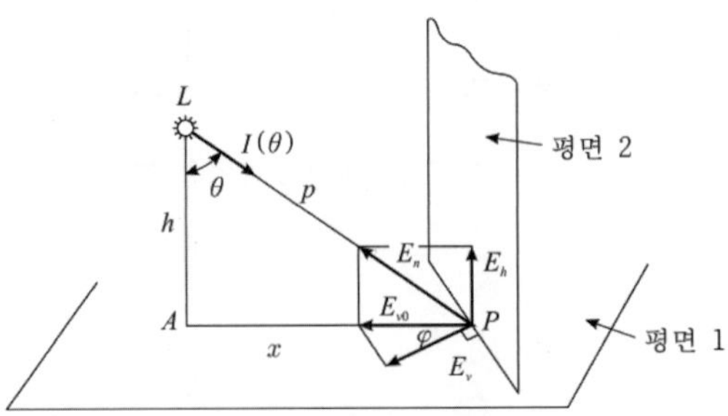

• 그림 2-5 법선조도, 수평면조도 및 연직면조도의 관계 •

……

(라) 전광속의 계산기

광원의 배광이 축대칭으로 연직각 θ 의 광도가 $I(\theta)$ 일 때의 전광속 Φ_0 는 다음 식에 의해 구할 수 있다.

$$\text{전광속} \quad \Phi_0 = 2\pi \int_0^{\pi} I(\theta) \sin\theta \, d\theta \qquad (2-4)$$

❷ 직접조도(직사조도)의 계산

(가) 점광원에 의한 직접조도

그림 2-5의 E_n, E_h, E_v 중 어느 것에 해당하는가를 확인해서 계산식을 선택, 계산한다. 또, 배광곡선에서 조사면 각 점의 직접조도를 계산할 때에도 이와 같다.

……

(나) 선광원에 의한 직접 조도

그림 2-6에 나타낸 것과 같이 선광원이 균등 확산성의 원통형이고, 그 단위 길이당의 수직방향의 광도를 I_0 으로 하면 P 점의 조도는 다음 식에 의한다.

$$\text{법선조도} : E_n = \frac{I_0}{2p}\left\{\tan^{-1}\frac{l}{p} + \frac{l/p}{1+(l/p)^2}\right\}$$

$$\text{연직면조도} : E_y = \frac{I_0}{2p}\sin^2\alpha$$

$$\text{선직면조도} : E_x = E_n \sin\delta$$

$$\text{수평면조도} : E_h = E_n \cos\delta$$

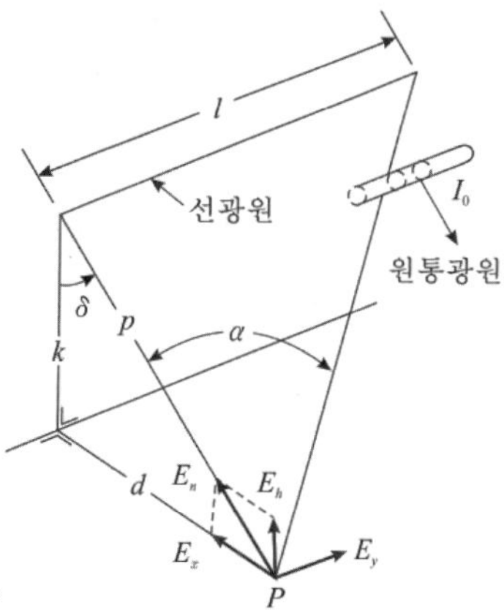

• 그림 2-6 선광원에 의한 조도 •

......

(다) 면광원에 의한 직접조도

입체각 투사법에 의한 경우 그림 2–7에 나타낸 것과 같이 균등확산면 광원 S 상의 점 Q 에 있어서 미소면적 dS 를 점광원을 가정했을 때의 점 P 에 있어서 수평면조도 dE 는 식 (2–5)와 같다.

$$dE = L\frac{\cos\theta\ \cos i}{r^2}\,dS[\mathrm{lx}] \tag{2–5}$$

즉,

$$E = L\int_s \frac{\cos\theta\ \cos i}{r^2}\,dS = L\int_s dS_p = LS_p[\mathrm{lx}] \tag{2–6}$$

단, L 은 균등확산면 광원의 휘도로 일정, dS 의 법선과 r 방향이 이루는 각을 오메가로 하고, 점 P 에 있어서 연직선과 r 방향이 이루는 각을 I 로 한다. 또, P 점을 중심으로 하는 반경 1의 단위 구를 생각하고, P 점을 정점으로 하여를 dS 밑면으로 하는 추체를 만들면, 이 구면이 잘라내는 면적은 dS_0 이고, 게다가를 dS_0 수평면에 투사할 수 있는 면적을 dS_0 로 한다. 또, 경계적분법($\cos\delta$ 법)에 의한 계산법도 있다.

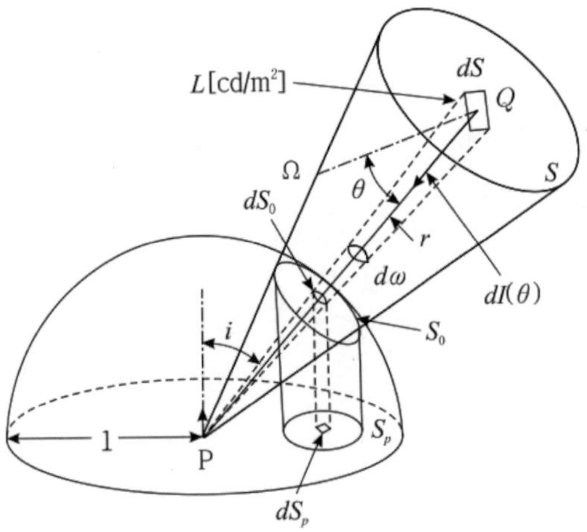

• 그림 2–7 **면광원 및 조도(위치각 투사의 법칙)** •

❸ 전반조명법(작업면상)

$$평균조도\ (E) = \frac{조명률\,(U) \times 램프수\,(N) \times 램프광속\,(\phi) \times 보수율\,(M)}{실내면적\,(A)}$$

3. 휘도의 계산····

CIE 옥내조도계산법(기초법과 응용법이 있다), 미국의 ZCM(Zonal Cavity Method), 영국의 BZM(British Zonal Method)에 있어서도 평균 조도뿐만 아니라 천장면, 벽면의 평균 휘도를 계산할 수 있다. 그러나 각 점의 휘도를 계산하는 방법은 아직 확립되어 있지 않다.

2 / 주광의 이해와 응용

1. 주광····

지표면에 도달하는 태양광을 주광(day light)이라고 한다. 그리고 주광을 이용하여 물체나 그 주변을 조명하는 것을 주광조명(day lighting)이라고 하며, 주광은 직사일광과 천공광으로 대별되지만 건축의 채광설계에서는 변동이 많은 직사일광을 광원으로 취급하는 일이 극히 드물고, 일반적으로 천공광을 광원으로 하는 것이 원칙이다.

❶ 직사일광(sun light)

직사일광이란 태양으로부터의 빛이 구름 등의 차폐물 없이 지구에 도달하는 것으로 태양 방사에 의하여 태양과 지구와의 평균거리에서의 광선과 수직인 평면상의 방사조도를 태양

• 표 2-4 태양의 정수 •

광 도	2.838×10^{27}[cd]	발광효율	93.7[lm/W]
휘 도	1.865×10^{9}[cd/m²]	색 온 도	6,280[K]
전광속	3.566×10^{26}[lm]	전방사속	3.805×10^{26}[W]

정수라고 한다.

태양 방사는 지구 대기층에서 감쇠되어 지표면에 도달한다. 태양정수의 분광조성은 그림 2-8에서와 같다. 그런데 직사일광이 지상에 도달하는 사이에 대기를 통과하면서 그의 조성에 심한 변화가 일어난다. 즉, 태양방사의 극대값의 파장은 색온도로 4,500[Å] 부근일 것이나 대기 중의 협잡물의 영향을 받아서 짧은 파장은 많이 흡수되고 극대파장은 5,000~5,500[Å] 부근까지 변화한다.

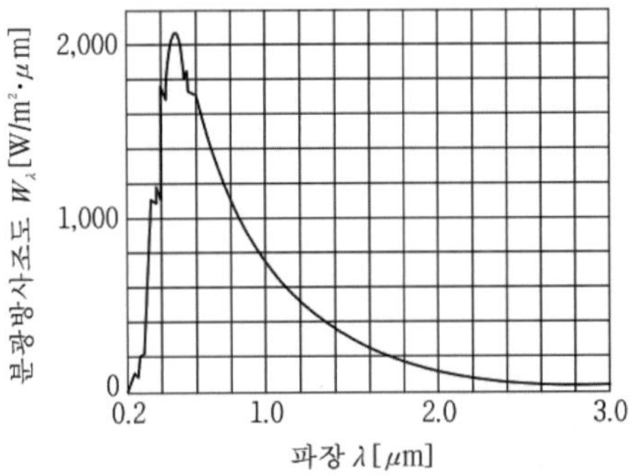

• 그림 2-8 **태양정수의 분광조성** •

짧은 파장의 흡수는 주로 공기분자나 미소한 먼지에 의한 확산과 대기 중에 존재하는 오존 등에 기인한다.

표 2-5에 직사일광이 대기를 통과함으로써 일어나는 변화를 관찰한 것이다. 태양분광 중 붉은색 끝은 약 20[%]나 감소되고 자색 끝에서 약 50[%] 이상의 손실이 있다. 평지에 비하여 고지에서는 자외선의 강도가 강하다. 그리하여 290[nm] 이하의 파장은 흡수된다. 그러므로 태양으로부터 지상에 도달하는 방사의 파장은 290~35,000[nm]까지이며 자외선이

• 표 2-5 **대기에 의한 직사일광의 흡수** •

파장[nm]	투과율[%]
400	47.5
450	55.3
500	62.4
600	68.2
700	75.2
800	80.1

약 5[%], 광선이 50[%], 그리고 적외선이 45 [%] 정도로 된다.

태양직사광에 의한 지표면상의 조도는 대기의 흡수가 없다면 약1.5×10^5[lx]로 되어야 하나, 대기의 흡수로 10^5[lx] 이하로 된다. 대기의 탁함은 인구 밀도에 비례하고 4계절에 따라 다르며 4월부터 8월까지가 가장 심하다.

❷ 천공광(sky light)

천공광이란 천공의 빛 또는 구름의 반사광, 투과광 등을 의미한다. 밝은 날의 천공광의 에너지는 직사일광의 약 25[%]를 차지하고 있으며, 천공광에 의한 지상의 조도는 일출, 일몰의 전후를 제외하고는 4계절을 통하여 큰 변동이 없다. 그의 계략전인 수치를 표 2–6에 나타내었다. 그리고 천공의 휘도는 대략 표 2–7과 같다.

• 표 2–6 **천공광에 의한 지상조도** •

푸른 하늘	11,000[lx]
흐린 날	30,000~50,000[lx]
검은 구름이 낀 날	10,000~15,000[lx]
비 오는 날	7,000~10,000[lx]

• 표 2–7 **천공광의 휘도** •

푸른 하늘	1,100[ml]
흐린 날	3,000~5,000[ml]
검은 구름이 낀 날	1,000~1,500[ml]
비오는 날	700~1,000[ml]

심한 뇌우 때의 조도는 맑은 날의 1[%] 이하이고, 도시와 같이 매연이 많은 곳에서의 조도는 대단히 약해진다.

천공광은 4계절을 통하여 보면, 조도는 일정하지만 나날의 조도는 기후에 따라서 심하게 변동하며 맑은 날은 평균값의 150~60[%]로 변동하고, 흐린 날은 더욱 심하여 200~30[%]

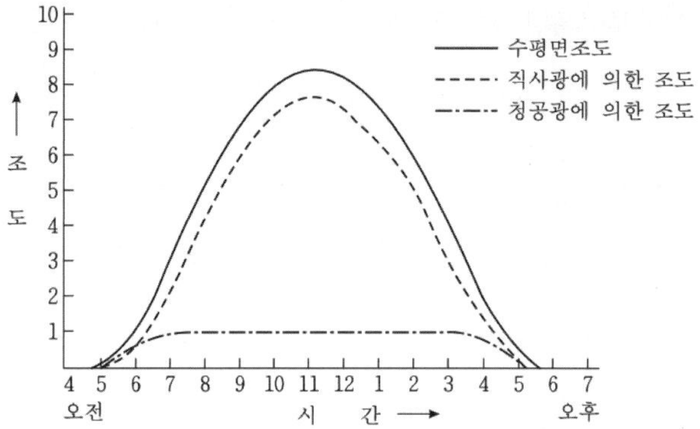

• 그림 2–9 **맑은 날의 조도** •

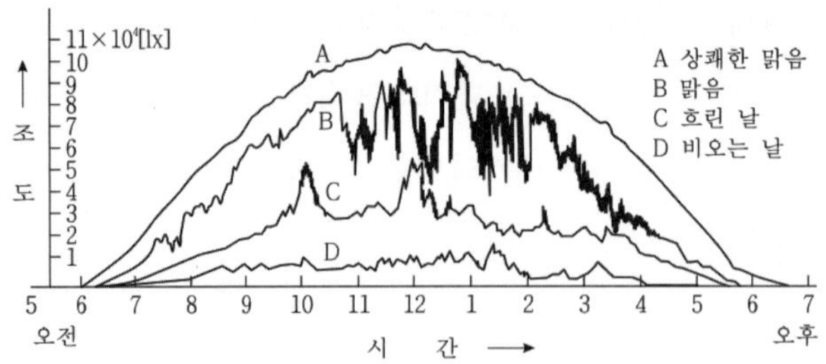

• 그림 2-10 기후와 조도의 시간적 변화 •

로 변동한다.

그림 2-9는 맑은 날의 조도의 시간적 변동을 나타내고, 또 조도를 기후별로 보면 그림 2-10에서와 같이 변동한다.

2. 창과 채광 ····

❶ 창의 기능

창은 채광, 통풍, 환기를 비롯하여 전망이나 방재를 목적으로 한 폭넓은 기능을 가지며, 주거환경의 면에서도 생리적으로나 심리적으로 중요한 존재이다. 그러나 가장 중요한 기능은 채광이다. 그리고 근래와 같이 냉난방, 공기조화가 정비된 건물에서는 창은 통풍적인 역할이 적어지고 채광, 전망, 방재 등의 기능 위주로 된다.

❷ 채광의 분류

채광방식으로 창을 분류하면 측창, 천창 및 정측창으로 나눈다.

(가) 측창채광

수직외벽면의 창으로부터 채광하는 가장 일반적인 채광방법이다. 창의 편측으로부터 채광하는 편측채광, 대향하는 2벽면으로부터 채광하는 양측채광, 기타 다면채광이 있다. 편측채광은 가장 전형적이지만 방 안쪽의 조도가 부족하다. 양측채광은 채광량이나 조도분포의 면에서 우수하지만 두 방향으로부터의 빛으로 그늘이 2개 생기므로 안정된 분위기가 손상될 결점이 있다.

측창의 상부는 일반공장에서는 천장 근처까지 높게 하는 것이 채광 및 환기상 유리하다. 하부는 작업면의 높이로 하는 것이 유리하다. 측창으로 균등한 조명을 얻으려면 편측창의 경우 창의 높이는 방폭의 적어도 1/2, 양측창의 경우 방폭의 1/4을 창의 높이로 한다.

……

(나) 천창채광

지붕 또는 천장면에 있는 천창으로부터의 채광이며 톱라이팅(top lighting)이라고도 한다.

천창채광에서는 창면적에 비교하여 고조도가 얻어지며, 조도분포의 균제도는 인접된 건물의 영향을 받지 않는 점이 우수하지만 비막이, 조작, 보수, 통풍, 차열 등에서 불리하다.

……

(다) 정측채광

천창의 채광효과를 얻기 위하여 천장의 위치에 설치된 수직창을 정측장이라 하며, 천창의 결점을 측장으로 보충하는 채광방식이며, 넓은 작업면에 조도분포의 균제도가 있으며 공장 등에 사용된다. 톱날형 창(sawtooth window)이나 층계창(monitor window) 등의 채광 방식도 이의 일종이다.

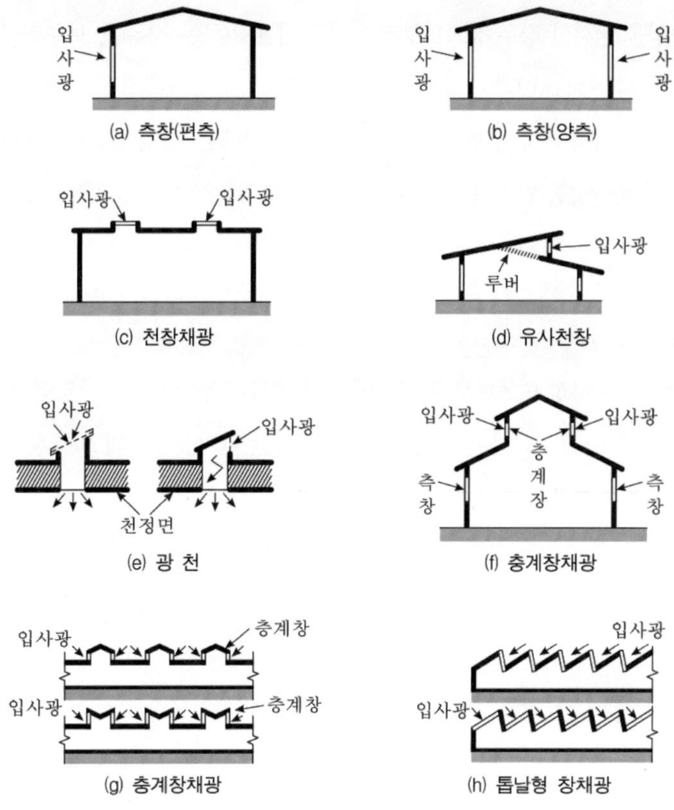

• 그림 2-11 각종 채광방식 •

❸ 법령과 창

건축기준령 및 시행령에서는 주택, 학교, 병원 기타 특정 거실에는 채광을 위하여 창이나 기타 개구부를 설치하도록 정해져 있다. 여기서 거실이란 거주, 집무, 작업, 집회, 오락, 기타 이들과 유사한 목적으로 계속적으로 사용되는 방으로 정의되고 있다.

창의 채광에 유효한 부분의 면적은 그 거실의 바닥면적의 1/5~1/10 이상이어야 한다고 정해져 있다. 교실에서는 1/5 이상으로 되어 있으나 인공조명설비가 완비된 경우에는 1/7~1/10로도 가능하다.

3 주광조명설계····

실내의 주광조명을 실시할 경우 창으로부터의 채광에만 의하는 경우에, 보조인공조명에 의하여 주광을 보충하는 PSALI라고 하는 조명수법이 있다. 주광만에 의한 조명설계를 시행할 경우는 천공광이나 반사광 등이 광원으로 되고 옥외의 장애물, 창의 형식과 투과 특성 및 실내의 반사에 의하여 영향을 받는다.

❶ 주광률

야외의 주광조도는 항상 변동하므로 채광에 의한 건물 내부의 조도기준값을 결정하는 것은 적당하지 않다. 이에 대신하는 것으로 청공휘도와는 관계없이 창의 크기 및 위치로 정해지는 개념으로 주광률(day light factor)를 사용하고 있다.

실내의 어떤 점의 주광조도 E 와 같은 시각의 옥외의 전청공에 의한 수평면조도를 E_s 라 하면 주광률 D 는 식 (2-7)과 같다.

$$D = \frac{\text{어느 점의 조도 } E}{\text{그때의 전청공조도 } E_s} \times 100[\%] \tag{2-7}$$

E_s 는 조도 E 의 점으로부터 본 건물 기타의 장애물을 제거하였다고 가정한 경우의 조도로

직사일광에 의한 것은 포함되지 않는다.

CIE 권고의 채광계산법에 의하면 작업시간의 요소를 넣은 옥외조도(전청공조도 E_s)에 주광률 D 를 곱하면 실내 추천조도로서의 E 가 얻어진다. 반대로 실내조도와 필요작업시간을 주면 그 건물 내에 요구되는 주광률을 구할 수 있다.

실내의 주광조도는 사용목적이나 작업내용에 따라 선택되지만 주광조명설계를 위하여 표 2-8 기준주광률, 표 2-9의 설계용 전청공조도를 나타낸다.

• 표 2-8 기준주광률과 실내조명(E) •

작업 또는 방의 종별	기 준 주광률 [%]	파장[nm]			
		밝은 날	보 통	어두운 날	매우 어두운 날
시계수리, 주광만의 수술실	10	3,000	1,500	500	200
정밀제도, 정밀공작	5	1,500	750	250	100
장시간 독서, 타이프	3	900	450	150	60
독서, 사무, 교실	2	600	300	100	40
회의실, 강당, 체육관	1.5	450	225	75	30
미술전시, 도서관, 서고	1.0	300	150	50	20
호텔로비, 교회객석	0.7	210	105	35	14
복도계단, 소형 화물창고	0.5	150	75	25	10
주택 창고, 대형창고	0.2	60	30	10	4

• 표 2-9 설계용 전청공조도(E_s) •

특히 밝은 날	50,000[lx]
밝은 날	30,000[lx]
보통 날	15,000[lx]
흐린 날	5,000[lx]
매우 어두운 날(뇌운, 강설중)	2,000[lx]
맑은 날의 청공	10,000[lx]

4. 건축화 조명 ····

❶ 건축화 조명의 종류

건축화 조명이란 건축물의 천장, 벽 등의 일부가 조명기구로 이용되거나 광원화 되어 건축물의 마감재료의 일부로서 간주되는 조명설비이다. 이에 대한 종류는 천장면 이용방법과 벽면 이용방법으로 대별되며 이것을 분류하면 다음과 같다.

(가) 천장면 이용방법

1 천장 매입방법

① 매입 형광등

② down light

③ pin hole light

④ coffer light

⑤ line light

2 천장면 이용방법

① 광천장 조명

② 루버 조명

③ cove 조명

······

(나) 벽면 이용방법

① coner 조명

② conice 조명

③ valance 조명

④ 광창 조명

❷ 건축화 조명의 종류

(가) 매입형광등 조명

가장 일반적인 천장 이용방식으로 하면 개방형, 하면 확산판 설치형, 반매입형 등이 있다.

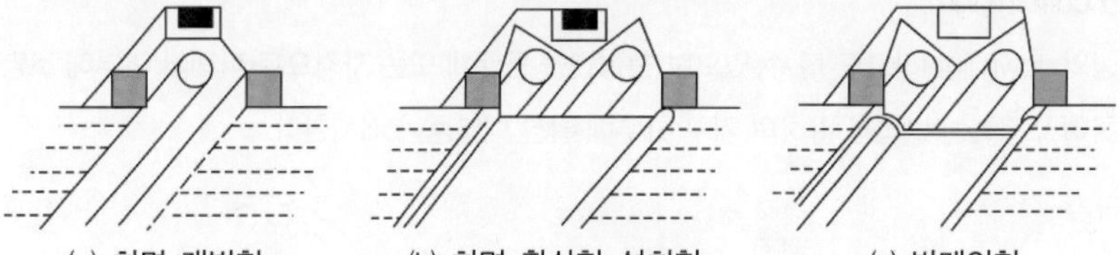

• 그림 2-12 매입형광등 조명 •

……

(나) down light

천장에 작은 구멍을 뚫고 조명기구를 매입하여 빛의 빔 방향을 아래로 유효하게 조명한다. 천장면이 어두워지므로 이를 잘 활용하여야 하며, office 배치일 경우 균등하게 배치하고 인테리어적 배치시 random 배치한다.

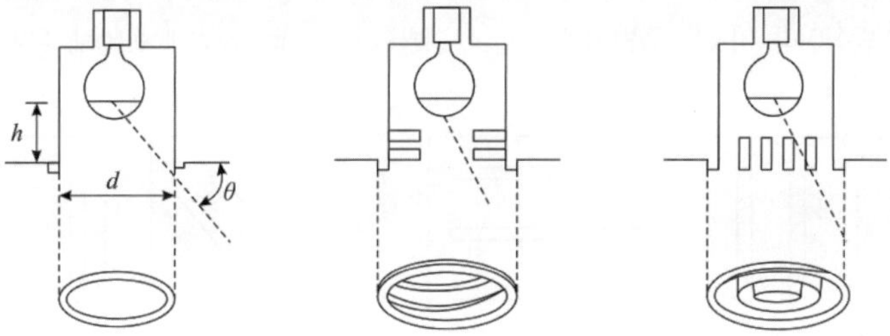

• 그림 2-13 down light •

……

(다) pin hole light

down-light의 일종으로 아래로 조사되는 구명을 적게 하거나 렌즈를 달아 복도에 집중 조사되도록 한다.

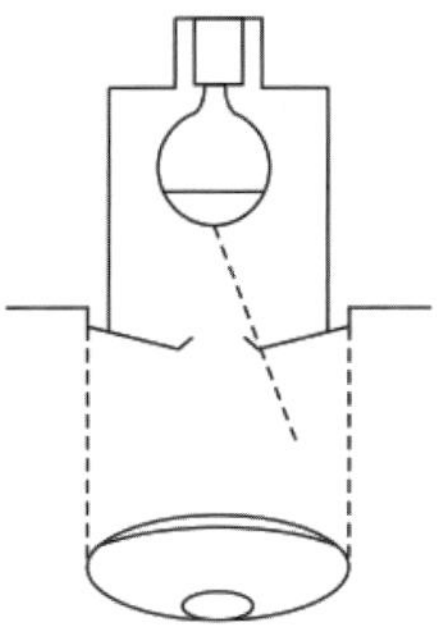

• 그림 2-14 pin hole light •

(라) coffer light

대형의 down light라고도 볼 수 있으며 천장면을 둥글게 또는 사각으로 파내어 내부에 조명기구를 배치하여 조명하는 방법을 말하며 기구 하부에 확산 패널등을 배치한다.

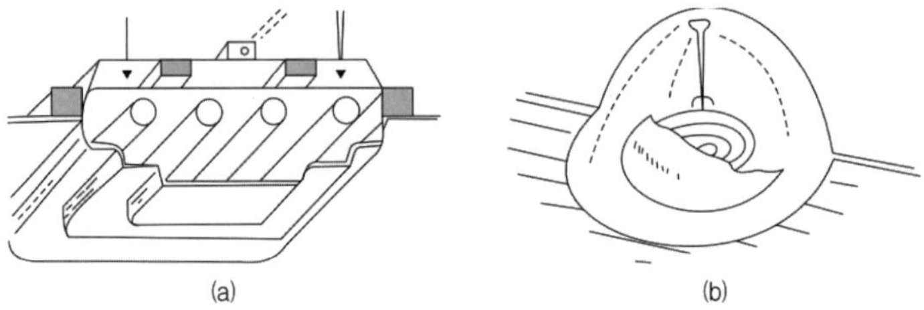

• 그림 2-15 coffer light •

(마) line light

매입 형광등방식의 일종으로 형광등을 연속열로서 배치하는 것이며 형광등 조명방식 중 가장 효과적인 조명방식이다. 이것은 종방향 line light, 횡방향 line light, 사선 line light, 장방향 line light 등이 있다.

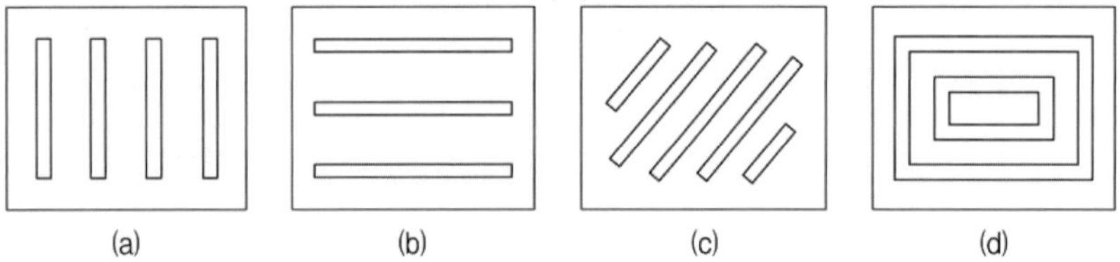

• 그림 2-16 line light •

(바) 광천장 조명

실의 천장 전체를 조염기구화하는 방식으로 천장 조명 확산 패널로서 유백색의 플라스틱판이 사용된다.

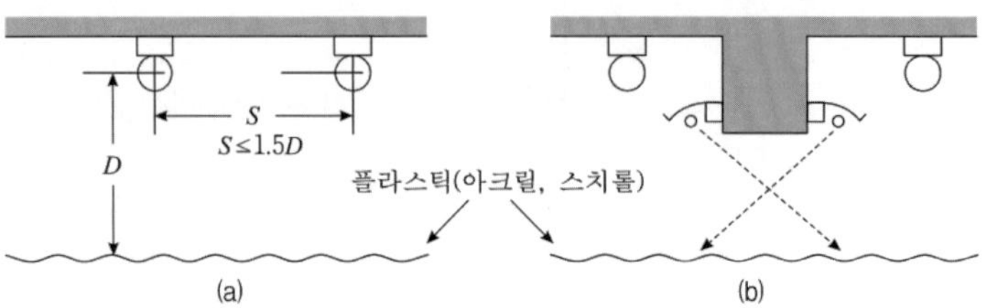

• 그림 2-17 **광천장 조명** •

(사) 루버 조명

실의 천장면을 조명기구화하는 방식으로 천장면 재료로서 루버를 사용하여 보호각을 증가시킨다.

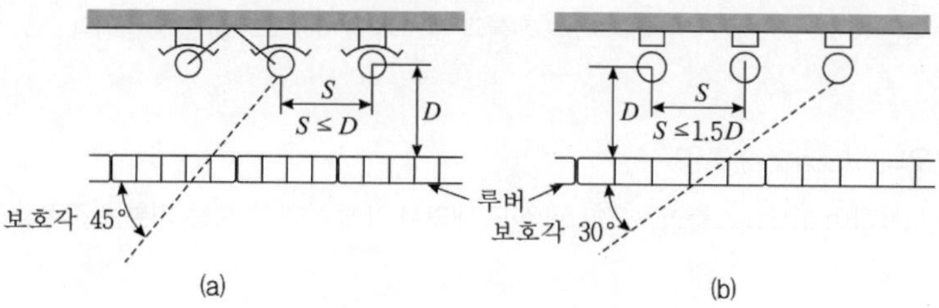

• 그림 2-18 **루버 조명** •

……

(아) cove 조명

천장이나 벽면상부에 광원을 간접 조명화하여 천장면에 반사하여 조명하는 것을 말하며 효율은 대단히 나쁘지만 부드럽고 안정된 조명을 시행할 수 있다.

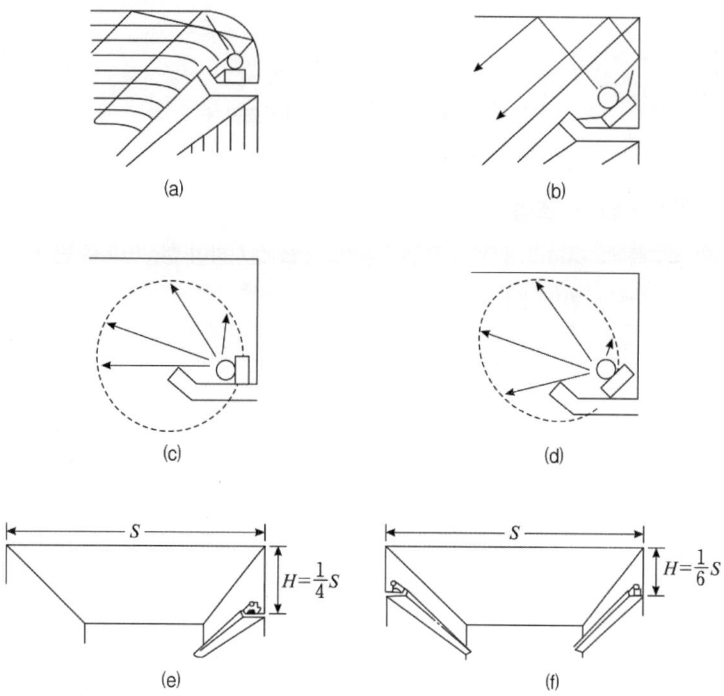

• 그림 2-19 cove **조명** •

❸ 벽면 건축화 조명

(가) 코너(coner) 조명

천장과 벽면 사이에 조명기구를 배치하여 천장과 벽면에 동시에 조명하는 방법이다.

……

(나) 코오니스(cornice) 조명

코너를 이용하여 코오니스를 15~20[cm] 정도 내려서 아래 쪽의 벽 또는 커튼을 조명하도록 하는 방법이다.

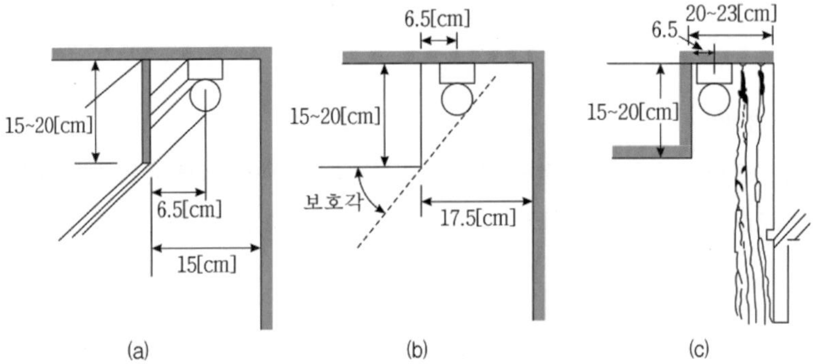

• 그림 2-20 **코오니스 조명** •

……

(다) 밸런스(valance) 조명

벽면의 상부쪽에 설치하며 광원의 전면에 밸런스판을 설치하여 천장면으로 반사시키면서 벽면으로 반사하여 조명하는 방법이다.

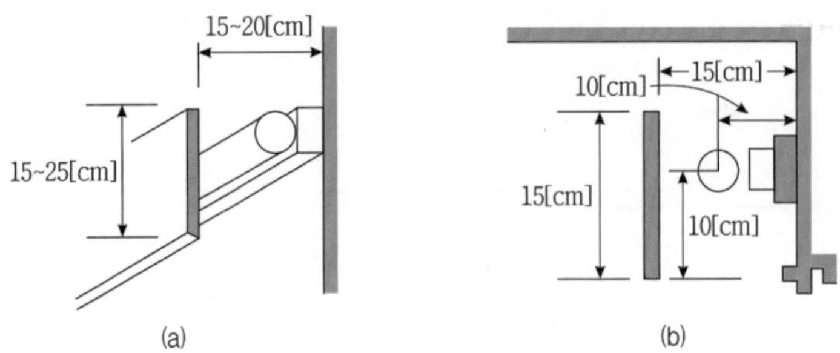

• 그림 2-21 **밸런스 조명** •

(라) 광창 조명

지하실이나 무창실에 창문이 있는 효과를 내는 방법으로 인공창의 뒷면에 형광등을 배치한다.

3 / 실내조명

피조면의 조도를 산출하기 위해서는 추점법(point by point method)과 광속법(lumen method)이 이용되고 있다. 추점법은 피조면 임의의 점에서 거리 역제곱의 법칙에 따라 조도를 계산하고 각 점에서 조도를 비교하면서 설계하는 방법으로 국부조명에 주로 사용된다.

광속법은 설계하고자 하는 방의 형태, 등의 광속, 조명률 및 감광보상률 등을 고려하여 기준조도에 따라 사용등수를 결정하는 방법으로 사무실, 학교 등 전반조명을 요구하는 장소에 주로 사용된다.

1. 조명기구의 구성 ····

조명기구는 전기적 부분, 광학적 부분, 기계적 부분 및 장식 부분으로 구성되며, 안정성에 관해서는 KSC 등에 규정되어 있다. 광학적 부분은 광을 제어하는 부분이고 반사면, 투과면에 어떤 재료를 사용하는가는 조명의 목적에 맞는 배광과 눈부심에 의해 선택한다.

❶ 조명기구

조명기구를 사용하는 목적은 전등에서 복사되는 광속의 손실을 가능한 줄이고 피조면에 집중시키며 광원의 휘도를 감소시켜 눈부심을 줄이고 광원으로부터 발산되는 빛을 필요한 방향으로 집중시켜 이상적인 배광을 형성하며 실내공간과 조화를 이루어 미적 효과도 이루게 하는 것이다.

(가) 글로브(globe)

이것은 광원의 전 부분을 둘러싼 조명기구이다. 사무실에서 사용하는 것은 우유빛 유리제이며, 이와 같은 것은 확산성이 좋으므로 광도는 정반사영 면적에 비례한다. 외구 내면에서는 일종의 상호반사가 있으므로 효율은 재료의 투과율 이외에 이 반사율의 영향을 받는다. 투명 유리에 작은 프리즘을 넣어서 만든 것은 굴절에 의하여 배광이 조정될 수가 있으므로 가로조명에 사용되는 일이 있다.

……

(나) 반사갓

직접조명에 사용되는 것으로, 우유빛 유리와 같은 불투명 재료를 사용한 것을 갓(shade), 철판과 같은 불투명 재료를 사용한 것을 반사갓(reflector)이라 한다. 어느 것이나 깊은 것과 얕은 것이 있다.
주택, 기타의 옥외조명용으로는 유리갓이 많이 보급되어 있고, 공장조명용으로는 철판 또는 알루미늄의 금속반사갓이 사용된다. 내면은 백색 에나멜 알루미늄 페인트를 칠하거나 전해연마(알루미늄판)를 한다.

……

(다) 반사보울

배광의 관점에서 보면 반사보울(bowl)은 간접조명에 사용되는 반사갓을 반대로 한 것이고, 반간접조명용의 것은 갓을 반대로 한 것이라고 생각할 수 있다.

……

(라) 루버(louver)

그림 2-22 (a)와 같이 백열전구용에서는 전구를 시선으로부터 차단하여 눈부심을 막고, 동시에 수평에 가까운 방향의 직사광을 반사갓에 의하여 아래로 향하게 하는 역할을 한다. 또, 그림 2-22 (b)에 표시한 형광등용의 것도 같은 역할을 하지만 특히 이와 같이 가늘고 긴 조명기구에서는 확산성 유리를 사용하기가 어려우므로 루버가 이것을 대신하는 일이 많다.

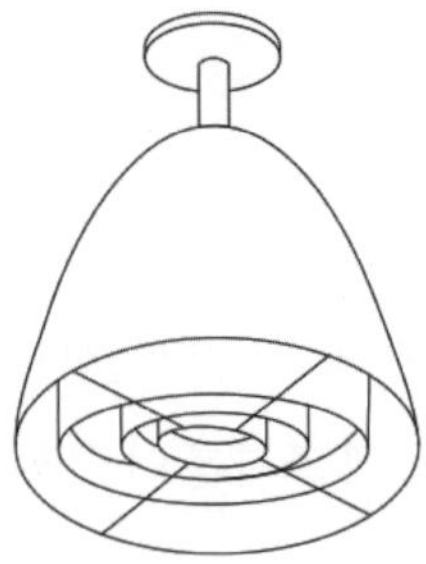

(a)

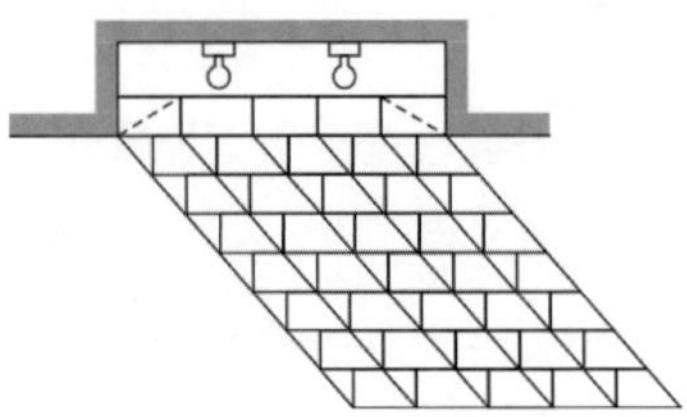

(b)

• 그림 2-22 **루버(louver)** •

(마) 투광기

좁은 범위에만 빛을 투과하는 조명기구를 말하며, 굴절에 의한 것과 반사에 의한 것이 있다. 반사에 의한 것은 주로 포물면경을 사용한다. 회전포물면 반사경은 초점에 광원을 놓은 것이 보통이며 전면에 유리가 붙어 있는 것이 밀폐형이고 없는 것이 개방형이다. 굴절에 의한 것은 볼록 렌즈 또는 프리즘의 조합을 사용하고, 이용 광속을 증대시키기 위하여 구면경을 병용할 때도 있다. 소형은 전구, 대형은 아크 등을 광원으로 한다.

투광기(projector), 전조등(head light) 등은 반사를 이용한 것이며 스포트 라이트는 굴절을 이용한 것이다.

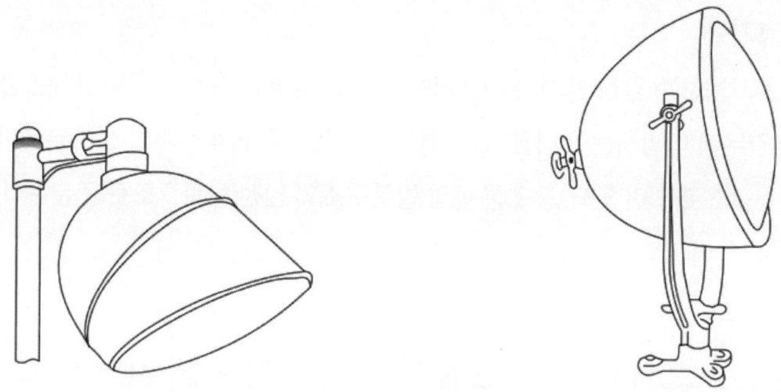

(a) 개방형 (b) 밀폐형

• 그림 2-23 투광기의 종류 •

2. 조명기구의 종류 · · · ·

❶ 용도에 의한 분류

(가) 일반 조명기구

옥내용으로서 벽부착형, 매다는 형, 매립형, 다운라이트, 블랭킷(벽등), 탁상스탠드, 플로어스탠드 등이 있고, 형광등 기구, 백열등 기구에 관해서는 KSC에서 정하고 있다.

……

(나) 방수형 조명기구

옥외에서 사용되는 조명기구의 대부분인 도로등, 가로등, 투광기, 방범등, 정원등, 문등 등이 있고, 물과 습기의 침입에 대해서 기능의 보호 정도에 의해 방수종별로 분류된다. 접지곤란한 것은 2중 절연 조명기구를 이용한다.

……

(다) 방재형 조명기구

비상등과 유도등이 이것에 해당되고, 조명기구공업협회 규격에 기술 표준이 설정되어 있고, 사용법에 관해서는 소방법시행령과 건축기준법에 의해 보수관리가 정해져 있다.

……

(라) 방폭 조명기구

폭발성 가스를 사용하는 공장 등에서 사용되는 기구로, 광원을 완전히 폭발시키는 충격에 대해서 보호 커버하고, 경우에 따라서는 인터럽 개폐기를 설치하고, 기구의 전기적 접촉부분이 완전히 외기로부터 차단되는 구조로 되어 있다. 구조상 내압 방폭구조와 안전 방폭구조로 구분된다.

……

(마) 공조 조명기구

공조 조명기구는 공조설비의 취출구 또는 흡입구와 형광등기구를 결합시킨 것으로, 조명기구를 직접 덕트에 접속시킨 턱트형과 조명기구의 상부를 개방하고 천장 안은 공기의 통로로서 이용하는 아레나므형이 있다.

……

(바) OA 전용 조명기구

VDT 작업에 있어서 조명은 기구에 직사 눈부심이 없는 것, CRT 등의 디스플레이장치에 기구가 비치지 않는 것, 원고대와 키보드의 적정 조도로 광막반사 눈부심이 없는 것이어야 하고, 경면의 파라볼릭루버 기구가 사용되고 있다.

❷ 배광에 의한 분류

조명방식을 배광에 의해 분류하면 직접조명, 반직접조명, 전반확산조명, 반간접조명, 간접조명으로 분류할 수 있으며 표 2-10과 같이 나타낼 수 있다.

• 표 2-10 기구의 배광에 의한 조명의 분류 •

	등기구의 형태	응용 방법의 예	배광 [%]
직접 조명	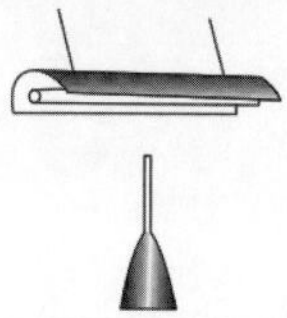	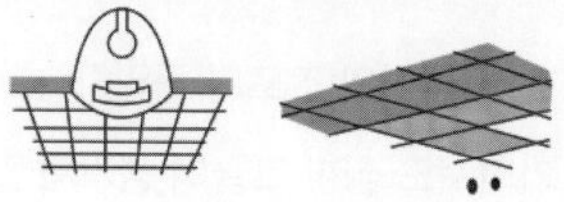	↑ 10~0 ↓ 90~100
반직접 조명	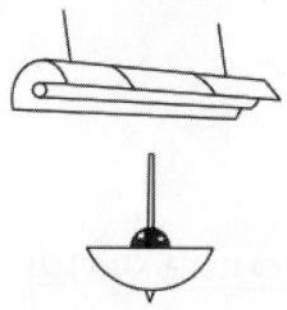	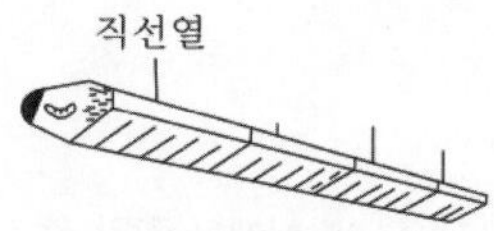	↑ 40~10 ↓ 60~90
전반 확산 조명	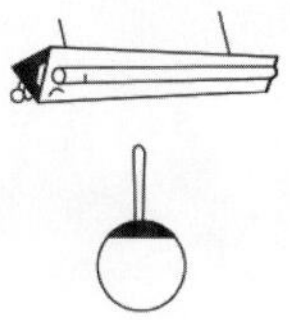		↑ 60~40 ↓ 40~60
반간접 조명	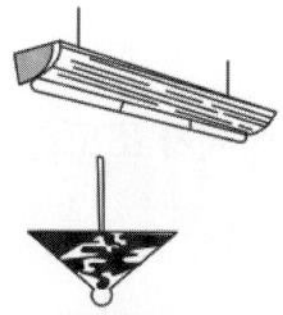	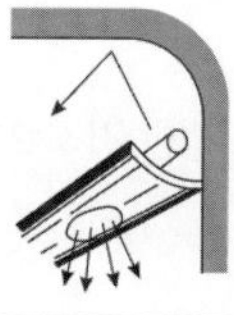	↑ 90~60 ↓ 10~40
간접 조명	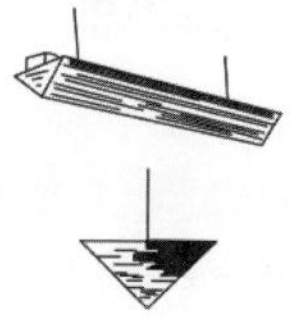	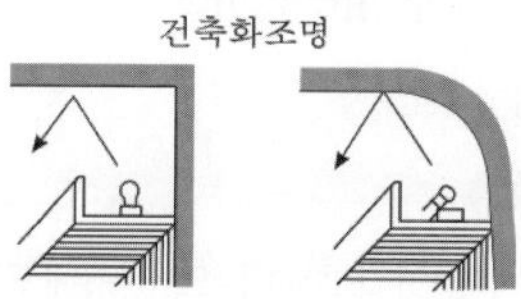	↑ 100~90 ↓ 0~10

(가) 직접조명

직사조도가 확산조도보다 높은 경우, 즉 90~100[%]의 광속을 작업면상으로 조사시키는 방식이다.

① 조명률이 크므로, 소비전력이 간접조명의 1/2~1/3 정도이다.

② 설비비가 저렴하다.

③ 천장이나 벽으로부터 반사의 영향이 적으므로 설계가 간단하다.

④ 그늘이 생기므로 물체의 식별이 입체적이다.

⑤ 조명기구의 점검 및 보수가 쉽다.

(나) 간접조명

직사조도가 거의 없고, 등기구에서 나오는 광속의 90~100[%]를 천장이나 벽에 투사시켜 여기서 반사, 확산된 광속을 이용하는 조명방식이다.

① 눈부심이 적고, 바닥면의 조도가 균일하다.
② 빛이 물체에 가려져도 심한 그늘이 생기지 않는다.
③ 등기구를 최소 사용하여 조명 효과를 낼 수 있다.

……

(다) 반간접조명

위에서 설명한 두 가지 조명방식에는 각각 장, 단점이 있으므로 양자의 장점만을 살리고 단점을 제거한 조명방식이 반간접조명 또는 직, 간접겸용조명이라 한다.

❸ 조도 분포에 의한 분류

(가) 전반조명

조명기구를 일정한 높이, 일정한 간격으로 배치하여 방 전체가 조도를 균일하게 조명하는 방식을 전반조명이라 한다.

① 시작업의 위치가 변하여도 등기구의 배치를 변경시킬 필요가 없다.
② 조도의 불균일이 적다.
③ 그늘이 부드럽다.
④ 일반적으로 사무실이나 학교 등의 조명에 많이 사용되고 있다.

……

(나) 국부조명

작업상 필요한 장소에만 국부적으로 조명하는 방식이다.

① 희망하는 곳에 희망하는 방향으로 충분한 조도를 줄 수 있다.
② 불필요한 장소는 소등할 수 있다. 따라서 필요한 만큼의 조도를 가장 경제적으로 얻을 수 있다. 이 조명방법은 조도를 가장 경제적으로 얻을 수 있다.

……

(다) 전반국부 겸용 조명

전반 조명상태에서 어느 한 곳을 강조하기 위해, 특히 높은 조도를 필요로 하는 장소에 국부조명을 한 조명방식이다.

① 경제적으로 높은 조도를 얻을 수 있다.
② 명암의 비교가 커서 시력에 무리가 올 수 있다.

4 / 옥외조명

❶ 도로조명(road way lighting)

도로조명의 목적은 야간에 자동차운전자나 보행자 등의 도로이용자의 시각환경을 개선하여 안전하고, 원활하며, 쾌적하게 도로를 이용할 수 있도록 하는 것이다.
야간조명이 밝은 길을 이용할 때에는 안정감을 느끼며, 이것도 조명의 중요한 효과의 하나이다.
미국에서는 고속도로에 조명을 실시하여 야간사고가 40[%]로 감소되었다고 한다.

(가) 도로 조명의 일반적 고려 사항

① 조도(수평면)
② 노면휘도의 균일도
③ 글레어
④ 유도성
⑤ 조명방법

• 표 2-11 기준휘도(단위 : cd/m²) •

도로 분류 \ 외부 조건		A	B	C
고속 자동차 국도 등		1.0 –	1.0 0.7	0.7 0.5
일반 국도 등	주요 간선도로	1.0 0.7	0.7 0.5	0.5 –
	간선(보조 간선도로)	0.7 0.5	0.5 –	0.5 –

〈주〉 1. 외부조건 A : 도로교통 영향 빛이 연속적으로 도로연선의 상태이다.
2. 외부조건 B : 도로교통 영향 빛이 단속적으로 도로연선의 상태이다.
3. 외부조건 C : 도로교통 영향 빛이 거의 없는 도로연선의 상태이다.

자동차 교통도로의 조명요건 가운데 가장 중요 요소는 노면휘도이고, 표 2-11은 노면건조시의 표준휘도(평균 노면휘도의 최저값)를 나타낸 것이다.

……

(나) 광원

보통 수은등 · 형광등 · 나트륨등 · 메탈핼라이드등 등이 사용되며 이들의 선정은 교통속도, 교통량, 주위환경을 고려한다.

대개 속도가 높은 고속도로, 간선도로, 교량, 안개지역에는 광속이 많고, 유도성이 강한 나트륨등을 사용하며, 주위에 상가가 많거나 번화가, 관청가일 경우에는 연색성을 고려한 기구로서 메탈핼라이드등이 많이 사용된다.

……

(다) 조명기구

직선도로일 경우 대칭식, 지그재그식, 중앙열식, 편측식 등으로 배치하고, 곡선도로일 경우에는 멀리서도 곡선 굴곡부의 모양을 알 수 있도록 직선부보다 배치를 조밀하게 한다. 또한 교차점에는 보행자 확인을 위해 십자로가 끝난 왼쪽에 배치하며 맞부딪치는 곳에 등을 배치하여 길없음을 나타낸다.

현수형과 하이웨이형을 사용하며 속도가 낮거나, 번화가인 경우 현수형을 사용하며 속도가 높은 간선도로는 하이웨이형을 사용한다.

……

(라) 조도 및 조도계산

① 일반적인 기준조도는 고속도로 터널은 50[lx], 고속도로 인터체인지, 휴게소, 일반도로터널, 상가의 교차로는 20[lx], 옥외 주차장 10[lx], 고속도로 본선의 일반도로 연결부, 일반적으로 번화한 도로(도로교차로 다리, 광장)은 5[lx], 보통도로(도로, 교차로, 다리)는 2[lx]로 한다.

② 조도계산(광속법)

$$E = \frac{F \times N \times U \times M}{B \times S}$$

E : 노면평균조도[lx]　　F : 광원 1개 광속[lm]
N : 광원의 열수　　M : 보수율
B : 도로의 폭[m]　　S : 광원의 간격[m]

U : 빔 이용률 ─┬ 50[%] 이상, 피조면 도달 0.75
├ 20~50[%] 이상, 피조면 도달 0.5
└ 25[%] 이하, 피조면 도달 0.4

……

(마) 조명방식

① 폭(pole) 조명방식

② 하이 마스트(high mast) 조명방식

……

(바) 노면평균휘도 계산법

노면평균휘도 L [cm/m²]는 램프광속 F [m], 기구배열에 의한 계수 N, 차도폭 W[m], 조명기구설치간격 S [m], 평균조도환산계수 K라면 식 (2-9)와 같다.

$$L = \frac{FNUM}{KWS} \tag{2-9}$$

여기서, 기구배열에 의한 계수 N은 편측 배열에서는 1, 대충식 배열, 지그재그 배열에서는 2로 된다. 조명률 U 는 차도폭원에 입사하는 광속 F_i , 램프광속 F 라면

$$U = \frac{F_i}{F} \tag{2-10}$$

로 표시되며, 램프로부터 발산하는 광속 중 자도폭원에 도달하는 광속에 대한 비율이며, 조명기구의 배광, 도로단면에 대한 조명기구의 가설위치에 따라 결정된다.

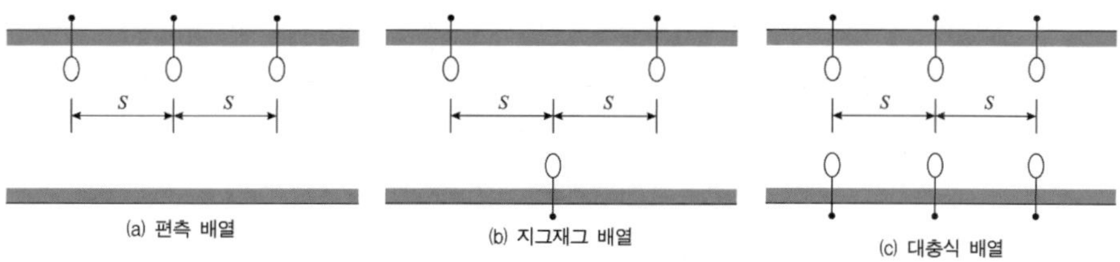

• 그림 2-24 조명기구의 배열 •

보수율 M은 표 2-12와 같고 평균조도환산계수 K는 표 2-13과 같다.

• 표 2-12 **도로조명에서 사용하는 보수율(M)** •

교통량1,000 대/일	시가부	지방부
7 미만	0.70	0.75
7~15 미만	0.65	0.70
15 이상	0.60	0.65

• 표 2-13 **평균조도환산계수(K)** •

노면의 종류	평균조도환산계수[lx/cd/m^2]
아스팔트	15
콘크리트	10

노면의 평균조도를 구하려면 노면평균휘도 L [cd/m^2]에 평균조도환산계수 K 를 곱하여 구한다. 도로조명용 기구의 조명률은 표 2-14와 같다. 여기서, 도로의 폭 B , 광원의 가설높이 H 인 경우이다.

• 표 2-14 **도로조명용 기구의 조명률** •

도로폭(B) / 광원높이(H)	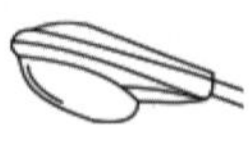	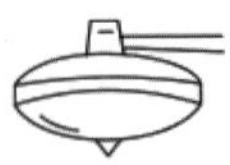	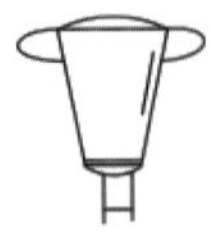		
0.5	.16	.10	.07	.05	.10
1.0	.27	.16	.12	.09	.16
1.5	.33	.19	.15	.12	.22
2.0	.36	.20	.17	.14	.26
2.5	.37	.21	.18	.16	.28
3.0	.39	.22	.19	.17	.29
4.0	.40	.22	.21	.18	.30
5.0	.41	.23	.21	.19	.30

❷ 투광조명(projection lighting)

옥외 시설의 조명에도 광고, 간판조명, 건물의 외벽조명 및 옥외 스포츠조명 등이 있다. 이들 시설의 조명방식은 대상물을 먼 곳에서 집중적으로 투광기를 사용하여 투광조명을 하는 방법이 많다.

여기서는 피조면 전체를 어느 평균조도로 조명하기 위하여 필요한 투광기의 대수를 구하는 계수법에 대하여 설명한다.

투광되는 피조면의 평균조도 E [lx]는 투광기 1대당의 램프의 광속 F [lm], 투광기 대수 N, 빔광속의 이용률 U, 피조면적 A [m²]라면

$$E = \frac{FNUM}{A} \quad (2\text{–}11)$$

로 구해지므로, 피조면의 평균조도를[lx]로 하기 위하여 필요한 투광기의 대수 N 은

$$N = \frac{EA}{FUM} \quad (2\text{–}12)$$

로 된다. 빔 이용률 U 는 광원의 위치, 투광기의 빔각, 조사방향에 의하여 결정된다.

빔이용률이란 투광기가 피조면을 조사하는 경우, 그의 빔광속이 투광기의 배광, 설치높이, 피조면의 넓이 형태, 가설장소 등에 의하여 전부 유효하지 않고 몇 [%]인가 손실이 있다.

대략 표 2–16에서와 같은 가늠으로 한다.

• 표 2–15 **투광기의 보수율** •

광원의 종류	보수율	감광보상률
투광기와 백열전구	0.75~0.67	1.3~1.5
투광기와 수은램프	0.67~0.55	1.5~1.8
반사형 투광전구	0.8~0.7	1.2~1.4
반사형 수은램프	0.75~0.67	1.3~1.5
실드빔형 투광전구	0.8~0.7	1.2~1.4

• 표 2-16 **투광조명에서의 이용률(U)** •

피조면에 투사되는 투광기의 빔광속	이용률
1/2 이상	0.75~0.95
1/2~1/4	0.6~0.7
1/4 이하	0.5~0.6
벽면을 직하로부터 조사하는 경우	0.4 이하

(가) 옥외 스포츠 조명의 기본적 요건

조명을 필요로 하는 시대상을 사람(경기장, 심판자), 구기에서는 공 등이고, 종목에 의한 세심한 주의가 필요하다. 조도는 KSC에 의한 것 외에 불쾌 눈부심, 감능 눈부심, 아른거림, 연색성, 광색의 각 항에 관해서 검토한 뒤에 결정한다.

……

(나) 그 외 조명방식

종목에 의해서 조명은 그림 2-25에 나타낸 것과 같이 4방식이 있다. 구기에서는 공의 최대높이를 포함하는 공간조명, 또 혼광조명의 지향성에 관해서 배려한다.

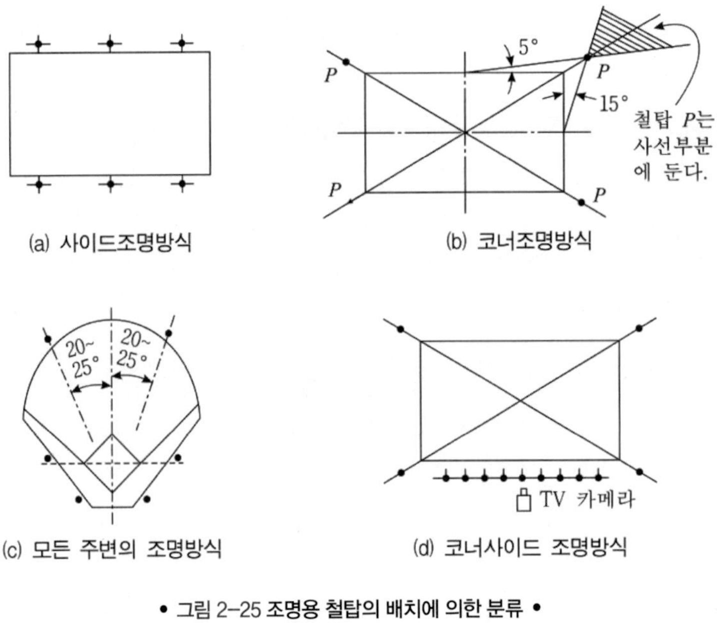

(a) 사이드조명방식 (b) 코너조명방식 (c) 모든 주변의 조명방식 (d) 코너사이드 조명방식

• 그림 2-25 **조명용 철탑의 배치에 의한 분류** •

❸ 터널(tunnel)조명

길이 25[m] 이하의 터널은 보통 조명을 필요로 하지 않으며 25~50[m]의 터널은 야간만 조명하고, 길이 50[m] 이상의 터널은 종일점등을 실시한다.

자동차의 운전자는 주간, 야외의 밝은 도로로부터 어두운 터널로 접근하여 진입, 통과하여 가는 과정에서 암순응에 따른 시각상의 문제가 생긴다. 이것을 해결하기 위해서는 터널입구에 터널로 접근중인 운전자의 눈의 순응상태에 대응하여 터널의 다른 부분보다 특히 휘도레벨을 높게 하고, 이 부분이 어느 레벨 이상의 밝음으로 보이도록 한 조명구간의 설정이 필요하다. 이것이 경계부라는 조명구간이다.

(가) 입구조명

터널을 조명하는 경우에는 주간의 밝은 순응으로부터 어두운 순응으로의 급격한 변화가 문제이다. 특히 직사일광 아래로부터 터널로 들어갈 경우가 문제이다.

즉, 직사일광 아래의 약 25,000[rlx]로부터 약 200[rlx]의 밝음으로 들어가도 시력은 0.7 이상으로 유지되므로, 입구부의 밝음을 200[rlx]로 한다. 이것을 입구조명이라 한다.

입구조명은 그림 2-26에서와 같이 경계부, 이행부, 완화부로 나누어진다. 경계부는 터널입구 바로 뒤의 장애물을 설계속도에 대응하는 시거리로부터 볼 수 있고, 필요최소한도의 배경의 길이와 휘도를 주는 부분이다. 이행부는 터널입구 뒤의 시거리만큼의 전방에 있는 장애물에 필요한 배경을 주는 부분이다. 완화부는 이행부로부터 기본조명에 연결시키는 부분이며, 자동차가 터널에 돌입한 후 시거리만큼 떨어진 장애물에 필요한 배경휘도를 주는 부분이며, 자동차의 진행에 따라 완화조명곡선에 따라서 휘도를 감소시켜서 터널 중앙의 기본조명으로 접속하도록 되어 있는 부분이다.

입구부는 야외휘도, 설계속도에 대한 점등시 운전자의 눈의 순응에 대응하게 점멸하고 내부의 기본조명을 원활하게 한다(표 2-17).

• 표 2-17 **터널 기본조명의 평균 노면휘도** •

설계속도[km/h]	평균 노면휘도[cd/m²]
100	9.0
80	4.5
60	2.3
40 이하	1.5

(나) 기본조명

터널 바깥으로부터 주행진입한 자동차가 입구부 완화조명 구간을 통과하여 거의 정상적 시각상태에 도달한 후의 정상적 조명구간에서의 조명을 기본부조명이라 한다. 기본부에서의 조명레벨은 보통의 도로조명에서 설정된 휘도보다 높은 레벨이며, 이는 운전자가 밝은 야외에 순응되어 있기 때문이다.

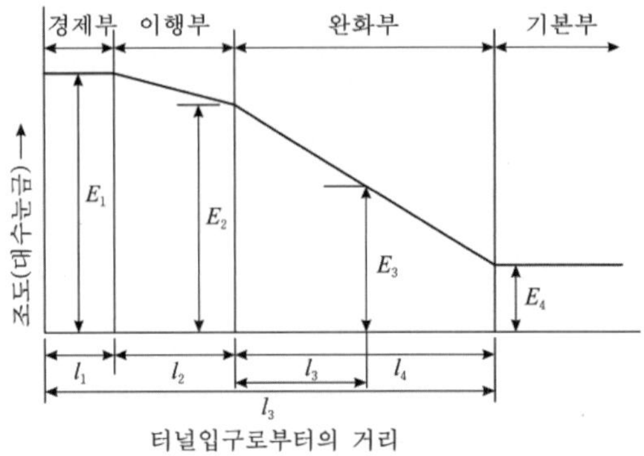

• 그림 2-26 긴 터널의 입구조명곡선의 모양 •

......

(다) 출구조명

주간에 출구를 터널로부터 볼 경우 대단히 밝은 배경으로 되고, 출구 부근에 있는 모든 장애물은 검은 실루엣으로 보여 식별이 용이하다. 그러나 출구부 야외휘도가 대단히 높은 경우 앞서가는 차의 실루엣이 개구부의 일부를 차폐할 경우 전방의 장애물 식별이 곤란한 경우가 있다.

• 표 2-18 터널입구 조명의 조도와 조명구간 •

설계 속도 [km/h]	터널 길이 [m]	소요조도[lx]					조명구간[m]					
		E_1	E_2	E_3	E_4	E_5	l_1	l_2	l_3	l_4	l_5	l_6
100	300	1,250	600	350	–	–	55	150	45	–	250	
	400 이상	1,250	600	–	120	30	55	150	–	135	340	180
80	300	1,100	600	150	–		40	100	100	–	240	
	400 이상	1,100	600	–	60	15	40	100	–	155	295	130
60	200	750	450	150	–		25	65	55	–	145	
	300 이상	750	450	–	30	15	25	65	–	135	225	95
40	200	400	250	25	–		15	30	80	–	125	
	250 이상	400	250	–	20	7	15	30	–	85	130	60

* E_5 : 출구부의 조도　　l_6 : 출구부의 길이

제2장 조명설계

출제예상문제와 풀이

문제 01 조명률에 관계없는 사항은?

① 조명 기구 ② 방지수 ③ 실내면의 반사율

④ 보수 상태 ⑤ 광속

풀이 조명률이란 사용 광원의 전광속과 작업면에 입사하는 광속의 비를 말한다.

$$조명률 = \frac{작업면의\ 광속}{광원의\ 전광속}$$

이것을 방지수(=실지수), 조명 기구의 종류, 실내면(천장, 벽, 바닥 등) 반사율, 감광 보상률 또는 유지율에 따라서 달라진다. [답] ④

문제 02 방의 폭이 X[m], 길이가 Y[m], 작업면으로부터 광원까지의 높이가 H[m]일 때 실지수 K는?

① $K = \dfrac{H(X+Y)}{XY}$ ② $K = \dfrac{Y(X+Y)}{XY}$ ③ $K = \dfrac{XY}{H(X+Y)}$

④ $K = \dfrac{X(X+Y)}{YH}$ ⑤ $K = \dfrac{XY}{H(X-Y)}$

풀이 실지수(room index)는 빛의 이용에 대한 방 크기의 척도로 사용한다. [답] ③

문제 03 실지수의 가장 관계가 깊은 것은?

① 조명률 ② 조도 ③ 등기의 배치

④ 조명 방식 ⑤ 조명기구

풀이 [답] ①

문제 04 1000[m²]의 방에 1000[lm]의 광속을 발산하는 전등 10개를 점등하였다. 조명률 0.5, 감광 보상률 1.5라면 그 방의 평균 조도는 약 몇 [lx]인가?

① 3.33 ② 4.13 ③ 6.66

④ 33.3 ⑤ 41.3

풀이

$FUN = EAD$에서

$E = \frac{FUN}{AD} = \frac{1000\times0.5\times10}{1000\times1.5} = 3.33[lx]$

[답] ①

문제 **05**

방의 크기와 모양은 빛의 이용에 많은 영향을 미친다. 방의 폭을 X, 방의 길이를 Y, 광원까지의 높이를 H 라고 할 때 실지수(room index)를 구하는 식은?

① $\frac{X+Y}{H+XY}$ ② $\frac{H(X+Y)}{XY}$ ③ $\frac{XY}{H(X+Y)}$

④ $H(X+Y)$ ⑤ $\frac{X(H+Y)}{XY}$

풀이

[답] ③

문제 **06**

반간접 조명의 설계에서 등(燈)의 높이란?

① 바닥에서 천장 ② 피조면에서 천장 ③ 피조면에서 등기

④ 방바닥에서 등기 ⑤ 스위치에서 등기

풀이

[답] ②

문제 **07**

방의 가로가 6[m], 세로가 9[m], 광원의 높이가 3[m]인 방의 실지수는?

① 162 ② 18 ③ 1.8

④ 1.2 ⑤ 1.6

풀이

방의 가로가 X[m], 세로가 Y[m], 광원의 높이가 H[m]일 때 실지수 K는

$K = \frac{XY}{H(X+Y)} = \frac{6\times9}{3(6+9)} = 1.2$

[답] ④

문제 08 가로 20[m], 세로 30[m] 되는 실내 작업장에 광속이 2800[lm]인 형광등 20개를 점등하였을 때, 이 작업장의 평균 조도[lx]는 약 얼마인가?(단, 조명률은 0.4이고 감광 보상률이 1.5이다.)

① 350 ② 156 ③ 65
④ 25 ⑤ 20

풀이

$FUN = EAD$에서

$$E = \frac{FUN}{AD} = \frac{2800 \times 0.4 \times 20}{(20 \times 30) \times 1.5} \fallingdotseq 25[\text{lx}]$$

[답] ④

문제 09 면적이 200[m^2]인 강의실에 2000[lm]의 광속을 발산하는 40[W] 형광등 30개를 점등하였다. 조명률은 0.5이고, 감광 보상률은 1.5라면, 이 강의실의 평균 조도[lx]는?

① 400 ② 300 ③ 200
④ 100 ⑤ 50

풀이

$FUN = EAD$에서

$$E = \frac{FUN}{AD} = \frac{2000 \times 0.5 \times 30}{200 \times 1.5} = 100[\text{lx}]$$

[답] ④

문제 10 가로 10[m], 세로 20[m]인 사무실에 평균 조도 200[lx]를 얻고자 40[W], 전광속 2500[lm]인 형광등을 사용하였을 때 필요한 등수[등]는 얼마인가?(단, 조명률은 0.5, 감광 보상률은 1.25이다.)

① 250 ② 40 ③ 200
④ 100 ⑤ 20

풀이

사무실의 평균 수평면 조도를 200[lx]로 하기 위한 전소요 광속은

$$NF = \frac{EAD}{U} = \frac{200 \times 10 \times 20 \times 1.25}{0.5} = 100000[\text{lm}]$$

40[W] 형광등 1개의 광속은 2500[lm]이므로 등수 N은

$$\therefore N = \frac{NF}{F} = \frac{100000}{2500} = 40[\text{등}]$$

[답] ②

문제 **11**

1000[lm]을 복사하는 전등 10개를 100[m²]의 방에 설치하였다. 조명률은 0.5, 감광 보상률을 1.5라고 하면 방의 평균 조도[lx]는 얼마인가?

① 50 ② 33.3 ③ 75
④ 150 ⑤ 120

풀이

$FUN = EAD$에서

$$E = \frac{FUN}{AD} = \frac{1000\times0.5\times10}{100\times1.5} = 33.3[\text{lx}]$$

[답] ②

문제 **12**

평면 구면 광도 100[cd]의 전구 5개를 지름 10[m]인 원형의 방에 점등할 때 조명률 0.5, 감광 보상률 1.5라 하면, 방의 평균 조도[lx]는?

① 약 35 ② 약 26 ③ 약 48
④ 약 59 ⑤ 약 87

풀이

$F = 4\pi I = 4\pi\times100[\text{lm}]$, $A = \pi r^2 = \pi\times5^2[\text{m}^2]$이므로

$FUN = EAD$

$$\therefore E = \frac{FUN}{AD} = \frac{(4\pi\times100)\times0.5\times5}{(\pi\times5^2)\times1.5} = 26.7[\text{lx}]$$

[답] ②

문제 **13**

바닥 면적 200[m²]인 교실에 전광속 2500[lm]의 40[W] 형광등을 시설하여 평균 조도를 150[lx]로 하자면 설치할 전등수[등]는 얼마인가?(단, 조명률 50[%], 감광 보상률 1.25로 한다.)

① 30 ② 26 ③ 20
④ 18 ⑤ 12

풀이

교실의 평균 조도를 150[lx]로 하기 위한 전소요 광속은

$$NF = \frac{EAD}{U} = \frac{150\times200\times1.25}{0.5} = 75000[\text{lm}]$$

40[W] 형광등 1개의 광속은 2500[lm]이므로 등수 N은

$$\therefore N = \frac{NF}{F} = \frac{75000}{2500} = 30[\text{등}]$$

[답] ①

문제 14

그림과 같이 반지름 3[m]의 작업면의 평균 조도 80[lx]로 조명하기 위해 3[m] 위에 광원을 두었을 때 이 광원의 전광속[lm]은 얼마로 하면 되는가?(단, 조명률은 40[%], 한 개의 광원으로 한다.)

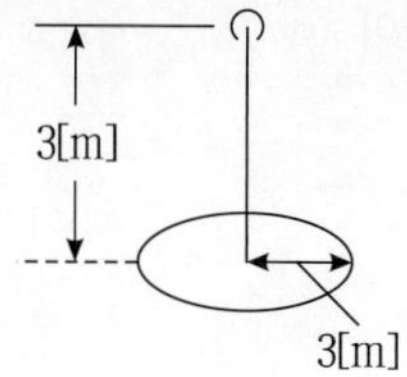

① 약 7202 ② 약 5652
③ 약 2800 ④ 약 950 ⑤ 약 3860

풀이

$FNU = EA$ 에서

$\therefore F = \dfrac{EA}{NU} = \dfrac{80 \times \pi \times 3^2}{1 \times 0.4} = 5652[\text{lm}]$ [답] ②

문제 15

평균 구면 광도가 각각 100[cd]인 전구 10개를 지름 20[m]인 원형의 방에 점등할 때 조명률 및 감광 보상률이 각각 0.8, 1.8이라고 하면 방의 평균 조도[lx]는 얼마인가?

① 약 20.4 ② 약 27.05 ③ 약 17.8
④ 약 18.9 ⑤ 약 15.7

풀이

$F = 4\pi I = 4\pi \times 100[\text{lm}]$, $A = \pi r^2 = \pi \times 10^2[\text{m}^2]$이므로

$FUN = EAD$

$\therefore E = \dfrac{FUN}{AD} = \dfrac{(4\pi \times 100) \times 0.8 \times 10}{\pi \times 10^2 \times 1.8} \fallingdotseq 17.8[\text{lx}]$ [답] ③

문제 16

방의 가로가 10[m], 세로가 20[m]일 때 조명률은 0.5이라 한다. 방의 평균 수평면 조도를 200[lx]로 하기 위해서는 형광등(2등용 40[W])을 몇 등 사용하여야 하는가?(단, 40[W] 형광등 한 등당의 전광속은 3000[lm], 감광 보상률은 1.8로 한다.)

① 18대 ② 24대 ③ 36대
④ 50대 ⑤ 62대

풀이

방의 평균 수평면 조도를 200[lx]로 하기 위한 전소요 광속은

$$NF = \frac{EAD}{U} = \frac{200 \times 10 \times 20 \times 1.8}{0.5} = 144000[\text{lm}]$$

40[W] 형광등 1개의 광속은 3000[lm]이므로 등수 N은

$$\frac{144000}{3000} = 48[\text{등}]$$

기구는 2등용이므로 사용 대수는 24대가 된다. [답] ②

문제 17 곡선 도로 조명상 조명 기구의 배치 조건이 가장 적당한 사항은?

① 양측 배치의 경우는 지그재그식으로 한다.

② 한쪽만 배치하는 경우는 커브 바깥쪽에 배치한다.

③ 직선 도로에서보다 등간격을 조금 더 넓게 한다.

④ 곡선 도로의 곡률 반경이 클수록 등간격을 짧게 한다.

⑤ 곡선 도로의 곡률 반경이 클수록 등간격을 길게 한다.

풀이 [답] ①

문제 18 폭 16[m]인 도로의 중앙에 8[m]의 높이에 간격 24[m]마다 200[W] 전구를 가설할 때 조명률 0.25, 감광 보상률 1.3이라 하면, 도로면의 평균 조도[lx]는 약 얼마인가?(단, 200[W] 전구의 전광속은 3450[lm]이다.)

① 1.7 ② 2.2 ③ 8.8

④ 17.6 ⑤ 22.4

풀이

도로 조명에서 1전등당 면적은

$BS = 16 \times 24[\text{m}^2]$

$FU = EBSD$에서

$$\therefore E = \frac{FU}{BSD} = \frac{3450 \times 0.25}{16 \times 24 \times 1.3}$$

$\fallingdotseq 1.7[\text{lx}]$

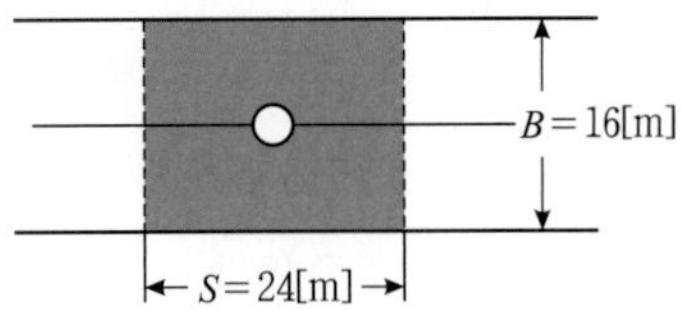

[답] ①

문제 19 정밀 작업의 공장에 적당한 조명 방식은?

① 전반 조명 ② 국부 조명 ③ 전반국부병용 조명

④ 코브 조명 ⑤ 직접 조명

풀이

전반국부병용 조명 : 전반 조명의 등기구를 작업 장소에 중심적으로 배치하는 방식으로 연속된 작업대, 컨베이어 등의 위에서 작업면을 고르게 조사하므로 이 방식은 국부적으로 높은 조도를 얻을 수 있기 때문에 정밀조립, 점검작업에 적합하다. [답] ③

문제 20 면적을 A, 총광속을 F, 조명률을 U라 할 때 평균 조도의 계산식은?

① $F\times A\times U$ ② $\dfrac{F\times A}{U}$ ③ $\dfrac{A\times U}{F}$

④ $\dfrac{F\times U}{A}$ ⑤ $\dfrac{UA}{F}$

풀이

$FUN = AED \quad \therefore E = \dfrac{FUN}{AD}$ [답] ④

문제 21 등기구의 표시 중 H자로 표시가 있는 것은 어느 등인가?

① 백열등 ② 수은등 ③ 형광등

④ 나트륨등 ⑤ 네온관등

풀이

[답] ②

문제 22 다음 중 전반 조명의 특색을 나타낸 것은?

① 효율이 좋다. ② 휘도가 낮다.

③ 휘도가 좋다. ④ 충분한 조도가 얻어진다.

⑤ 작업시 등의 위치를 옮기지 않아도 된다.

풀이

[답] ⑤

문제 23 다음 사항 중에서 조명률에 영향을 미치지 않는 것은?

① 방 내면의 반사율 ② 감광 보상률 ③ 조명 기구의 종류

④ 방지수 ⑤ 작업면의 광속

풀이 조명률은 방 내면의 반사율, 방지수, 조명 기구의 종류에 따라 다르다. [답] ②

문제 24 작업면에 필요한 조도를 E, 면적을 A, 조명률을 U, 전등수를 N, 광원 1개의 광속을 F, 감광 보상률을 D라고 할 때 실내 조명에서의 전소요 광속은?

① $NF=\dfrac{AED}{U}$ ② $F=\dfrac{AEDN}{U}$ ③ $NF=\dfrac{AED}{D}$

④ $F=\dfrac{NU}{EAD}$ ⑤ $F=\dfrac{AEN}{UD}$

풀이 $FUN=AED$

$\therefore NF=\dfrac{AED}{U}$ [답] ①

문제 25 1000[lm]을 복사하는 전등 5개를 100[m^2]의 실에 설치하였다. 조명률을 0.5, 감광 보상률을 1.2라고 하면 실의 평균 조도[lx]는?

① 20.83 ② 37.5 ③ 40.2

④ 42.5 ⑤ 44.5

풀이 $FUN=EAD$에서

$E=\dfrac{FUN}{AD}=\dfrac{1000\times0.5\times5}{100\times1.2}=20.83$[lx] [답] ①

문제 26 폭이 15[m]이고, 무한히 긴 도로의 양쪽에 간격 20[m]를 두고 무수한 가로등을 점등할 때 한등의 전광속이 3000[lm]이고, 그 45[%]가 도로 전면에 투사된다면 도로면의 평균 조도[lx]는?

① 20 ② 18 ③ 9

④ 4.5 ⑤ 2.7

풀이

무한히 긴 도로이므로 1전등당의 비쳐야 하는 면적 A는 그림의 색칠한 부분이라고 생각된다.

$A = 20 \times 7.5 = 150[\mathrm{m}^2]$

유효 광속 F는 총광속의 45[%]가 전면에 투사되므로

$F = 3000 \times 0.45[\mathrm{lm}]$

평균 조도 E는

$\therefore E = \frac{F}{A} = \frac{3000 \times 0.45}{150} = 9[\mathrm{lx}]$

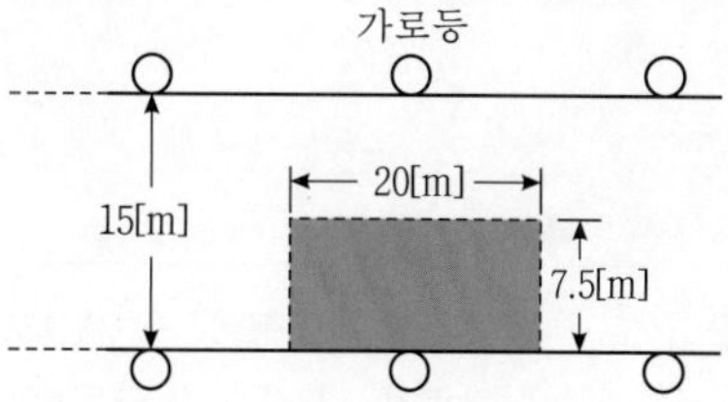

[답] ③

문제 **27**

직접 조명 기구의 하향 광속 비율은?

① 0~10[%] ② 10~40[%] ③ 40~60[%]

④ 60~90[%] ⑤ 90~100[%]

풀이

직접 조명 : 90~100[%], 반직접 조명 : 60~90[%], 전반 확산 조명 : 40~60[%], 반간접 조명 : 10~40[%], 간접 조명 : 0~10[%] [답] ⑤

문제 **28**

폭 20[m]인 도로 중앙에 6[m]의 높이로 간격 24[m]마다 400[W]의 수은 전구를 가설할 때 조명률 0.25, 감광 보상률을 1.3이라 하면 도로면의 평균 조도[lx]는 얼마인가?(단, 400[W] 수은 전구의 전광속은 23000[lm]이다.)

① 약 18.4 ② 약 9.2 ③ 약 4.6

④ 약 46 ⑤ 약 92

풀이

도로 조명에서 1수은 전구당 면적은

$BS = 20 \times 24[\mathrm{m}^2]$

$FU = EBSD$에서

$\therefore E = \frac{FU}{BSD} = \frac{23000 \times 0.25}{20 \times 24 \times 1.3} = 9.2[\mathrm{lx}]$

[답] ②

문제 **29** 폭이 25[m]인 고속 자동차 도로의 양쪽에 지그재그식으로 300[W] 고압 수은등을 배치하여 도로의 평균 조도를 5[lx]로 하려면, 각 등의 간격을 약 몇 [m]로 하면 되는가?(단, 조명률은 0.2이고, 감광 보상률은 1.4, 수은등의 광속은 5500[lm]이다.)

① 6.3 ② 12.6 ③ 18.6

④ 25.2 ⑤ 40.4

풀이

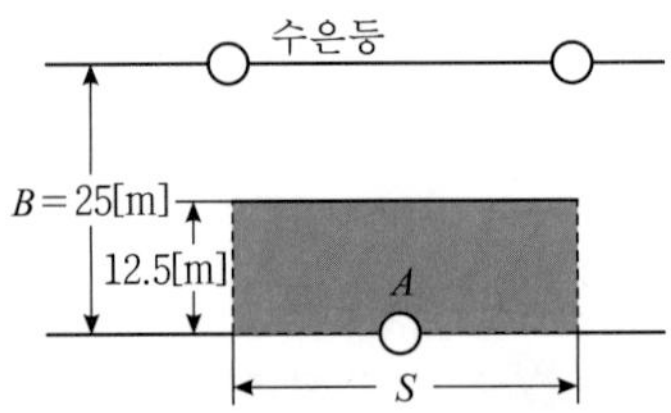

고압 수은등이 지그재그로 배치되어 있으므로, 이 경우 한 수은등이 비쳐야 하는 면적은 그림에서 색칠한 부분이라고 생각할 수 있다. 단, 수은등 간격을 S[m]로 한다.

따라서 그 면적 A[m²]는

$A = 12.5S$[m²] ························ ①

로 된다.

일반적으로 면적 A[m²]의 평면을 평균 조도 E[lx]로 할 때, 조명률 U, 감광 보상률 D인 조명 기구를 쓰는 경우의 소요 광속 F[lm]는 다음 식으로 표시된다.

$$F = \frac{EAD}{U}$$

따라서

$$A = \frac{FU}{ED} = \frac{5500\times0.2}{5\times1.4} \text{ ························ ②}$$

로 된다.

여기서, 감광 보상률 D를 1.4, 300[W] 수은등의 광속은 5500[lm]이므로 주어진 값과 식 ① 및 ②에서

$$12.5S = \frac{5500\times0.2}{5\times1.4}$$

$$\therefore S = \frac{1100}{87.5} \fallingdotseq 12.6[\text{m}]$$

즉, 수은등의 간격을 12.6[m]로 하면 된다. [답] ②

문제 **30** 500[lm]인 광속을 발산하는 전등 10개를 500[m²] 방에 점등하였다. 평균 조도[lx]는?(단, 조명률은 0.5이고, 감광 보상률이 1.5이다.)

① 2 ② 2.5 ③ 3.33

④ 4 ⑤ 5.5

풀이

$E=\dfrac{FUN}{AD}$ 에서

$E=\dfrac{500\times0.5\times10}{500\times1.5}=3.33[\text{lx}]$ [답] ③

문제 **31**

폭 10[m], 길이 15[m], 높이 4[m]인 사무실이 있다. 백열 전구 12개를 설치하였을 때 천장, 벽, 바닥의 평균 조도가 각각 30, 50, 80[lx]가 되었다. 지금 천장, 벽, 바닥의 반사율을 각각 70, 50, 10[%]라 하고 기구 효율을 70[%]라고 하면 조명률 [%]은 약 얼마가 되는가?

① 10 ② 20 ③ 50

④ 80 ⑤ 90

풀이

천장, 벽, 바닥의 면적을 각각 A_1, A_2, A_3, 평균 조도를 각각 E_1, E_2, E_3, 반사율을 각각 ρ_1, ρ_2, ρ_3,라 하면, 각면의 흡수 광속은

$E_1A_1(1-\rho_1)+E_2A_2(1-\rho_2)+E_3A_3(1-\rho_3)$

이 광속을 광원이 공급하므로 전구의 총광속 F_0, 기구 효율 η 사이에는

$\eta F_0=E_1A_1(1-\rho_1)+E_2A_2(1-\rho_2)+E_3A_3(1-\rho_3)$

$F_0=\dfrac{30\times150(1-0.7)+50\times200(1-0.5)+80\times150(1-0.1)}{0.7}=\dfrac{17150}{0.7}=24500[\text{lm}]$

바닥의 입사 광속 F는

$F=E_3A_3=80\times150=12000[\text{lm}]$

조명률 U는

$\therefore\ U=\dfrac{F}{F_0}=\dfrac{12000}{24500}\fallingdotseq0.5=50[\%]$ [답] ③

문제 **32**

전반 완전확산반사면으로 되어 있는 밀폐 구내에 광원을 두었을 때 그 면의 확산조도는 어떻게 되는가?

① 광원의 형태에 의하여 변한다.

② 광원의 위치에 의하여 변한다.

③ 광원의 배광에 의하여 변한다.

④ 구의 지름에 의하여 변한다.

⑤ 구의 반지름에 의하여 변한다.

풀이

반사율 ρ, 지름 D인 완전확산구면 내의 중심에 전광속 F의 광원을 놓을 때, 구면 내 면상의 한 점에서의 확산 조도는?

$$E=\frac{\rho}{1-\rho}\cdot\frac{F}{\pi D^2}\propto\frac{1}{D}$$

즉, 구의 지름 D에 따라 변한다. [답] ④

문제 **33**

반사율 ρ, 투과율 τ, 반지름 r 인 완전 확산성 구형 글로브의 중심에 광도 I 의 점광원을 켰을 때, 광속 발산도는?

① $\frac{\rho I}{r^2(1-\rho)}$ ② $\frac{4\pi\rho I}{r^2(1-\tau)}$ ③ $\frac{\tau I}{r^2(1-\rho)}$

④ $\frac{\rho\pi I}{r^2(1-\rho)}$ ⑤ $\frac{4\pi I}{r^2(1-\rho)}$

풀이

$$R=\frac{F\eta}{A}=\frac{4\pi I}{4\pi r^2}\cdot\frac{\tau}{1-\rho}=\frac{\tau I}{r^2(1-\rho)}\text{[rlx]}$$

[답] ③

문제 **34**

폭 24[m]인 가로의 양쪽에 20[m] 간격으로 지그재그식으로 등주를 배치하여 가로상의 평균 조도를 5[lx]로 하려고 한다. 각 등주상에 몇 [lm]의 전구가 필요한가?(단, 가로면에서의 광속 이용률은 25[%]이다.)

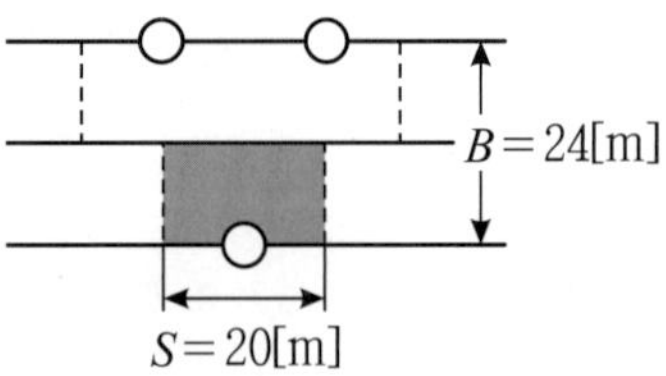

① 3600 ② 4200 ③ 4800

④ 5400 ⑤ 6400

풀이

지그재그식 가로등 한 등당 피조면 면적 A는

$$A=\frac{SB}{2}=\frac{24\times20}{2}=240[\text{m}^2]$$

소요 유효 광속 F는 $F=EA=5\times240=1200$[lm]

따라서, 전구에 필요한 광속 F_0는

$$\therefore F_0=\frac{F}{U}=\frac{1200}{0.25}=4800\text{[lm]}$$

[답] ③

문제 **35** 반사형 투광 기구의 반사면에 사용되는 물질은?

① 알루미늄 ② 은분 ③ 금분

④ 초산은 ⑤ 적인

풀이

[답] ④

문제 **36** 조명률의 결정에 관계가 없는 것은?

① 실지수 ② 조명 기구의 종류

③ 감광 보상률 ④ 실내의 반사면의 반사율 ⑤ 광속

풀이

조명률은 방지수, 조명 기구의 종류, 실내면(천장, 벽, 바닥 등)의 반사율에 따라 달라진다.

[답] ③

문제 **37** 평균 구면 광도 100[cd]의 전구 5개를 지름 10[m]인 원형의 방에 점등할 때 조명률 0.5, 감광 보상률 1.5라 하면, 방의 평균 조도[lx]는?

① 약 35 ② 약 26 ③ 약 48

④ 약 59 ⑤ 약 64

풀이

$FUN = EAD$에서

$F = 4\pi I = 4\pi \times 100$[lm], $N = 5$, $U = 0.5$, $D = 1.5$, $A = \pi \times 5^2$이므로

$\therefore E = \frac{FUN}{AD} = \frac{400\pi \times 5 \times 0.5}{25\pi \times 1.5} \fallingdotseq 26.7$[lx]

[답] ②

문제 **38** 도로 조명 계산을 광속법에 의해 다음과 같다.

$F = \frac{E \times B \times S \times D}{N \times U}$ 여기서 U는 무엇을 의미하는가?

① 도로의 평균 조도 ② 감광 보상률 ③ 광원의 수

④ 조명률 ⑤ 광속

풀이

F : 등주 1개당의 광원 광속[lm], B : 도로의 폭[m], S : 등주 간격[m]
E : 도로면 위의 평균 조도[lx], U : 조명률, D : 감광 보상률, N: 광원의 수 [답] ④

문제 **39**

지름 2[m]인 작업면의 중심 직상 1[m]의 높이에서 각 방향의 광도가 100 [cd] 되는 광원 1개로 조명할 때의 조명률[%]을 구하면?

① 약50 ② 약30 ③ 약20
④ 약12 ⑤ 약15

풀이

지조면이 광원에 대한 입체각 ω는

$\omega = 2\pi(-\cos\theta)$

여기서 θ는 광원을 정점으로 하고 작업면을 밑면으로 하는 직원추체 꼭지각의 $\frac{1}{2}$이고 $\cos\theta = \frac{1}{\sqrt{2}}$이 된다.

평균 구면 광도를 I_0라고 하면 작업면의 입사 광속 F는

$F = \omega I_0 = 100 \times 2\pi\left(1 - \frac{1}{\sqrt{2}}\right)$[lm]

광원의 전광속 F_0는

$F_0 = 4\pi I_0 = 400\pi$ [lm]

조명률 U는

$\therefore\ U = \frac{F}{F_0} = \frac{200\pi\left(1 - \frac{1}{\sqrt{2}}\right)}{400\pi} = \frac{2-\sqrt{2}}{4} = 0.147 = 14.7[\%]$ [답] ⑤

문제 **40**

옥내 전반조명에서 바닥면의 조도를 균일하게 하기 위하여 등간격은 등높이의 얼마가 적당한가? 단, 등간격 S, 등높이 H이다.

① $S \leqq 0.5H$ ② $S \leqq H$ ③ $S \leqq 1.5H$
④ $S \leqq 2H$ ⑤ $S \leqq 2.5H$

풀이

광원의 상호 간격을 S라 하면

$S \leqq 1.5H$

$S \leqq \frac{H}{2}$ (벽측을 사용하지 않을 때)

$S \leqq \frac{H}{3}$ (벽측을 사용할 때) [답] ③

문제 41

전반 확산 조명 방식에 적당한 조명 기구는?

① 유백색 반사기 ② 금속 반사기
③ 유백색 외구 ④ 루버 기구 ⑤ 스탠드

풀이

기구로부터 나오는 빛이 상하 어느 쪽으로 거의 동일하게 나오는 배광을 가진 기구를 사용하는 방식으로 전구를 글로부 속에 넣거나 형광등을 반사(갓) 없이 매달면, 대체로 전반 확산 조명 방식이 된다. [답] ③

문제 42

빛을 아래쪽에 확산, 복사시키며 또 눈부심을 적게 하는 조명 기구는?

① 루버 ② 반사볼 ③ 투광기
④ 글로브 ⑤ 갓

풀이

글로브(globe)는 빛의 투과와 굴절을 이용한 것으로 일반적으로 젖빛 유리로 광원의 전부 또는 일부가 된 것으로, 빛은 글로브 내부에서 서로 반사되어 외부에 확산·투과된다. [답] ①

문제 43

반사율 ρ, 투과율 τ, 흡수율 r 간에는 어떤 식이 성립하는가?

① $\rho+\tau+r=0$ ② $\rho+\tau+r=1$ ③ $\rho+\tau-r=0$
④ $\rho+\tau-r=1$ ⑤ $\rho-\tau+r=0$

풀이

[답] ②

문제 44

반사율 40[%], 투과율 10[%]인 종이에 1,000[lm]의 빛을 비추었을 때 흡수되는 광속은?

① 250 ② 400 ③ 500
④ 650 ⑤ 750

풀이

[답] ③

문제 45 투과율 60[%]의 완전 확산성 유리를 천장 이면에서 비춰서 바닥에서 본 천장의 휘도가 0.5[Sb]로 되기 위한 천장 유리의 조도는?

① 2,618 ② 2,520 ③ 26,180

④ 2,810 ⑤ 5,620

풀이

조도 E, 광속 발산도 R, 휘도 B, 투과율 τ

$R=\tau E$이고 완전 확산면 $R=\pi B$이므로

$\tau E=\pi B$

$E=\frac{\pi B}{\tau}=\frac{\pi\times 0.5}{0.6}$ [cd/cm²] $=2.618$

위의 단위가 보조 단위이므로

$2.618\times 10^4=26,180$[cd/m⁴] $=26,180$[lx] [답] ③

문제 46 광속 F [lm]의 광원을 써서 작업면 S [m²]의 평균 조도가 E [lx]일 때 다음 식으로 나타내는 조명률 U 는?

① $U=\frac{SE}{F}\times 100[\%]$ ② $U=\frac{F}{SE}\times 100[\%]$

③ $U=\frac{E}{SF}\times 100[\%]$ ④ $U=\frac{SF}{E}\times 100[\%]$

⑤ $U=\frac{F}{S^2E}\times 100[\%]$

풀이

[답] ①

문제 47 다음 조명 방식 중에서 그림자가 짙게 생기며 눈부심이 큰 것은?

① 반간접 조명 ② 직접 조명 ③ 간접 조명

④ 전반 확산 조명 ⑤ 반간접 확산 조명

풀이

[답] ②

문제 **48**

루소 선도가 다음 그림과 같은 광원의 배광 곡선의 식을 구하면?

① $I_0 = \frac{\pi - \theta}{\pi} \cdot 100$

② $I_0 = 100 \cdot \cos\theta$

③ $I_0 = \frac{\theta}{\pi} \cdot 100$

④ $I_0 = 50(1 + \cos\theta)$

⑤ $I_0 = 100(1 + \cos\theta)$

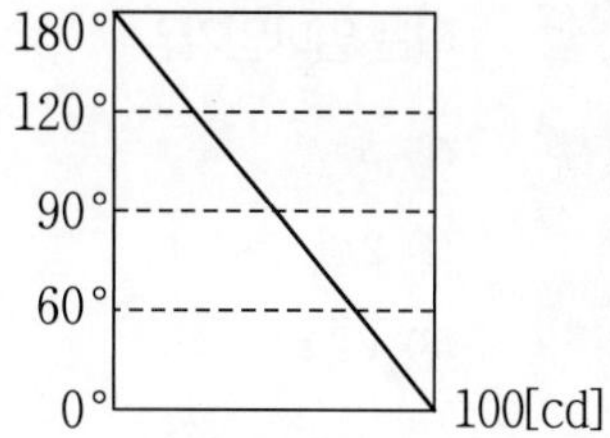

풀이

루소 선도에서 θ 방향의 광도 I_0는 $\frac{I_0}{100} = \frac{r(1+\cos\theta)}{2r}$

$\therefore I_0 = 50(1+\cos\theta)$ [답] ④

문제 **49**

1,500[lm]을 방사하는 전등 5개를 100[m²]의 방에 설치하였다. 조명률 0.5, 감광 보상률 1.5라고 하면 방의 평균 조도[lx]는 얼마인가?

① 22　② 24　③ 25

④ 27　⑤ 30

풀이

$EAD = EUN$

$\therefore \frac{EUN}{AD} = \frac{1,500 \times 0.5 \times 5}{100 \times 1.5} = 25[\text{lx}]$ [답] ①

문제 **50**

평균 구면 광도 100[cd]의 전구를 직경 10[m]의 원형의 실내에 설치하였다. 조명률은 0.5라고 하고 평균 조도가 40[lx]이었다고 하면 등의 수는 몇 개인가?

① 4　② 5　③ 8

④ 12　⑤ 15

풀이

$FUN = EA$

$F = 4\pi I = 4\pi \times 100$

$E = 40,\ U = 0.5,\ A = \pi r^2$

$N = \frac{EA}{FU} = \frac{40 \times \pi \times 5^2}{4\pi \times 100 \times 0.5} = 5[개]$ [답] ②

문제 51

각 방향의 배광이 균일한 광도 I 인 광원을 그림과 같이 배치하였을 때 수평거리 a 가 일정한 경우 점 P점에서의 수평면 조도가 최대가 되는 광원의 높이는 얼마인가?

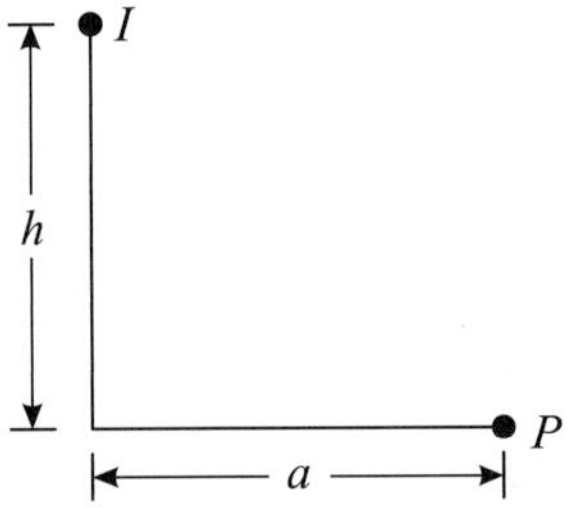

① a

② $2a$

③ $\sqrt{2}\,a$

④ $a/\sqrt{2}$

⑤ $a^2/\sqrt{2}$

풀이

점 P의 수평면 조도 E_h는

$$E_h = \frac{Ih}{(h^2+a^2)^{3/2}}$$

E_h가 최대되는 h의 값은 $\frac{dE_h}{dh}=0$ 되는 곳이다.

$$\frac{d}{dh}E_h = \frac{d}{dh}\left\{\frac{Ih}{(h^2+a^2)^{3/2}}\right\}=0$$

$$I\left\{(h^2+a^2)^{\frac{3}{2}} - h\cdot\frac{3}{2}(h^2+a^2)^{\frac{5}{2}}\cdot 2h\right\}=0$$

$$h^2+a^2-3h^3=0$$

$$a^2-2h^2=0$$

$$a^2=2h^2$$

$$h^2=\frac{a^2}{2} \quad \therefore\ h=\sqrt{\frac{a^2}{2}}=\frac{a}{\sqrt{2}}$$

[답] ④

문제 52

그림과 같은 반구형 천장이 있다. 그 반지름 r, 휘도는 b 이고 균일하다. 이때 a 의 거리에 있는 바닥의 중앙점의 조도는 얼마인가?

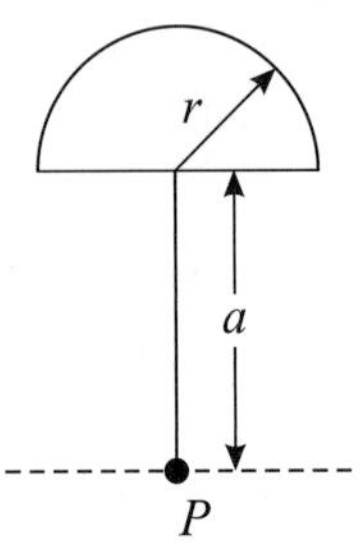

① $\frac{\pi r^2 b}{r^2+a^2}$

② $\frac{\pi r^2 b}{\sqrt{r^2+a^2}}$

③ $r^2 b$

④ $\pi r^2 b$

⑤ $\pi r^2 b^2$

풀이

조도 E는 $E=\pi b\sin^2\theta$, $\sin\theta=\frac{r^2}{\sqrt{a^2+r^2}}$ $\therefore E=\frac{\pi r^2 b}{a^2+r^2}$ [답] ①

문제 53

같은 조도를 얻기 위하여 간접 조명에서는 직접 조명의 몇 배의 전력이 필요한가?

① 2배 ② 4배 ③ 6배
④ 8배 ⑤ 16배

풀이

[답] ①

문제 54

전반사를 일으키는 곳은 어디인가?

① 유리 ② 거울 ③ 렌즈
④ 피사체 ⑤ 글로버

풀이

[답] ②

문제 55

장형 광도계로 아래 그림과 같은 광도로 P 면에 수직으로 비췄더니 평형을 이루었다. D_1 이 60[cm]라면 D_2 는?

① 30[cm]
② 60[cm]
③ 90[cm]
④ 120[cm]
⑤ 180[cm]

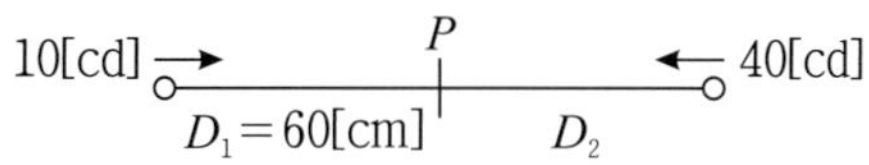

풀이

$E_1 = E_2$, $\dfrac{I_1}{D_1^2} = \dfrac{I_2}{D_2^2}$

$\dfrac{10}{60^2} = \dfrac{40}{D_2^2}$, $D_2 = \sqrt{\dfrac{40}{10}} \times 60 = 120[\text{cm}]$ [답] ④

문제 **56** 구광원의 전 광속은 다음 중 어느 것인가?

① $\pi^2 I$　② πI　③ $4\pi I$　④ $4\pi^2 I$　⑤ $2\pi^2 I$

풀이

구광원의 루소 선도의 면적은 그림에서 알 수 있는 바와 같이 직사각형이므로 $2rI[\text{m}^2]$이다.

따라서, 전 광속 F는

$F = \dfrac{2\pi}{r} \times$(루소 선도의 면적)

$= \dfrac{2\pi}{r} \times 2rI = 4\pi I[\text{cd}]$

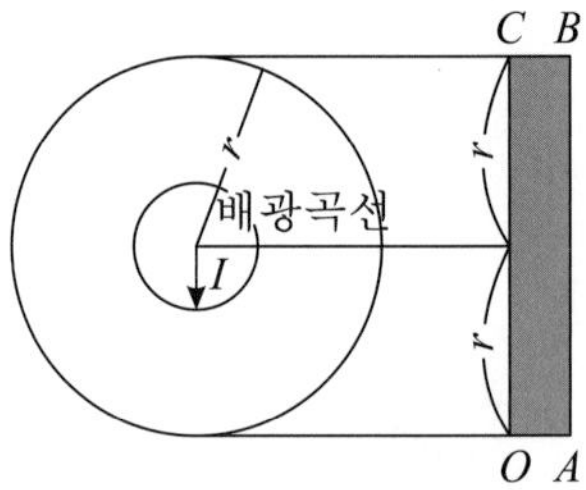

[답] ③

문제 **57** 구광원의 전 광속은 다음 중 어느 것인가?

① $\pi^2 I$　② πI　③ $4\pi I$　④ $4\pi r^2 I$　⑤ $2\pi I$

풀이

루소 선도인 그림의 좌표 (x, y)라 하면

$x = I\sin\theta$, $y = -r\cos\theta$

이로부터

$\sin\theta = \dfrac{x}{I}$　$\cos\theta = -\dfrac{y}{r}$

$\sin^2\theta = \dfrac{x^2}{I^2}$　$\cos^2\theta = \dfrac{y^2}{r^2}$

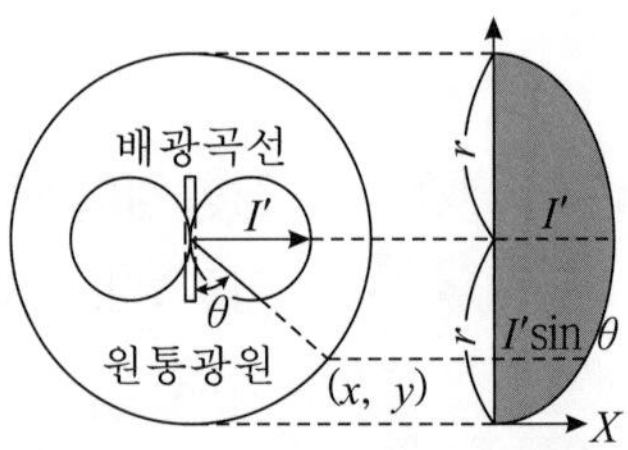

$\sin^2\theta + \cos^2\theta = 1$ 식으로부터 $\sin^2\theta + \cos^2\theta = \dfrac{x^2}{I^2} + \dfrac{y^2}{r^2} = 1$

∴ 이 곡선은 타원을 나타낸다. 장경 : r, 단경 : I

타원의 면적 : (π×장경×단경)

루소 선도의 면적 : $\dfrac{\pi r I}{2}$(타원의 반분)

∴ 구하는 전 광속$= \dfrac{2\pi}{r} \times \dfrac{\pi r I}{2} = \pi^2 I$ [답] ①

문제 58 광원의 전 광속은 루소 선도의 면적에 다음의 어느 것을 곱하는가?

① $\frac{\pi}{r}$를 곱한다. ② $\frac{r}{\pi}$을 곱한다. ③ $\frac{2\pi}{r}$를 곱한다.

④ $\frac{r}{2\pi}$을 곱한다. ⑤ $\frac{\pi}{r^2}$를 곱한다.

풀이

광원의 전 광속=루소 선도의 면적× $\frac{2\pi}{r}$

[답] ③

문제 59 루소 선도가 그림과 같이 표시되는 광원의 하반구 광속을 구하여라.

① 628[lm]

② 518[m]

③ 428[lm]

④ 314[lm]

⑤ 214[lm]

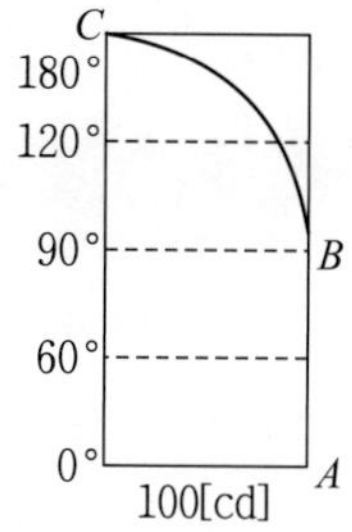

풀이

루소 선도에서 광원의 광속 F와 루소 선도의 면적 A 사이에는

$F = \frac{2\pi}{r} \times A,\ r = 100$

하반구 광속이므로 $A = 100^2$

$\therefore F = \frac{2\pi}{r} \times A = \frac{2\pi}{100} \times 100^2 = 200\pi = 200 \times 3.14 = 628[lm]$

[답] ①

문제 60 루소 선도가 그림과 같이 표시되는 광원의 하반구 광속을 구하여라.

① 628.32[lm]

② 471.24[lm]

③ 314.16[lm]

④ 215[lm]

⑤ 256.16[lm]

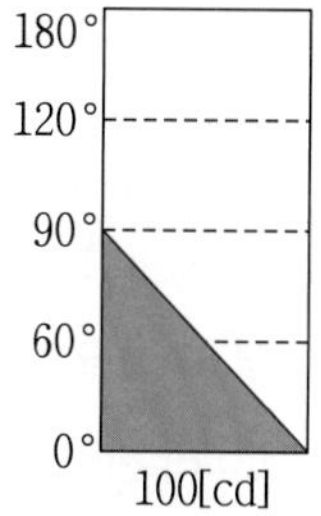

풀이

전 광속 $F = \frac{2\pi}{50} \times \frac{100 \times 100}{2} = 100\pi = 314.16$[lm] [답] ③

문제 61

투광기의 중심 광도에 직접 비례하는 것은?

① 광원의 치수 ② 초점 거리 ③ 광주의 개도

④ 광원의 휘도 ⑤ 광원의 광도

풀이

투광기로 많이 사용되는 것은 포물선 거울이므로 그 중심 광도 I는 거울의 직경을 D, 휘도를 B, 거울의 반사율을 ρ라 하면

$I = \frac{1}{4}\pi D^2 B\rho$로 표시된다. [답] ④

문제 62

평균 광도 100[cd]의 전구 5개를 지름 10[m]의 원형의 방에 점등하였다. 조명률을 0.5라 하면 방의 평균 조도는 얼마인가?

① 40[lx] ② 45[lx] ③ 50[lx]

④ 55[lx] ⑤ 60[lx]

풀이

구면 광도 100[cd]이고, 개수가 5개이므로 전 광속은

$F_5 = 4\pi IN = 4 \times \pi \times 100 \times 5 = 2000\pi$ [lm]

조명률이 0.5이므로 피조면에 들어가는 유효 광속은

$F = 2000\pi \times 0.5 = 1000\pi$ [lm]

피조면 면적은 $\pi r^2 = \pi \times 25$[m²]

그러므로 평균 조도 E는

$E = \frac{F}{A} = \frac{1000\pi}{\pi \times 25} = 40$[lx] [답] ①

문제 63

방의 가로가 10[m], 방의 세로가 20[m], 천장의 높이가 5[m]이고, 조명률이 0.5인 방에 있어서, 탁상의 평균 수평면 조도를 100[lx]로 하기 위해서는 형광등 40[W] 2등용을 몇 대 사용하여야 하는가? 단, 형광등의 전 광속은 3,000[lm], 감광 보상률은 1.8이라 한다.

① 24 ② 18 ③ 16

④ 12 ⑤ 8

풀이

방의 평균 수평면 조도를 100[lx]로 하기 위한 전 소요 광속은

$$NF = \frac{EAD}{U} = \frac{100\times10\times20\times1.8}{0.5} = 72000[\text{lm}]$$

문제의 뜻에 따라 형광등 40[W], 1개의 광속은 3000[lm]이므로 등의 수는

$$\frac{72000}{3000} = 24[\text{본}]$$

기구는 2등용이므로 사용 대수는 12대가 된다. [답] ④

문제 64

폭 15[m]의 무한히 긴 가로의 양측에 간격 20[m]를 두고 무수한 가로등이 점등되고 있다. 1등당의 전 광속은 3000[lm]이고, 이 것의 45[%]가 가로 전면에 투사한다고 하면 가로면의 평균 조도는 얼마인가?

① 15[lx] ② 13[lx] ③ 11[lx]

④ 9[lx] ⑤ 7[lx]

풀이

무한히 긴 가로이므로 1등에 그림에 색칠된 면적 $A = 20\times7.5 = 150[\text{m}^2]$를 조명한 것과 같은 결과가 된다.

유효 광속 $F = 3000\times0.45[\text{lm}]$이므로 평균 조도 E는

$$E = \frac{F}{A} = \frac{3000\times0.45}{150} = 9[\text{lx}]$$

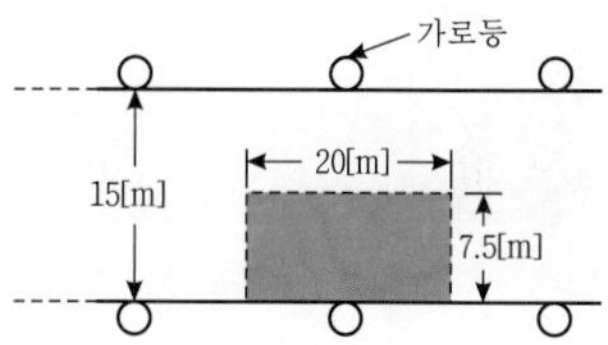

[답] ④

문제 65

폭 24[m]의 가로 양측에 20[m] 간격의 엇갈린 식으로 등주를 배치하여 가로상의 평균 조도 5[lx]를 얻고자 한다. 각 등주상에 몇 [Watt]의 전구를 필요로 하는가? 단, 가로면에 있어 광속 이용률은 25[%]이다.

① 500[W] ② 300[W] ③ 150[W]

④ 100[W] ⑤ 60[W]

풀이

문제의 뜻에 의해 그림을 그리면 그림과 같은 배치가 된다. 따라서 1등주 1전주식이라 하며 1전구에 할당되는 면적은 색칠된 부분으로 이것을 조명하는 것이다. 이 면적은

$\frac{20}{2} \times 24 = 240[m^2]$

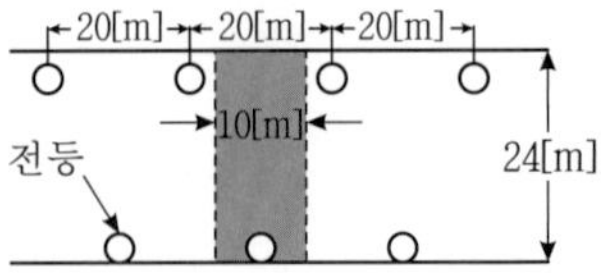

소유 유효 광속은

유효 광속 $= 5 \times 240 = 1200[lm]$

전구에 필요한 광속 $= \frac{1200}{0.25} = 4800[lm]$

200[W] 전구의 광속은 3400[lm], 300[W]는 5300[lm]로서 감광 보상율도 생각하여 4800[lm]에 가깝다. 따라서 300[W] 전기를 쓴다. [답] ②

문제 **66**

면적을 A, 전 광속을 F, 조명률을 U 라 하면, 평균 조도의 계산식은?

① FAU　② FB/U　③ AU/F
④ FU/U　⑤ F/AU

풀이

[답] ④

문제 **67**

조명률을 나타내는 식은?

① $\frac{\text{피조면 광속}}{\text{광속}}$　② $\frac{\text{피조면 광속}}{\text{등기 광속}}$　③ $\frac{\text{등기 광속}}{\text{피조면 광속}}$
④ $\frac{\text{피조면 광속}}{\text{광원으로부터의 전광속}}$　⑤ $\frac{\text{광원으로부터의 전광속}}{\text{피조면 광속}}$

풀이

조명률은 광원의 전광속에 대한 피조면의 광속을 나타낸 것으로, 실지수와 천장, 벽, 밑바닥의 반사율, 직접 조명, 간접 조명, 전반 확산 조명 등에서 얻어지는 표에 의한다.

[답] ④

문제 **68**

정밀 기계 공장의 국부 조명용에 적당한 조명 기구는?

① 직접 조명 기구　② 반간접 조명 기구　③ 간접 조명 기구
④ 반직접 조명 기구　⑤ 글로우브

풀이

[답] ①

문제 69 백열 전구의 감당 보상율은?

① 1.3~2.0 ② 2.0~2.5 ③ 2.5~3.0
④ 3.0~4.0 ⑤ 4.0~4.5

풀이

광원의 광속은 점등 시간에 따라서 점점 줄어든다. 또 반사갓도 먼지 등에 의해 반사율이 저하되어 조도가 변화한다. 이 줄어든 소요 광속은 직접 조명일 경우 1.3, 간접 조명일 경우 1.5~2.0 이다. [답] ①

문제 70 눈부심을 일으키지 않는 휘도 대비는 대략?

① 5:1 ② 10:1 ③ 50:1
④ 100:1 ⑤ 20:1

풀이

시계(視界)중에 휘도의 높고 낮은 부분이 서로 인접해 있을 때 그 대비가 크면 눈부심이 생긴다. 즉, 국부 조명으로 피조 부분 이외는 암흑일 때 대비가 크므로 눈부심이 생긴다(10 : 1 이하 라야한다). [답] ②

문제 71 전반 확산 조명 방식에 적당한 조명 기구는?

① 유백색 반사갓 ② 금속 반사갓 ③ 유백색 글로우브
④ 루우버 ⑤ 반사볼

풀이

전반 확산 조명은 직접 조명과 간접 조명의 중간이며, 광원의 광속의 반은 천장으로, 반은 피조면에 빛인 조명 방식으로 유백색 글로우브가 여기에 속한다. [답] ③

문제 72 실내를 전반 조명할 때 균일도는 몇 [%] 이하인가?

① 30[%] ② 35[%] ③ 40[%]
④ 45[%] ⑤ 50[%]

풀이

[답] ①

문제 73 직접식 네온 사인으로 500[m] 떨어진 곳에서 잘 볼 수 있는 문자의 크기 [m]는?

① 0.5[m] ② 1.0[m] ③ 1.5[m]

④ 2.0[m] ⑤ 2.5[m]

풀이 문자의 크기는 유효 거리를 500으로 나눈 것. [답] ②

문제 74 형광등의 반사기를 사용했을 때의 기구 효율은 몇 [%]인가?

① 50[%] ② 55[%] ③ 65[%]

④ 75[%] ⑤ 80[%]

풀이 형광등의 반사기를 사용 했을 때 기구 효율은 약 75[%]정도이다. [답] ④

memo

lighting designer

3장

조명실무

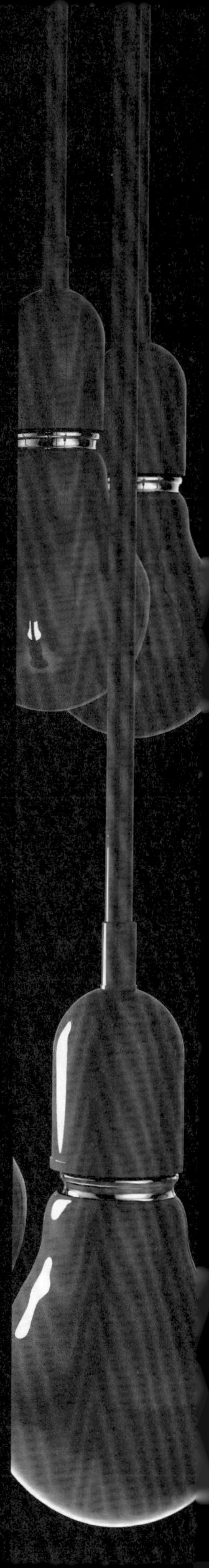

03 조명실무

l i g h t i n g d e s i g n e r

1 / 조명설계 프로세서

1. 조명설계 계획(Plan of Lighting Design) ····

조명설비 설계는 건축물의 용도, 규모 및 방의 상태 등 여러 가지 조건에 따라 그 설계 조건이 달라질 수도 있으나, 일반적으로는 다음과 같은 순서로 조명에 대한 설비를 계획하는 것이 좋다.

1. 각 건물의 실내에 알맞는 조도를 결정한다.
2. 조명방식을 검토하여 선정한다.
3. 필요한 광원을 선정한다.
4. 조명회사의 카탈로그(catalogue)를 참조하여 각 용도에 알맞는 조명기구를 선정한다.
5. 위 4항까지 결정된 요소를 토대로 하여 실내에 알맞는 필요 등수를 산출한다.
6. 등수가 결정되면 등기구를 실내에 알맞게 배치한다.
7. 조도의 분포 및 휘도를 검토한다.
8. 점멸방법을 검토한다.
9. 스위치 및 콘센트류를 배치 설계한다.
10. 배선 설계를 한다.
11. 분전반의 위치를 선정한다.
12. 간선의 굵기를 결정한다.
13. 변전실의 위치를 정하여 변전실의 크기를 정한후 조명의 상세한 설계에 임한다.

2. 전반 조명설계 Flow ····

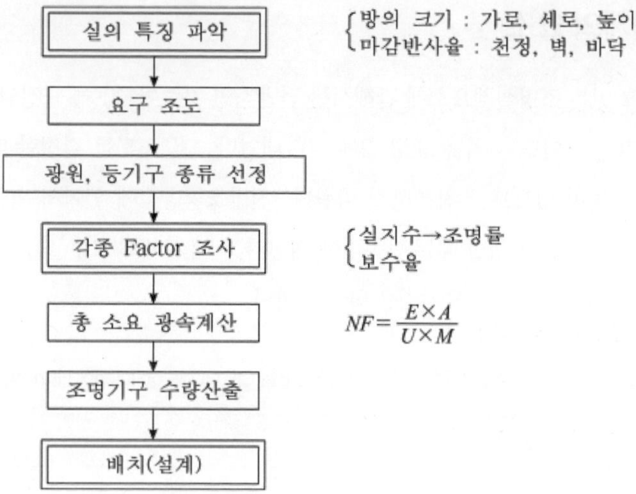

3. 조명설계의 기본개념 ····

실내공간의 사용 목적별로 정리된 조명설계의 기본개념이 제안되고 있다. (표 3-1)

• 표 3-1 각종 조명의 개념(CIE Darft Pub No, 29/2) •

조명의 종류	조명의 개념
작업을 위한 조명	시작업의 종류에 따라 좋은 보기 방법을 찾는 것이 중요하다. 전체로서의 시환경은 작업성과 만족감에 커다란 영향을 끼치므로 작업 장소에 상관없이 전체의 시환경을 검토해야 한다.
디스플레이 조명	점포나 상품전시조명에는 2가지 요건이 있다. 주의를 모으고 전시물을 매력적으로 보이게 하는 것과 항상 일하는 사람에게 쾌적한 시각 조건을 제공하는 것이다. 쇼윈도는 빛의 광고 가격이 높고 예쁘게 하여야 하고 전체적 또는 국지적으로 고조도로 하고 빛이나 움직임의 효과를 내도록 한다.
미술 전시품의 조명	미술관이나 아트갤러리의 조명의 중요한 조건은 회화나 직물 등의 바른색 연출이다. 장시간의 노광에 의한 색바램이 있는 염료가 있으므로 주의해야 한다. 입체 모델링도 중요하다. 보는 사람과 물체의 광원의 상대적인 관계에 유의한다.
병원의 조명	의사나 스텝이 일을 효과적으로 행할 수 있고 환자에게도 쾌적한 조건을 부여할 수 있어야 한다.
실내 스포츠 조명	선수와 관객에게 좋은 시각적 효과를 줄 수 있어야 하고, TV나 영화의 요구에도 맞아야 한다.
서큘레이션 조명	홀의 출입구 등의 출입, 보행에 지장이 없어야 한다.

4. 조명설계의 요소····

다양화되고 있는 조명설계요소에 관해서는 전반적인 기준이 CIE에 규정되어 있다. 참고로 CIE의 정리된 가이드 수치를 표 3-2에 나타내었다. 단, 조도를 결정할 때에는 한국공업규격 조도기준이 있으므로 참조하길 바란다. 전반조명방식에 있어서 평균조도값을 선정하고, 소요램프수를 산정할 때는 광속법에 의한다. 사용자에게 보수율을 전할 수 없을 때에는 표준적 수치를 표시한 기술지침을 참고로 한다.

• 표 3-2 **국제적인 실내조명 가이드(1983년 8월 CIE Guide on Interior Lighting Draft 등)** •

조명 설계 요소		
조 도	실내평균조도	〈예〉 – 일반 500~750~1000[lx] – 교실 300~500~750 [lx] – 조작업(공장) 200~300~500 [lx]
	조도균제도(최소/평균)	실내 전체 0.8 이상
	복도	50~75~100[lx]
	실내와 복도와의 조도비	5:1 이하
문자 보는 방법	CRF	책상 0.9 이상
눈부심(glare)	불쾌 눈부심	조명기구의 휘도 제한 차광각 20° 이상
연색성	눈부심의 광색 평균연색평가수 R_a	〈예〉 사무실, 학교 $60 \leqq R_a < 80$ 바람직한 것 $80 \leqq R_a < 90$
실내 반사율	천장 벽 마루	60[%] 이상 30~70[%] 10[%] 이상, 집기 25~50[%]
휘도 분포	책상의 서류와 범상의 휘도비 책상면과 주변의 휘도비 작업과 주변의 평균휘도비 작업과 천장면의 평균휘도비	0.3~0.5 3:1 이내 1/10 이내 1/10 이내
입체감	얼굴의 보는 방법	중요시하고 있다.
주 광	창문 눈부심, 주광 이용 조명 시스템을 이용하고 있다.	창문의 눈부심
보 수	눈부심의 광속 조명기구	(교환주기)

5. 좋은 조명의 요건 ····

적절하게 조명된 방이 피로를 적게 하며, 시각을 좋게 하기 위해서는 여러 가지 필요한 조건을 만족시켜야 한다. 따라서 조명설계에 있어 고려해야 할 사항을 열거하면 다음과 같다.

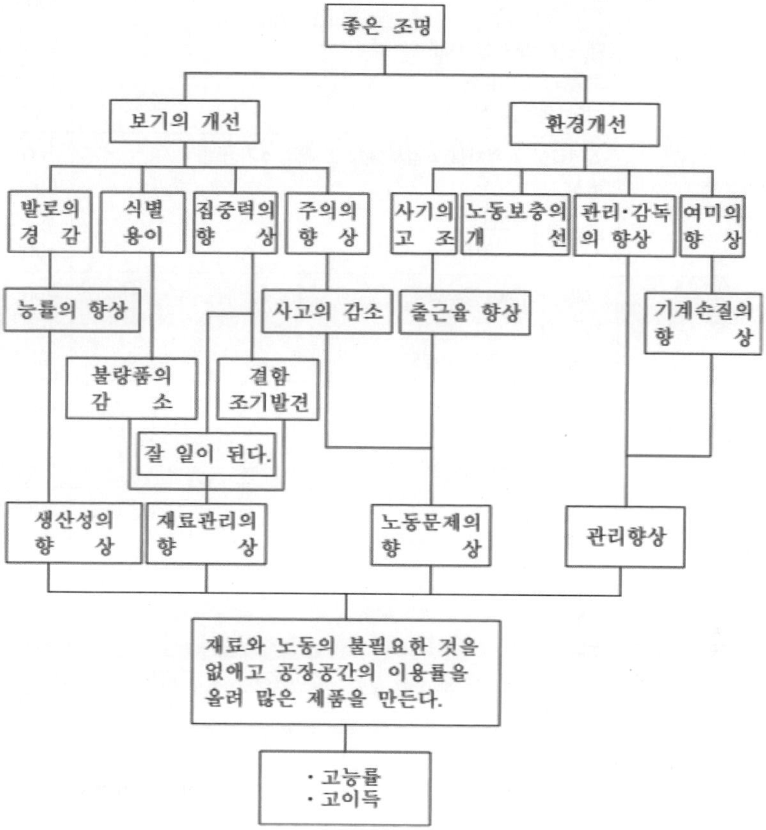

• 그림 3-1 좋은 조명의 효과 •

❶ 조도(illumination)

조명 목적에 적합하도록 충분한 조도를 주어야 한다. 조도의 크기에는 한계가 없지만 조명량이나 경제성에 의하여 제한을 받는다. 적당한 조도의 값은 표 3-3에 나타낸 것과 같다.

• 표 3-3 조도 기준표 •

(a) 사무실, 학교, 주택, 병원, 상점 및 기타

종 류		조 도
사 무 실	*타이프라이터, *제도, *계산사무 일반 사무실 회의실, 응접실	400~200 200~100 100~50
학 교	제도실, *도서실, *재봉실, *흑판 보통 교실, 실험실 강당, 체육장, 집회실	200~100 100~50 50~20
병 원	Δ진료실, Δ처치실, Δ검사실, Δ조제실, Δ기공실, 병실 수술실 { 전판 수술대	300 50 300~200 5000~1000
주 택	*재봉, *어린이 공부방 *독서실 Δ응접실, Δ거실, Δ부엌	400~200 200~100 100
여 관	Δ응접실, Δ객실, Δ부엌 접수 및 대기실 홀, 복도, 계단, 화장실, 욕실	200~100 100~50 60~30
음식점, 다방	조리장 객 실	200~100 100~50
백 화 점	1층 2층 이상 지하	500~200 500~150 400~200
이발소 및 미용실		300~150
극 장	관객석 { 휴게중 공연중	50 2~1
상 점	의료, 양품, 모자, 시계, 귀금속, 사진기, 안경, 전기기 서적, 문방구, 약, 화장실, 생화, 약품, 운동기, 양피, 피혁, 식품, 과실, 과자, 식료기, 완구 가구, 철물, 잡화, 고물, 육류, 어류, 야채, 연초	500~200 } 300~150 200~100
	일반 복도, 계단, 화장실, 출입구	20

* 는 국부조명을 병용하며, 기타는 전반조명에 의하며, Δ은 작업 범위로 이 조도가 얻어진다.

(b) 공장

작 업 종 류		전반, 보조 병용의 경우		전반 조명만의 경우
작업 정도	작업의 예	국부 조명에 의한 작업 개소의 조도[lx]	전반 조명에 의한 조도[lx]	
초정밀	기계(초정밀기계조작 및 세공대 위) 시계정밀조작, 수예, 직물 검사	5000~1000	100~50	
정밀	기계(정밀기계조작 및 조작대), 금속(판검사), 인쇄(식자문선), 암색포지(절단, 검사, 재봉), 검사	} 1000~300	80~40	
	도장(정밀수도), 자동차(비행기), 조립(수선), 방직	}		200~100
보통	기계(조작, 삭마, 연마, 보통가공), 주물(형조), 용접 명색포지(절단, 검사, 재봉)	} 300~100	60~30	
	금속(열처리), 제과, 제지, 화학(여과, 증유, 결정), 도장, 직물(명색물)	}		100~50
조(粗)	목공 금속(노) 화학 주조	100~50	40~20	50~20

(c) 운동장, 경기장

조도 [lx]	육상경기 트랙(track) 필드(field)	수 영	테 니 스 베드민턴	축구, 럭비, 미식 축구, 핸드볼	하 키 (hockey)
5000					
2000					
1000			공식경기		
500	공식경기	공식경기	일반경기	공식경기	공식경기
200	일반경기	일반경기	레크레이션	일반경기	일반경기
100		레크레이션	레크레이션		
50			관객석		
20	관객석	관객석		관객석	관객석

조도 [lx]	야 구	연식 야구	소프트 볼 (soft ball)	골프 연습장
5000				
2000	직업시합 내야			
1000	직업시합 외야, 공식경기 내야			
500	공식경기 외야, 일반경기 내야	일반경기 내야		라운드
200	일반경기 외야	일반경기 외야, 레크레이션 내야	일반경기 내야	장내(연면조도)
100		레크레이션 외야, 일반경기 내야	레크레이션 내야	
50	관객석(공식경기)			
20	관객석(일반경기)	관객석	관객석	

(단, 컬러 TV에서는 조도값을 별도로 고려)

(가) 광속발산도 분포(distribution of luminous radiance)

시야 내에 광속발산도 분포가 고르지 않으면 대상물을 보기가 힘드는데 이것은 광원을 직접 보는 경우에만 국한되지 않고, 보는 대상물과 그 주위와의 휘도대비가 커도 이런 일이 발생한다. 따라서 휘도대비는 현휘와 명시에 관계가 있으므로 조명 요건에 중요한 요소이다.

……

(나) 눈부심(현휘 : glare)

시야 내의 광원이 직접 노출되거나, 정반사에 의해 광원의 모습이 눈에 들어오므로 불쾌감, 고통, 눈의 피로 또는 시력의 일시적인 감퇴를 초래하는 현상을 눈부심(glare)이라고 한다. 눈부심을 일으키는 주요 원인을 들면 다음과 같다.

1. 광원의 휘도가 과다할 때
2. 눈에 들어오는 광속이 너무 많을 때
3. 광원을 오래 바라볼 때
4. 순응이 잘 안 될 때
5. 시선 부근에 광원이 있을 때
6. 광원과 배경 사이의 휘도대비가 클 때

높은 휘도에 의한 눈부심은 잠시 동안 잔상(殘像)을 낳는다. 그리고 순응이 잘 안 될 때의 예로는 대낮에 밖에서 성냥을 켜도 눈부시지 않으나, 어두운 밤의 성냥불은 눈이 부시다. 이것은 성냥의 불빛에는 변함이 없고 다만 눈의 순응상태가 다르기 때문에 일어나는 현상이다.

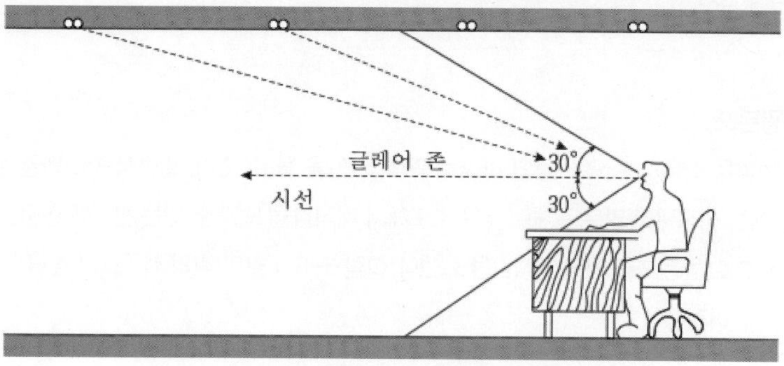

• 그림 3-2 **글레어 존** •

눈부심이 있으면 작업능률이 저하하고, 부상 등 재해의 원인이 되므로 눈부심을 적극 피해야 한다. 눈부심을 제거하기 위해서는 휘도가 낮은 광원을 사용하든가, 또는 광원 주위를 밝게 하든지, 광원이 시야에 들어오지 않도록 하여야 한다. 사람이 오랜 시간 바라볼 수 있는 휘도의 한계는 5000[cd/m^2]이다.

이러한 눈부심을 방지하기 위한 방법은 다음과 같다.

1. 휘도가 낮은 광원(형광등)을 사용하든가, 또는 플라스틱 커버가 되어 있는 조명기구를 선정한다.
2. 시선을 중심으로 해서 30° 범위 내의 글레어 존(glare zone)에는 광원을 설치하지 않는다.
3. 광원 주위를 밝게 한다.

……

(다) 그늘

물체의 가장 밝은 곳과 가장 어두운 곳의 광속발산도의 비가 2 : 1~7 : 1의 범위 사이에 있는 것이 좋으며, 이것보다 비율이 적으면 평면적인 감각을 주고, 크면 너무 뚜렷하게 보인다. 가장 입체적으로 보일 때는 3 : 1의 경우이며, 손이나 머리에 의하여 진한 그늘이 생기면 안 된다. 그늘이 없는 단조로운 조명은 자극이 없으므로 장시간 있으면 권태감을 주어 작업능률이 저하하는 경향이 있다. 작업에 지장을 주는 그림자를 방지하려면 다음과 같이 하면 된다.

1. 광원의 위치를 바꾼다.
2. 광원의 수를 늘린다.
3. 형광등과 같은 넓은 발광면적을 가지는 광원을 사용한다(명암의 대비는 3 : 1 정도일 때 가장 입체적으로 보인다).

……

(라) 분광분포

물체의 보임을 좌우하는 요소 중의 하나로 광색(光色)을 들 수 있다. 일반적으로 백열전구에서 나오는 빛 중에는 적색광이 많은 관계로 낮은 조도에서 쾌적감을 느낄 수 있는 반면에 형광등에서는 청색광이 많으므로 높은 조도에서 쾌적감을 느낀다. 그림 3–3과 같이 빛의 색온도가 높을수록 밝고 쾌적한 조명이 얻어진다.

……

(마) 심리적 효과

조명에 의하여 조성되는 분위기도 중요하다. 실내조명에서 천장은 벽을 밝게 하고 부드러운 불빛 밑에 있는 것이 기분이 좋고, 간접 조명에서 천장이 밝고 벽이 어두우면 기분이 나쁘고 침착성이 떨어진다.

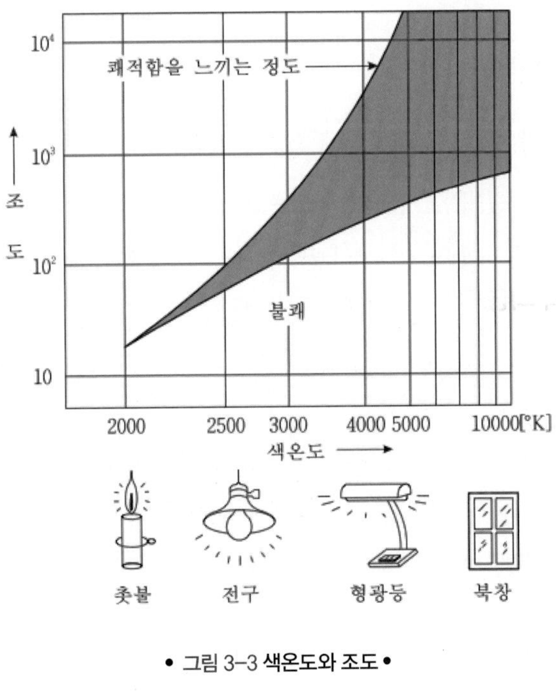

• 그림 3–3 **색온도와 조도** •

벽도 밝게 하면 밝은 감각의 방이 되고, 여기에 직사일광에 해당하는 다운라이트(down light)를 사용하면 훨씬 좋아진다. 이것은 천연광인 태양이 비치고 있을 때의 효과와 비슷한 조명이기 때문이다.

……

(바) 미적 효과(design)

조명기구의 미적효과는 건축 양식과 조화되어야 한다. 조명기구의 모양은 간소하고 미적 효과에 불필요한 장치는 없는 것이 좋고, 또 그 배치도 기하학적으로 간단한 모양이 좋다. 실내의 색은 실내면 전반에서 조화를 이루어야 하는데 가장 안전한 방법은 색의 종류를 일률적으로 하고 반사율만 바꾸는 것이 적당하다.

……

(사) 경제성

조명기구는 효율이 좋고 보수, 관리가 쉽고 경제적인 것을 선택해야 한다. 일반적으로 비용은 조명설계에서 가장 중요한 것이며, 전체 계획에서 우위를 차지하고 있으며 때로는 중요한 영향을 주게 된다. 효율이 나쁜 등기구를 사용하면 빛의 낭비가 크다.

6. 조명방식의 종류 ····

조명방식을 어떻게 하느냐에 따라 그 효과가 다르므로 다음 각각을 고려한 방식을 채택하여야 한다.

❶ 조명기구의 의장

① 광원이 점광원에 가까운 단등방식, 몇 개의 점광원을 모은 다등방식, 광원이 선 모양으로 보이는 연속열방식, 발광면이 평면으로 보이는 면방식이 있다.

② 의장은 장식적인 것과 효율적인 것이 있으며, 명시적 입장에서는 광원이 큰 연속열방식이나 면발광방식이 좋고 분위기적 입장에서는 단등 또는 다등방식이 널리 쓰인다.

❷ 조명기구의 배광에 따른 분류

• 표 3-4 조명기구의 분류 •

조명기구	직 접	반직접	전반 확산	반간접	간 접
백열등 기구	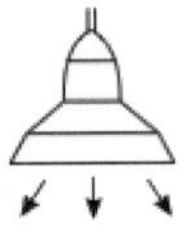	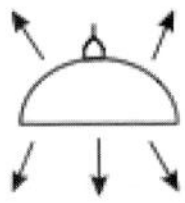	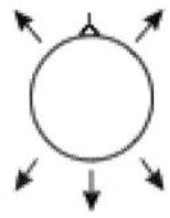	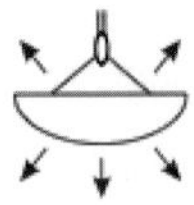	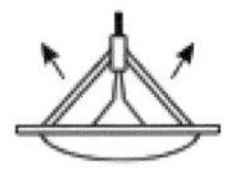
형광등 기구			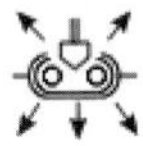	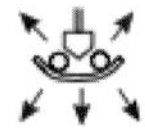	
배광 곡선	0~10[%] 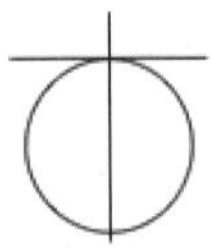 90~100[%]	10~40[%] 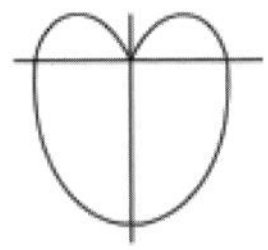 60~90[%]	40~60[%] 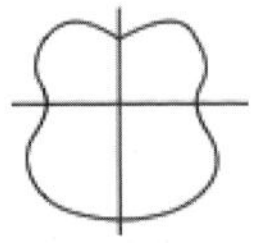 40~60[%]	60~90[%]  10~40[%]	90~100[%]  0~10[%]

(가) 직접 조명기구

① 발산광속을 90~100[%] 아랫방향으로 향하게 하여 작업면을 직접 조명하는 조명방식으로 일반적인 조명방식이다.

② 특징

㉠ 작업면에서 높은 조도를 얻을 수 있다.

㉡ 주위와의 심한 휘도차가 발생하고 짙은 그림자와 반사 눈부심이 있다.

③ 설치시 주의사항 : 눈부심이 작업자 눈에 들어오지 않도록 15~25° 정도의 차광각이 필요하다.

④ 설치 장소별 적용기구

㉠ 설치 높이가 높은 곳 : 빛을 집중시키는 기구 적용

㉡ 설치 높이가 낮은 곳 : 빛을 분배시키는 기구 적용

……

(나) 반직접 조명

① 발산광속은 아랫방향으로 60~90[%] 직사되고, 윗방향으로 10~40[%]의 빛을 천장이나 윗벽부분에 반사하여 반사광이 작업면의 조도를 증가시키는 기구이다.

② 특징

㉠ 하면 개방형이며, 갓은 젖빛유리나 플라스틱을 사용한다.

㉡ 주로 일반사무실이나 주택의 조명기구로 사용한다.

……

(다) 전반 확산 조명

① 수편작업면 위의 조도는 기구로부터 직접 쪼이고, 윗방향으로 향한 빛의 천장이나 윗벽부분의 반사광을 이룬다.

② 특징

㉠ 광원의 휘도를 감소시켜 눈부심을 느끼지 않는다.

㉡ 고급사무실, 상점, 주택, 공장에 주로 사용한다.

……

(라) 반간접 조명기구

① 발산광속이 60~90[%]가 윗방향으로 향하여 천장, 윗벽부분에 발산되고 나머지 부분이 아랫방향을 향하는 기구이다.

② 세밀한 일을 오랫동안 하는 작업에 해당한다.

……

(마) 간접 조명기구

① 거의 모든 광속(90~100[%])이 윗방향을 향하여 발산하며, 천장 및 윗벽부분에서 반사되어 방의 각 부분으로 확산시키는 기구이다.

② 특 징

㉠ 직사현휘가 일어나지 않는다.

㉡ 천장과 윗벽부분이 밝은 색이어야 하며, 빛이 잘 확산하도록 광택이 없는 마감이어야 한다. 확산성이 좋고 낮은 휘도를 얻을 수 있다.

㉢ 설치비와 경상비가 많이 든다.

③ 적용장소 : 대합실, 입원실, 회의실 등에 적용한다.

❸ 조명기구의 배치

(가) 전반 조명방식

작업 위치가 바뀌어도 조명기구의 위치를 바꾸지 않으며, 전등기구를 적게 하여 큰 전등을 사용할 수 있어 편리하며, 그림자가 부드럽고 안정되어 있다.

……

(나) 국부 조명방식

희망하는 곳에만 희망하는 조도를 얻을 수 있으며, 또한 불필요한 개소는 소등할 수 있다.

❹ 조명기구의 설치

조명기구의 설치에는 천장 설치방식, 벽 또는 기둥에 브래킷하는 방식, 이동형 기구(스탠드)방식 등이 있다.

2/ 배선설비와 조명제어 시스템

1. 전등(Electric Lamp)의 분기회로(Branch Circuit) ····

전등의 분기회로는

1. 전등, 콘센트 및 스위치의 용량과 위치를 결정한다.
2. 분전반의 담당 범위와 위치를 정한다.
3. 배전전기방식을 선정한다.
4. 분기회로마다 부하를 모아 배선한다.
5. 전선 및 전선관의 굵기를 결정한다.
6. 분전반, 결선도, 부하표 및 조명 기구표를 만들면 배선이 완료된다.

❶ 콘센트(Receptacle)

콘센트의 소요수는 방의 크기, 용도에 따라 결정되는데 일반 가정용 콘센트는 전기 기구의 용량에 따라 달라지나 일반적으로 각 가정의 일반 콘센트 아웃트렛트 용량은 150[VA] 정도를 바닥에서 300[cm] 높이에 시설한다.

보통 사무실의 경우는 약 5[m]마다 벽쪽에 1개의 비율로 콘센트를 설치하면 이상적이며 물이 닿을 우려가 있는 곳은 바닥에서 약 50~100[cm] 높이에 설치하면 된다. 또 사무실용 콘센트(1개당 150[VA])는 5개를 1회로로 연결하며 대형 기구는 300[VA]를 1개의 용량으로 잡는다.

❷ 스위치(Switch)

스위치의 수를 많이 잡으면 전력의 합리화는 기할 수 있으나 점멸 조작이 번잡하고 건설비가 많이 든다. 스위치의 설치 높이는 바닥에서 1.2[m] 전후 되는 곳이 이상적이며 창고, 화장실 등과 같이 내부에 사람이 거주하지 않는 곳은 그 외부에 설치하는 것이 이상적이다.

❸ 분전반(Panel Board)

분전반이란 간선에서 배선을 분기시키는 분산용 개폐기나 자동 차단기(퓨즈, 퓨즈 브레이커 등)를 취급상 편리하게 1개소에 집합시킨 장치이다. 가정용에는 1~수 회로용이 있으나, 빌딩이나 공장용은 20회로 것까지 있다. 분전반의 두께, 면적을 될 수 있는 한 작게 하고 배선과 접속에는 충분한 스페이스가 필요하다.

그림 3-4는 가정용 분전반의 한 예인데, 전등용과 콘센트용을 분리하여 브레이커를 쓰는 것이 바람직하다. 분전반의 위치는 부하의 중심으로 정한다.

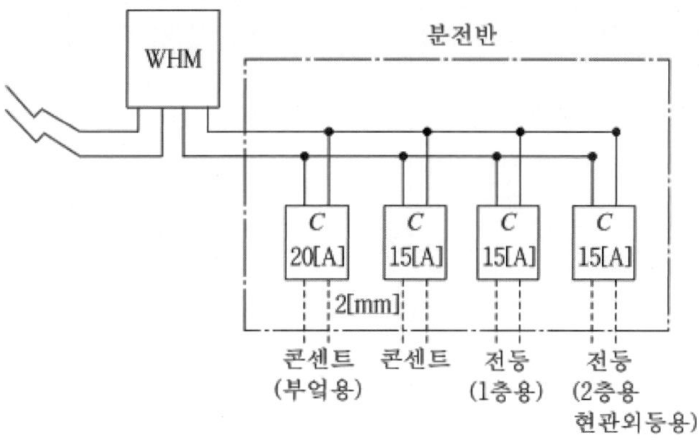

• 그림 3-4 가정용 분전반 •

• 표 3-5 주택에서의 콘센트 수 •

방의 크기[m²]	표준적인 수	바람직한 수
4.86	1	2
7.3	1	2
9.75	2	3
13	3	4
16.2	3	5
19.5	3	5
주방(부엌)	2	4

(주) 1. 콘센트는 2구 이상인 콘센트를 시설
2. 부엌에는 환기용 팬 전용 콘센트를 따로 1개 추가

그림 3-5는 빌딩용 분전반인데 단상 3선 200/100[V] 방식으로서 형광등은 200 [V], 백열등과 콘센트는 100[V] 회로로 쓴다.

분전반의 종류는 도형 개폐기형과 노퓨즈(no-fuse)형이 있다.

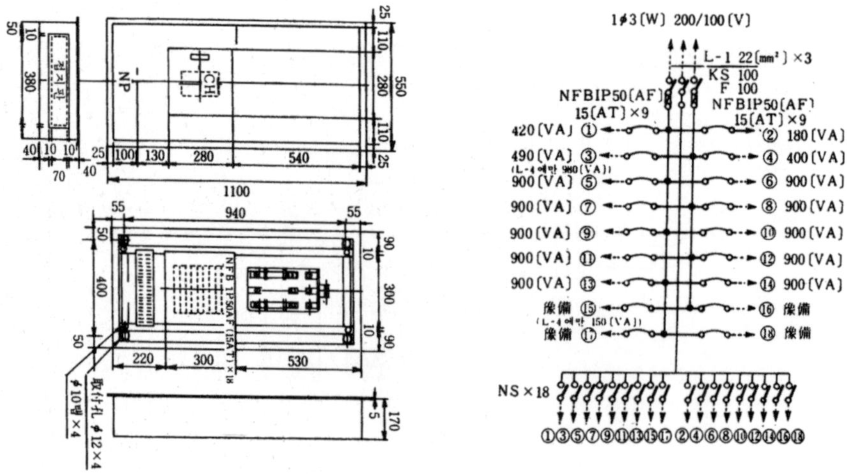

• 그림 3-5 분전반의 크기와 결선 •

2. 적절한 조명제어 시스템의 채택 ····

❶ 조명제어의 종류

① 주광 sensor에 의한 창가 조명제어

② time schedule에 의한 조명제어

③ 수동조작에 의한 조명제어

❷ 조명제어 시스템의 종류

① 주광센서+메커니컬 타이머+수동조작 system

② 주광센서+프로그램 타이머+수동조작 system

③ 주광센서+프로그래머블 타이머+감광기능+수동조작 system

④ 주광센서+프로그램 타이머+감광기능+수동조작 system

❸ 감광제어 system

① 3선 연결에 의한 형광등 조광 : 0~100[%] 연속제어

② 임피던스 변환방식 : 단계적 조광

③ 전원 2선식 : 전자식 안정기 20~100[%] 제어

❹ 조광장치의 적용

① 전압가변식 ┐
② 전류가변식 ┘ 진폭제어식

③ 도통각 가변식 : 위상제어식

3/ 조명의 보수와 경제 및 조명설계의 예

건축물은 20~30년 이상 경과하면 건물의 노후화, 냉난방 효율의 열화, 조명설비의 기능저하, 전력, 동력 등의 전력관계, 전화선, 가스, 수도설비 등의 각 설비의 열화 등을 초래한다. 이들 건축물 전반에 대하여 조명환경 등의 열화로 작업사무능률이나 거주성이 나빠지므로

건물 전반에 대하여 새로운 시스템적인 사고가 필요하다. 여기서는 조명경제상의 여러 문제와 에너지 절약에 대하여 설명한다.

1. 조명경제 ····

❶ 간략한 조명경제

일반 가정에서 사용하는 형광등과 백열전구 중 어느 것이 경제적으로 유리한가를 검토한다.

간단히 하기 위하여, 조명기구비, 배선공사비, 기본요금, 광원의 조명비로서 점등비만을 비교하기로 한다. 대체로 같은 전광속을 갖는 광원의 램프수명 T[h]에서의 단위광속 및 단위시간당의 점등비 C_t[원/lm·h]를 계산한다.

램프의 수명시간 내에 소비되는 전력비 P[원]은

$$P = \frac{(W_L + W_B) \times T}{10^3} p[\text{원}]$$

여기서, W_L는 램프입력[W], W_B는 안정기손실[W], p는 전력요금[원/kWh]이다.

따라서, 점등비 C_t는

$$C_t = \frac{P + C_L}{F \times T}$$

여기서, C_L은 광원의 가격 [원], F는 광원의 전광속 [lm]이다.

① 형광등 백색 20[W]의 경우

$W_L = 20[\text{W}]$, $W_B = 5[\text{W}]$, $C_L = 340[\text{원}]$, $F = 1,300[\text{lm}]$,

$p = 22[\text{원/kWh}]$, $T = 7,500[\text{h}]$, $P = 4,125[\text{원}]$

$$C_t = \frac{4,125 + 340}{1,300 \times 7,500} = 4.57 \times 10^4[\text{원/lm} \cdot \text{h}]$$

② 백열전구 L_d 100[V], 100[W] (젖빛색 확산형)

$$W_L{}' = 100[\mathrm{W}],\ C_L{}' = 150[\text{원}],\ T' = 1,000[\mathrm{h}],$$

$$F' = 1,520[\mathrm{lm}],\ p = 22[\text{원/kWh}],\ p' = 2,210[\text{원}]$$

$$C_t{}' = \frac{2,210+150}{1,520\times 1,000} = 15.50\times 10^4[\text{원/lm}\cdot\mathrm{h}]$$

③ 따라서, 백열전구에 대한 형광등의 램프수명 중의 조명비는

$$\frac{C_t}{C_t{}'} = \frac{4.75\times 10^4}{15.56\times 10^4} \fallingdotseq \frac{1}{3.4}$$

약 1/3.4로 된다. 형광등의 가격은 전구의 약 2배 이상이므로 전광속이 거의 같은 비율에서는 램프입력이 약 1/4, 램프수명이 7.5배로 우수하므로, 결과적으로 점등비가 적고, 경제적이다.

❷ 조명비 계산

표 3-6은 1[lx]를 얻기 위하여 1년간 소비되는 비용을 산출하는 차례를 나타낸 것으로 여기서는 그의 조명시설에 관련되어 있는 모든 요소를 포함한 조명비를 산출할 수 있어서 정확한 조명비의 비교 검토가 가능하다.

• 표 3-6 조명비의 산출 차례 •

1. 기초자료	2. 기재단가
① 조명기구의 대수 ② 조명기구 1대당의 램프 개수 [개] ③ 조명기구 1대당의 소비전력 [kW] ④ 연간 점등시간 [h] ⑤ 평균조도 [lx] ⑥ 램프수명 [h] ⑦ 전력요금 [원/kWh] ⑧ 램프교환 인건비 [원/1개] ⑨ 청소 횟수 [회/년] ⑩ 조명기구 1대당 청소비 [원/대]	⑪ 램프 가격 [원/개] ⑫ 조명기구 가격 [원/대] (램프 제외) ⑬ 조명기구 1대당 배선가설비 [원/대]

3. 초기설비비	4. 고정비
⑭ 초기설비비 [원] [$(b\times k+l+m)\times a$]	⑮ 전기설비 [원] [$(l+m)\times a$] ⑯ 연간고정비 [원/년] [$o\times 0.2$]
5. 운전비	**6. 조명비**
⑰ 연간램프교환비 [원/년] [$a\times b\times d\times k/f$] ⑱ 연간램프교환인건비 [원/년] [$a\times b\times d\times h/f$] ⑲ 연간청소비 [원/년] [$a\times j\times i$] ⑳ 연간보수인건비 [원/년] [$r+s$] ㉑ 연간수리비 [원/년] [$o\times 0.01$] ㉒ 연간보수비 [원/년] [$q+t+u$] ㉓ 연간전력비 [원/년] [$a\times c\times d\times g$] ㉔ 연간운전비 [원/년] [$v+w$]	㉕ 연간조명비 [원/년] [$P+x$] ㉖ 1[lx]당의 연간조명비 [원/년/lx] [y/e]

2. 보수관리 ····

❶ 보수

조명설비의 사용중에는 램프의 광속 저하나 조명기구의 오손 등으로 조도가 저하된다. 따라서, 모처럼 좋은 조명설비를 시설하여도 램프교환이나 조명기구 등의 적절한 보수관리가 이루어지지 않으면, 설계조도를 얻을 수 없고, 쾌적한 조명환경을 유지할 수 없다. 이와 같은 상태에서는 시각작업에 지장을 초래할 뿐 아니라, 조명경제적으로도 전력이 낭비되어 비경제적이다.

보수의 효과에 대해서는, 예를 들어 조도가 시설초기에 49[%]로 저하한 것에 실내면의 칠을 다시 함으로써 61[%]로, 광원과 조명기구의 청소로 81[%]로 올라가고, 광원을 신품으로 교환함으로써 100[%]로 개선된 예가 있다.

보수를 실행할 경우의 보수작업의 주요한 내용은 램프의 교환, 조명기구의 청소와 점검, 조도 등의 정기적인 측정 등이다.

❷ 램프교환

램프가 어두워지거나 점등되지 않으면 즉시 교환하는 것이 바람직하지만, 교환작업의 합리성에서 보면 다음의 네 가지 방법이 있다.

(가) 개별교환방식

동작되지 않는 광원을 그때마다 교환한다.

……

(나) 집단교환방식

① 전체집단교환방식 : 일정 점등 기간 후 전체의 광원을 모두 교환
② 개별집단교환방식 : 불점등광원 개별교환, 일정 점등 시간 후 전부 집단교환
③ 부분집단교환방식 : 불점등 부분의 광원을 부분적으로 교환

• 표 3-7 **형광등 FLR 40[W]의 경제적 교환시간** •

교환방식	개별집단교환방식	전체집단교환방식
사무소(대)	6,000 시간 (약 2년)	5,300 시간 (약 1년 10개월)
사무소(소)	6,000 시간 (약 2년)	5,300 시간 (약 1년 10개월)
공 장(대)	6,000 시간 (약 2년 6개월)	5,200 시간 (약 2년 3개월)
공 장(소)	6,000 시간 (약 2년 6개월)	5,200 시간 (약 2년 3개월)

* 사무소의 연간점등시간은 3,000시간, 공장에서는 2,400시간으로 한 것이다.

❸ 청소

램프나 조명기구에 먼지가 끼게 되면 밝음이 매우 저하된다. 그림 3-6은 CIE(국제조명위원회)가 작성한 데이터이다. 먼지에 의한 조도의 영향이 매우 크고, 조명장소에 따라 청소의 필요성이 다름을 알 수 있다. 청소하는 데 드는 비용과 청소하지 않음으로써 조도가 떨어져

서 손해보는 조명비가 꼭 같을 경우가 가장 경제적인 청소간격이며, 표 3–8에 이 조건을 만족시키는 청소간격을 표시하고 있다.

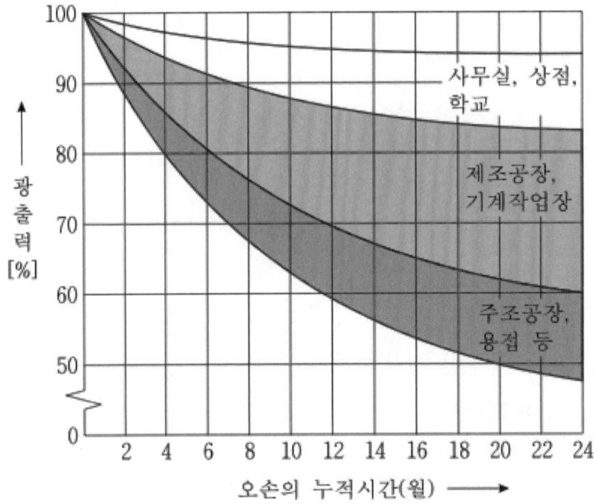

• 그림 3–6 먼지가 램프, 기구에 누적시의 광속 감소 •

• 표 3–8 조명기구의 청소간격 •

장 소	마른걸레로 닦기	물로 씻기
더러워지기 쉬운 장소	1주간	4주간
보통 장소	2주간	8주간
깨끗한 장소	4주간	16주간

3. 도로 조명설계 ····

❶ 도로 조명의 목적

도로 조명은 야간의 도로 이용자(차량 운전자, 보행자)의 시환경을 개선하여 안전하고 원활·쾌적한 도로 교통을 확보하는 것을 목적으로 한다.

차량의 운전자에 있어서는 여러 가지 필요한 것(도로의 모양, 진행방향 및 주위환경)을 잘 볼 수 있도록 하여 어떠한 장애물이라도 확실히 판별할 수 있고 전방의 진행방향을 용이하게 예측할 수 있도록 하여 불안감 없이 운전할 수 있는 상태가 되는 것이 좋다.

❷ 기대 효과

① 교통 안전의 도모

② 도로 이용 효율의 향상

③ 차량 운전자의 불안감 제거와 피로감의 경감

④ 보행자의 불안감 제거

⑤ 범죄의 예방과 감소

❸ 도로 조명의 기준(KS A 3701)

도로에 시설하는 도로 조명은 대상이 되는 도로 이용자의 종류, 도로의 종류, 교통량, 자동차의 일반적인 주행속도, 도로 주변의 다른 조명의 설치상황 등에 따라 다음 각 항에 정하는 기준 모두에 적합한 것이 바람직하다.

(가) 운전자에 대한 도로 조명기준

운전자에 대한 도로의 조명기준은 도로 일반부의 직선부, 곡선부 및 특수한 곳 각각에 대하여 다음에 따른다.

Ⅰ 일반부의 직선부

① **평균 노면 휘도(L_r)** : 운전자의 위치에서 본 마른 노면의 평균 노면 휘도(L_r)가 유지해야 할 값은 도로의 종류에 따라 표 3-9에 나타낸 값 이상으로 한다.

• 표 3-9 **운전자에 대한 도로 조명의 기준(KSA 3701)** •

도로의 종류	교통의 종류와 자동차 교통량	평균 노면 휘도 L_r(2) [cd/m²]	종합 균제도 U_o	차선축 균제도 U_1	눈부신 조절 마크 G(3)
상·하선이 분리되고 교차부는 모두 입체 교차로서, 출입이 완전히 제한되어 있는 도로	주요 야간의 자동차 교통량이 많은 고속 자동차 교통	2	0.4	0.7	6

도로의 종류	교통의 종류와 자동차 교통량	평균 노면 휘도 L_r (2) [cd/m²]	종합 균제도 U_o	차선축 균제도 U_1	눈부신 조절 마크 G (3)
자동차 교통 전용의 중요한 도로, 대부분의 경우 속도가 느린 교통용으로 독립된 차선, 보행자용의 도로 등을 수반한다.	주요 야간의 자동차 교통량이 많은 고속 자동차 교통	2	0.4	0.7	5
중요한 도시부 및 지방부의 일반도로	주로 야간의 자동차 교통량이 매우 많은 중속 자동차 교통 또는 자동차 교통량이 많은 중속의 혼합 교통	2	0.4	0.5	5
시가지 혹은 상점가 내의 도로 또는 관청가로 통하는 도로, 여기서는 자동차 교통은 교통량이 많은 저속 교통, 보행자 교통 등과 혼합되어 있다.	주로 야간의 교통량이 매우 많고 그 대부분이 저속 교통 또는 보행자인 혼합 교통	2	0.4	0.5	4
주택 지역(주택 도로)과 위의 도로를 연결하는 도로	비교적 느린 제한속도와 주로 야간, 중정도의 교통량이 있는 혼합 교통 (4)	1	0.4	0.5	4

〈주〉 (2) 도로 주변의 조명 환경이 어두운 경우에는 L_r 의 값을 $\frac{1}{2}$ 로 하여도 좋다.

(3) 도로 주변의 조명 환경이 어두운 경우에는 G 의 값을 1 증가시키는 것이 바람직하다.

(4) 교통량이 적은 경우에는 L_r 의 값을 $\frac{1}{2}$ 로 하여도 좋다. 다만, 주(2)의 규정에 관계없이 L_r 의 값을 0.5[cd/m²] 미만으로는 할 수 없다.

② **종합 균제도(U_o) 및 차선축 균제도(U_1)** : 마른 노면의 운전자가 본 종합 균제도(U_o) 및 차선축 균제도(U_1)는 도로의 종류에 따라 표 3–9에 나타낸 값 이상으로 한다. 다만 U_o는 노면상에서의 최소 휘도와 평균 노면 휘도도의 비, U_1 은 차선의 중심선상에서의 최소 휘도와 동일한 차선의 중심선상에서의 최대 휘도의 비로 한다.

③ **눈부심 조절 마크(G)** : 도로의 종류에 따라 다음 식으로 계산되는 조명시설의 눈부심 조절 마크(G)는 표 3–9에 나타내는 값 이상이 되는 것이 바람직하다.

$$G = \mathrm{SLI} + 0.97\log L_r + 4.41\log h' - 1.46\log P$$

여기서, SLI : 조명기구의 고유 눈부심 지수

L_r : 평균 노면 휘도[cd/m²]

h' : 관측자의 눈의 위치에서 조명기구까지의 높이

(조명기구의 설치 높이-1.5[m])

P : 도로구간 1[km]당 조명기구의 수

④ **조명방식** : 조명방식은 폴 조명방식을 원칙으로 한다. 다만 도로의 구조, 교통상황 등에 따라 하이마스트 조명방식, 구조물 설치 조명방식, 커티너리 조명방식 등을 사용 또는 병용하여도 좋다.

⑤ **광원** : 사용하는 광원은 다음 모든 사항을 고려하여 도로의 종류, 목적, 입지 조건 등에 따라 적당한 것을 선정하는 것으로 한다.

㉠ 램프 및 안정기를 포함한 종합 효율

㉡ 수명 및 광속 유지율

㉢ 광원색 및 연색성

⑥ **조명기구** : 조명기구는 원칙적으로 KSC 7611(도로 조명기구)에 규정하는 조명기구로 하고 도로의 종류에 따라 표 3-9에 나타낸 눈부심 제한 조건을 만족할 수 있는 것을 선정, 사용하여야 한다.

⑦ **조명기구의 배치 및 배열** : 조명기구의 배치, 배열은 도로 노폭, 단면 구조에 따라 다음 각 항에 정하는 기준에 적합하여야 한다.

㉠ 조명기구의 설치 높이 : 조명기구의 설치 높이(H)는 원칙적으로 10[m] 이상으로 한다. 다만 도로 구조 및 다른 구조물과의 위치관계, 다른 도로에 대한 눈부심 방지 등 조명 효과를 유지하기 위해 제한할 필요가 있을 경우와 공항부근 등 법령 등에 따라 제한되어 있는 경우에는 이 제한에 따르지 않는다.

노폭이 동일하고 연속되는 도로의 조명기구 설치 높이(H)는 일정하게 하는 것을 원칙으로 한다.

㉡ 조명기구의 오버행 : 조명기구의 오버행(O_h)을 가능한 한 짧게 하는 것이 바람직하다. 다만, 도로를 따라 도로 조명의 빛을 차단하는 수목이 있을 경우에는 이 제한에 따르지 않는다. 연속되는 도로의 조명시설에서 오버행(O_h)을 일정하게 하는 것을 원칙으로 한다.

㉢ 조명기구의 배열 : 조명기구의 배열은 도로의 단면 구조, 차도부분 노폭(W), 조명기구의 배광 등에 따라 한쪽 배열, 지그재그 배열, 마주보기 배열 중에서 적당한 것을 사용하는 것으로 한다.

도로의 단면 구조 및 차도부분 노폭(W)에 따라서는 이들을 조합하여도 좋다.

㉣ 조명기구의 경사각도 : 조명기구의 경사각도(θ)는 원칙적으로 0° 이상 5°이하로 한다.

㉤ 조명기구의 간격 : 조명기구의 간격(S)은 그 설치 높이(H), 배열에 따라 종합 균제도(U_o) 및 차선 축 균제도(U_1)의 기준을 만족하는 것이어야 한다.

2 일반부의 곡선부

곡선부란 곡률 반지름이 1,000[m] 이하인 도로의 부분을 말하며 조명기구의 배열, 조명기구의 간격(S)을 제외한 조명의 기준은 일반부의 직선부에 준하는 것으로 한다.

곡선부에서 조명기구의 배열은 직선부의 기준에 따르고 간격은 그 곡률 반지름에 따르며 직선부의 간격에 비례하여 축소하여야 한다.

곡률 반지름이 매우 작은 곡선부 또는 급격한 굴곡부에서는 조명기구의 간격(S)을 축소하는 것과 함께 조명기구의 배열 때문에 그 급격한 곡선부 또는 굴곡부의 존재, 도로 선모양의 변화상태에 따른 운전자의 판단 착오가 일어나지 않도록 유의해야 한다.

3 특수한 곳

특수한 곳의 조명기준은 일반부의 직선부에 따른다. 다만 다음과 같은 특수한 곳에 대하여는 다음의 조건을 만족해야 한다.

① **교차점, 합류점, 분류점** : 교차점, 합류점, 분류점 부근에서 조명기구의 배치·배열은 도로 조명의 일반적 효과에 더해서 방향을 변환하고 있는 자동차 진행 방향의 전방을 조명함과 동시에 교차점에 접근하고 있는 자동차의 운전자가 교차점이 있다는 것을 쉽게 알 수 있어야 하고 교차점 내에서 일시적으로 정지하고 또 진행하고 있는 다른 자동차의 존재, 진행상태를 충분히 전방 위치에서 보고 알 수 있도록 하여야 한다.

도로 모양 구조가 복잡한 교차점 또는 합류·분류점의 조명기구 배치·배열에 있어서는 이들에 접근하는 자동차의 운전자가 도로의 모양, 진행방향, 교통 신호 등을 오인하지 않도록 이들에 접근하는 도로의 각 위치에서 투시도에 의해 조명기구의 배치를 검토하는 것이 바람직하다.

② **횡단보도** : 횡단보도 부근에서 조명기구의 배치·배열은 횡단 중 및 횡단하려고 하는 보행자의 상황을 운전자가 잘 보고 확인할 수 있도록 유의하여야 한다.

③ **다리** : 다리의 조명은 여기에 연속될 도로에 설치해야 할 조명을 준용한다. 다만, 필요에 따라서 다리의 구조 및 다리 모양과 조화될 수 있는 조명기구를 사용할 수 있다. 다만 그 배광은 KSC 7611에 따라야 한다.

④ **철도 건널목** : 철도 전후의 도로에 조명이 설치된 철도 건널목 안 및 그 부근 조명의 표준 배치는 횡단보도 기준을 적용한다. 다만, 사용하는 조명기구는 철도차량의 승무원에 대한 눈부심을 되도록 줄일 수 있도록 유의하여야 한다.

⑤ **입체 교차부** : 입체 교차부 및 그 부근 도로의 조명기준은 일반부 기준을 적용한다. 다만, 교차하는 복수 도로의 조명이 입체 교차부를 통행하는 자동차의 운전자에게 불쾌한 눈부심을 주거나 도로 모양을 잘못 유도하지 않도록 유의한다.

입체 교차부에 터널 또는 이와 비슷한 구조물이 있는 경우에 KSA 3703(터널 조명기준)을 적용한다.

⑥ **도로폭이 급변하는 곳** : 도로폭이 급변하는 곳, 특히 도로폭이 줄어드는 장소 부근에서 조명기구의 배치·배열은 도로 조명의 일반적인 효과에 더해서 도로폭이 급변하는 곳의 상황을 자동차 운전자가 멀리서도 잘 보고 알 수 있도록 하여야 한다.

⑦ **선모양이 급변하는 곳** : 평면 선모양이 급변하는 곳 부근에서 조명기구의 배치·배열은 일반부 곡선부 기준에 준하는 것으로 한다.

종단 선모양이 급변하는 곳의 부근에서의 조명기구의 배열은 도로 조명의 일반적인 효과에 더해서 선모양이 급변하는 것을 자동차 운전자가 멀리서도 잘 보고 알 수 있도록 하여야 한다.

⑧ **버스 정거장** : 버스 정거장 부근의 조명기구의 배치·배열은 도로 조명의 일반적 효과에 더해서 버스 정거장의 존재와 그 부근의 상황을 자동차 운전자가 멀리서도 잘 보고 알 수 있도록 하여야 한다.

⑨ **주차장 및 휴게시설** : 주차장 및 휴게시설 안에서 자동차 및 보행자의 안전을 확보할 수 있도록 하는 것으로 하며, 유지해야 할 조도는 KSA 3011(조도 기준)의 주차장 항을 준용하여야 한다.

……

(나) 보행자에 대한 도로 조명의 기준

① **조도** : 보행자가 사용하는 도로에 유지해야 할 조도는 야간의 보행자 교통량, 지역 및 장소에 따라 표 3-10에 나타낸 값 이상으로 한다. 다만, 자전거 보관소의 조도는 교통량이 많은 도로의 조도에 준하여야 한다.

② **조명방식** : 조명방식은 폴 조명방식을 원칙으로 한다. 다만, 도로의 구조 및 교통상황 등에 따라서는 구조물 설치 조명방식을 사용 또는 병용하여도 좋다.

③ **광원** : 일반 도로 조명기준에 준하여 적당한 광원을 선정한다.

④ **조명기구** : 조명기구는 KSC 7611을 준용한다.

⑤ **조명기구의 배치·배열**

㉠ 원칙적으로 조명기구의 설치 높이는 4[m] 이상, 보행자가 사용하는 도로부분 노폭의 1.0배 이상으로 한다.

㉡ 조명기구의 배열은 한쪽 배열을 원칙적으로 한다.

㉢ 조명기구의 간격은 원칙적으로 설치 높이의 5배 이하의 거리로 한다.

• 표 3-10 **보행자에 대한 도로 조명의 기준(KSA 3701)** •

야간의 보행자 교통량	지 역	조 도 [lx]	
		수평면 조도	연직면 조도
교통량이 많은 도로	주택지역	5	1
	상업지역	20	4
교통량이 적은 도로	주택지역	3	0.5
	상업지역	10	2

〈주〉 • 수평면 조도는 보도의 노면상 평균 조도
• 연직면 조도는 보도의 중심선상에서 노면으로부터 1.5[m] 높이의 도로축과 직각인 연직면상의 최소 조도

❹ 광원의 선정

광원의 선택에 있어서는 광속, 효율, 수명, 광색, 안정기, 조명기구의 설치 장소의 환경 조건, 경제성, 유지관리 보수성 등에 대하여 검사함과 동시에 조명기구와 그의 배치에 관련하여 보임이나 쾌적성 등에 대하여 충분히 검사할 필요성이 있다.

도로의 조명용 광원은 메탈핼라이드램프, 저압 나트륨램프, 고압 나트륨램프, 형광램프 중에서 선택하는 것을 원칙으로 한다.

❺ 조명기구의 선정

도로의 종류에 따라 사용하는 조명기구의 배광은 컷오프(cut off)형, 세미 컷오프(semi cut off)형, 넌 컷오프(non cut off)형의 세 가지로 분류되나 시가지에서는 일반적으로 세미 컷오프형이 사용되며 종류별 특징은 표 3-11과 같다.

• 표 3-11 배광 형식별 특징 •

배광 방식	배광 곡선	등기구 모형	특 징
컷오프형	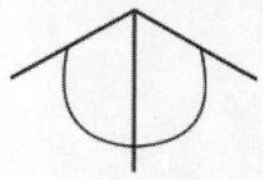	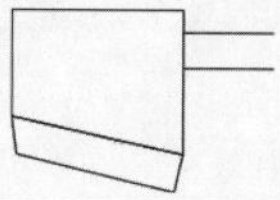	주행하는 차량의 운전자에 대한 눈부심을 엄격히 제한한 배광으로서 아주 중요한 도로에 적용한다.
세미 컷오프형		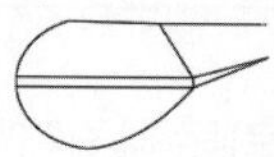	눈부심을 어느 정도 제한한 배광으로서 비교적 주변이 밝은 도로에 적용한다.
넌 컷오프형	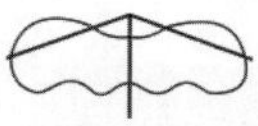	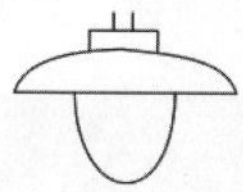	눈부심에 대한 고려를 적게 한 배광을 말한다.

❻ 조명기구의 배치

(가) 부착 높이, 오버행, 경사각도

조명기구의 부착 높이, 오버행(over hang) 및 경사각도는 표 3-12와 같다.

• 표 3-12 광원 광속과 조명기구 부착의 높이, 오버행, 기구의 경사각도 •

기구 1개당 광원 광속[lm]	부착 높이 [m]	오버행[m][(1)]		기구의 경사각도 (도)
		발광부분의 길이가 0.6[m] 미만의 기구	발광부분의 길이가 0.6[m] 이상의 기구	
12,500 미만	8 이상	1 이하	1.5 이하	5 이하
12,500 이상 30,000 미만	10 이상	1 이하	1.5 이하	5 이하
30,000 이상	12 이상	1 이하	1.5 이하	5 이하

〈주〉 (1) • 중앙분리대에 부착하는 기구에는 적용하지 않는다.
• 가로수에 지장 또는 장래에 지장을 받을 우려가 있는 경우에는 적용하지 아니한다.

……

(나) 조명기구의 배열

도로의 직선부에 있어서 조명기구의 배열을 한쪽 배열, 지그재그 배열, 마주보기 배열, 중앙 배열의 4종류가 있으며, 이 외의 방법은 모두 4종류를 조합한 것이며 넓은 분리대로 분리된 도로는 독립된 도로로 생각한다.

① **한쪽 배열**: 차도 폭이 가로등주의 높이와 같거나 좁을 때

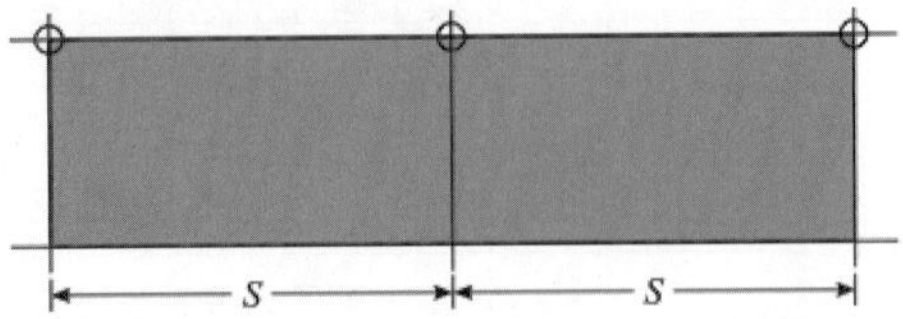

② **지그재그 배열**: 차도 폭이 가로등주의 높이에 비해 1배와 1.5배 사이일 경우

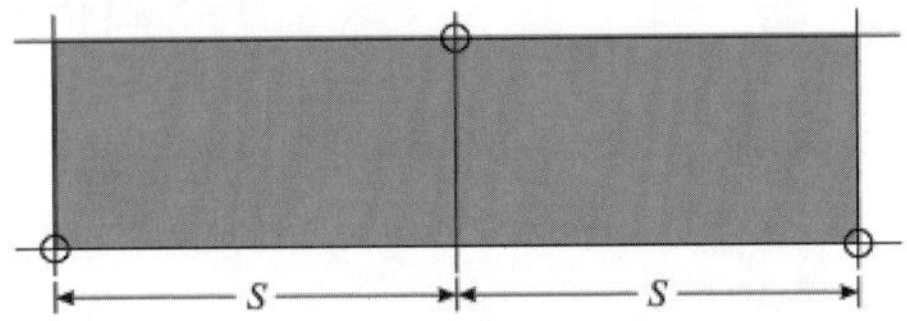

③ **마주보기 배열**: 차도 폭이 가로등주의 높이보다 1.5배 이상일 경우

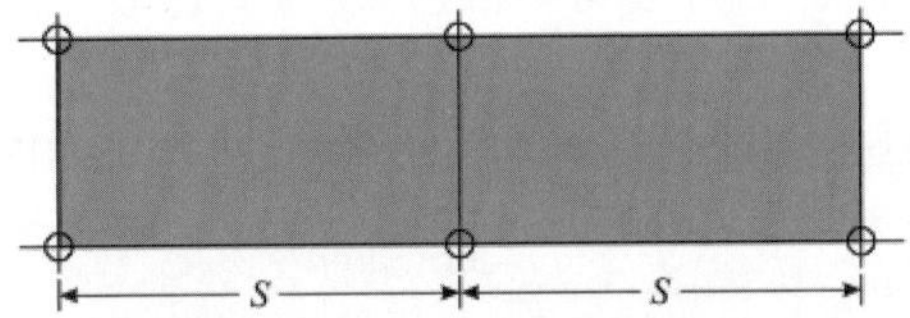

④ **중앙 배열**: 이 경우는 각각의 도로에 한쪽 배열로 된 것으로 본다.

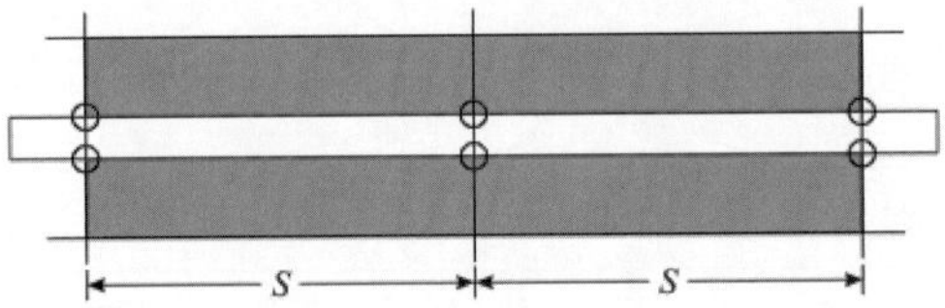

……

(다) 조명기구의 높이 및 간격

각종 배열에 대한 차도의 폭(W)에 대한 부착 높이(H) 및 간격(S)의 관계는 조명기구의 배광에 의하여 결정되며 표 3-13을 기준으로 하여 시설한다.

• 표 3-13 조명기구의 높이(H) 및 간격(S) •

조명기구의 종류 / 높이 및 간격 / 배 열	컷오프형		세미 컷오프형		넌 컷오프형	
	H	S	H	S	H	S
한쪽 배열	1.0W 이상	3H 이하	1.2W 이상	3.5H 이하	1.4W 이상	4H 이하
지그재그 배열	0.7W 이상	3H 이하	0.8W 이상	3.5H 이하	0.9W 이상	4H 이하
마주보기 및 중앙 배열	0.5W 이상	3H 이하	0.6W 이상	3.5H 이하	0.7W 이상	4H 이하

……

(라) 등주의 설치 위치

차량이 등주를 추돌하는 사고를 적게 하기 위하여 등주는 건축 한계의 외측에 차도로부터 가능한 먼 위치에 세우는 것이 바람직하며 등주 암의 길이가 적당한 것을 선택하여 이 조건을 고려, 설치 위치를 결정하여야 하며 그림 3-7과 같다.

……

(마) 곡선부의 조명기구

곡률 반경 1,000[m] 미만의 곡선부 도로에 있어서 조명기구 배치는 유도성과 휘도분포의 특성을 고려하여야 한다.

표 3-14는 곡선부의 조명기구 간격을 예시한 것이며 이 값과 표 3-14의 값 중 작은 수치를 적용하는 것이 좋다.

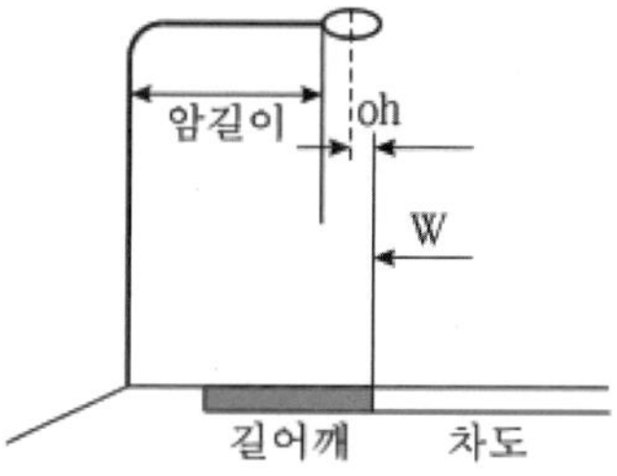

(a) 길어깨 넓은 경우

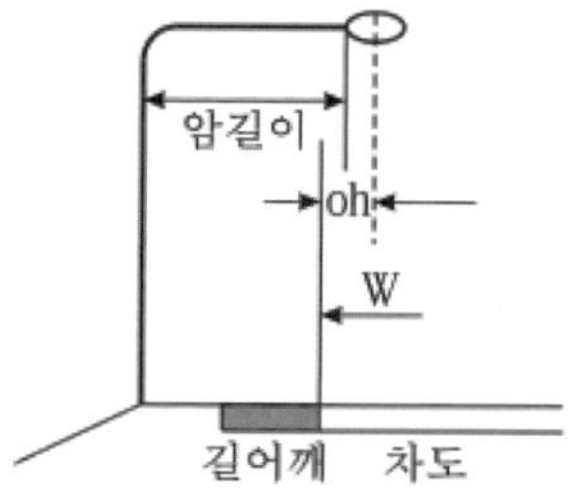

(b) 길어깨 좁은 경우

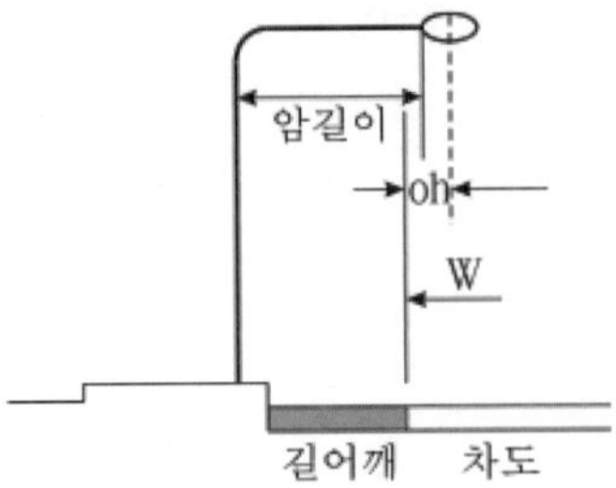

(c) 보도가 넓은 경우

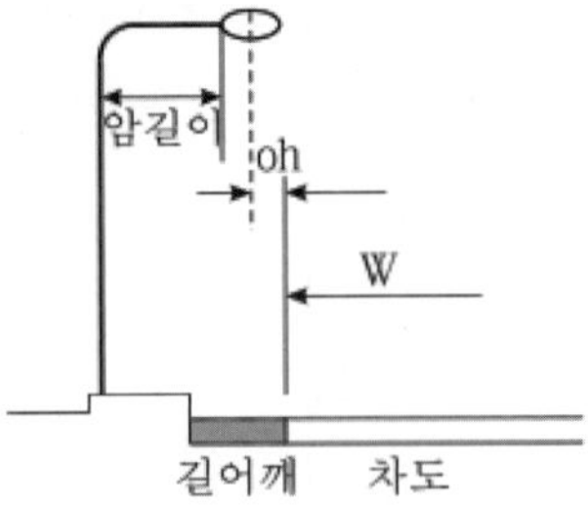

(d) 보도가 좁은 경우

• 그림 3-7 등주의 설치 위치의 예 •

• 표 3-14 곡선부의 조명기구 간격 •

곡선반경[m] / 등구높이[m]		300 이상	250 이상	200 이상	200 미만
조명기구의 간격	12[m] 미만	35 이하	30 이하	25 이하	20 이하
	12[m] 이상	40 이하	35 이하	30 이하	25 이하

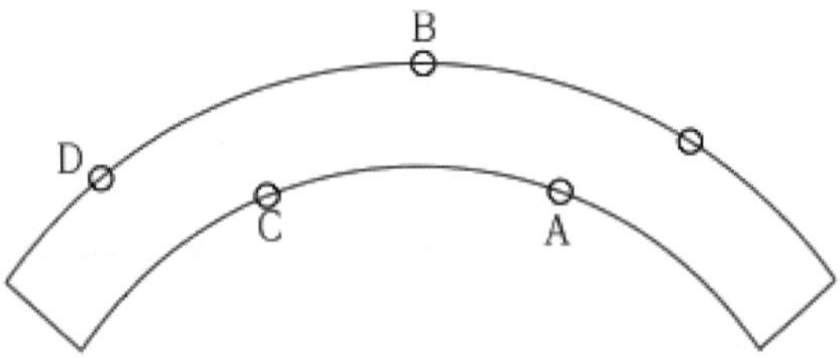

• 그림 3-8 곡선부에서의 지그재그 배열(잘못된 배열) •

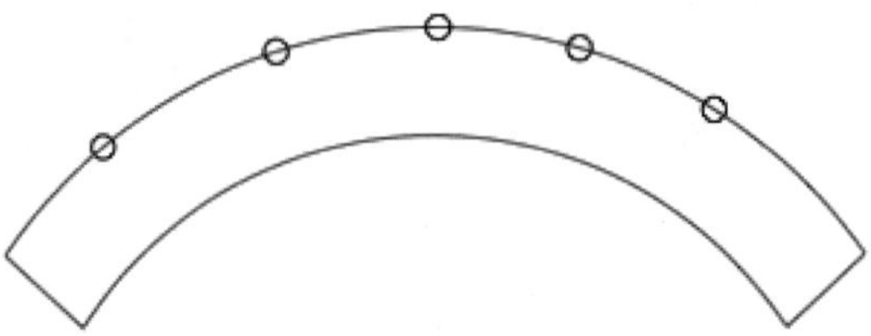

• 그림 3-9 곡선부에서의 한쪽 배열(잘된 배열) •

그림 3-8은 곡선부에서 지그재그 배열을 하고 있을 때의 휘도 분포를 나타낸 것인데 곡선부 안쪽에 설치된 조명기구 A는 곡선부 외측의 노면을 충분히 조명할 수 없으며 조명기구 C는 곡선부 조명에 효과가 없다. 반면 바깥쪽에 설치된 조명기구 B와 D는 곡선부 조명에 효과가 있다.

그림 3-9는 곡선부 바깥쪽에 한쪽 설치한 경우의 휘도 분포를 나타낸 것이며 각 조명기구 모두 곡선부 조명에 효과가 있음을 알 수 있다.

이와 같은 이유로 곡선부에서는 직선부와 달리 그림 3-9와 같이 곡선 외측에 한쪽 배열을 하도록 한다.

❼ 국부 조명

(가) 국부 조명의 일반 원칙

국부 조명은 교통의 흐름이 복잡해 지는 장소, 도로의 선형이 복잡해지는 장소 등에서 교통의 상황, 도로상황 등을 명확하게 함을 목적으로 시설하는 것이며, 이 외의 거론되지 않는 부분은 앞에서의 기준을 준용한다.

……

(나) 교차로

교차로 조명은 도로 조명의 일반적인 효과와 운전자에게 물체 또는 자동차의 접근으로 교차로 부근의 상황을 알 수 있도록 하며 교차로에서 진로를 변경하려 하는 자동차의 전조등 효과가 미치지 않는 곳을 보완하여, 교차로에 접근하는 자동차 운전자에게 교차로 부근의 다른 자동차, 보행자를 쉽게 식별할 수 있도록 조명시설을 해야 한다.

① **T자로** : 그림 3-10에서 각 조명기구의 주요 효과는 다음과 같다.

조명기구 A는 도로 ①에서 우회전 하는 자동차 전방을 조명하고, ③에서 직진하는 자동차에 대해서는 ①에서 좌·우 회전하는 자동차가 있다는 것을 알게 한다.

조명기구 B는 도로 ①에서 T자로 접근하는 자동차에 대해 도로 종단 및 종단 부근의 상황을 알게 한다.

조명기구 C는 도로 ②에서 좌회전 또는 ③에서 우회전하는 자동차의 전방을 조명한다.

조명기구 D는 도로 ①에서 좌·우회전 하는 자동차에 대해 도로 ③에서 우회전 또는 직진하면서 어떤 자동차의 존재를 알게 함과 동시에 도로 ①에서 좌회전 하는 자동차의 전방을 조명한다.

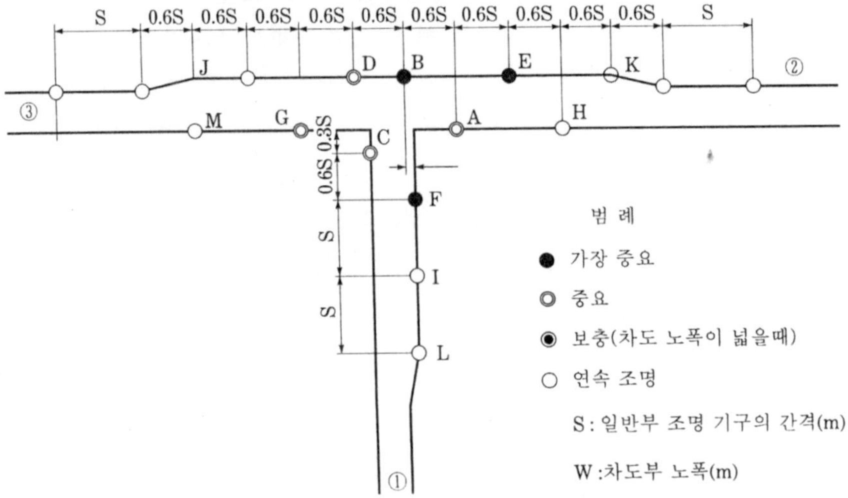

• 그림 3-10 T자로에서 조명기구 배치 •

등구 E, F, G는 도로 폭이 넓을 경우 조명기구 A, C, D의 효과를 보충하는 것이다.

등구 H, I, K, L, M은 각각 연속 조명의 조명기구를 나타낸 것으로 원칙적으로 T자로 조명에 포함되지 않는다. 도로 ①에는 연속 조명이 설치되어 있지 않지만 조명기구 I, L은 도로 폭의 변화를 명시하기 위한 명시이다.

② +자로 : 그림 3-11에서 그림 3-16은 여러 가지 +자로에서의 조명기구 배열의 예를 나타낸 것이다.

그림 3-11은 동일한 폭의 +자로에서의 조명기구 배치 예이며, 각 조명기구의 주요 효과는 T자로와 같다.

그림 3-12 및 그림 3-14는 각각 중앙 분리대를 가진 도로 ①이 다른 도로와 교차할 경우의 조명기구 배치 예를 나타낸 것으로 각 조명기구는 T자로와 같은 효과를 가짐과 동시에 주도로 ①의 조명시설의 배열을 교차로에서 명확히 하여 교차로의 존재를 알기 쉽게 한다.

그림 3-13 및 그림 3-15는 각각의 경우에 있어서 도로 ①에서 그림 3-16은 교차로 부근에 횡단보도가 설치된 경우 조명기구 배치를 나타낸 것으로 그림 중 제시한 거리 d가 0.3S 보다 작은 경우에만 적용되며 그 이상인 경우에는 그림 3-12에 따른다.

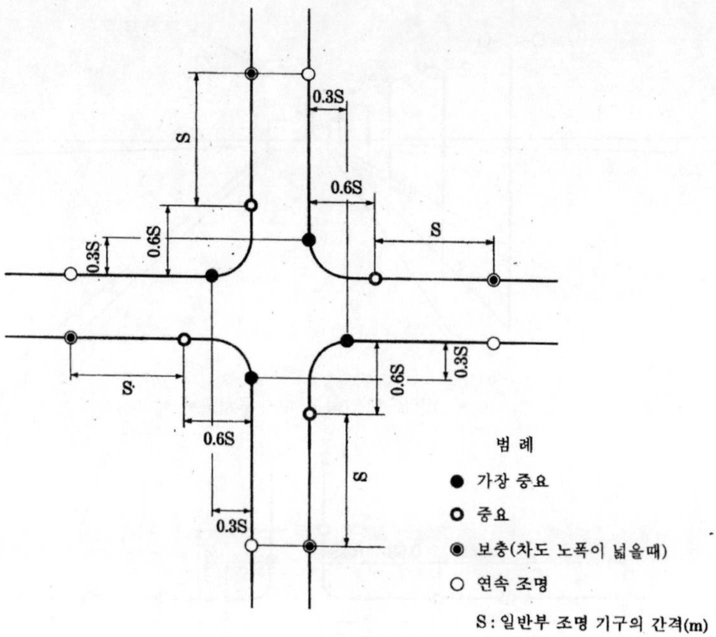

• 그림 3-11 같은 정도의 노폭을 갖는 도로의 +자로 조명기구의 배치 •

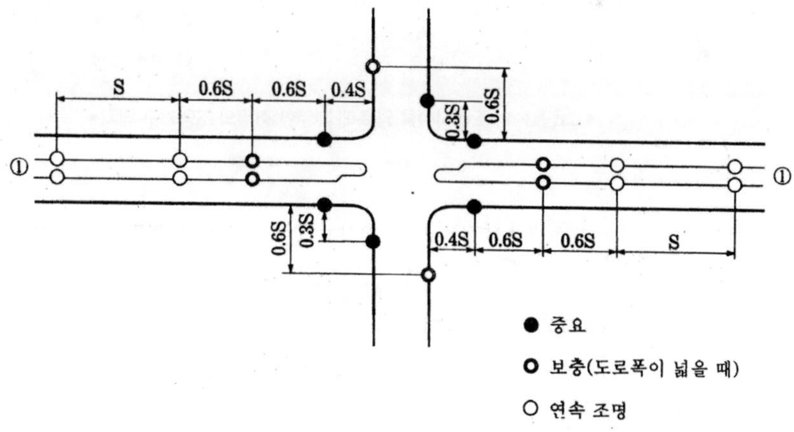

• 그림 3-12 조명시설을 중앙 분리대에 배열할 경우의 조명기구 배치 •

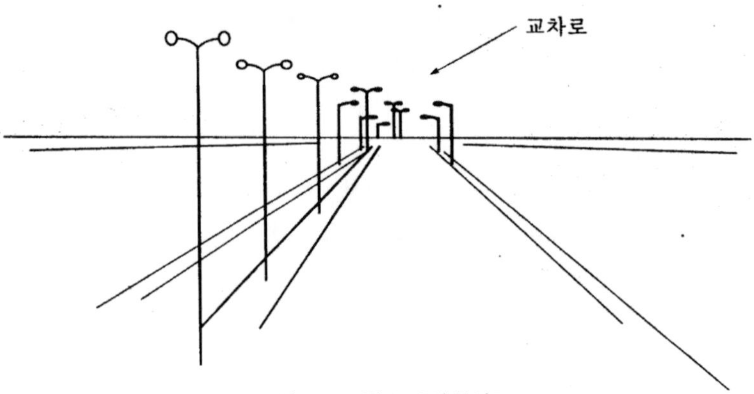

• 그림 3-13 그림 3-12의 투시도 •

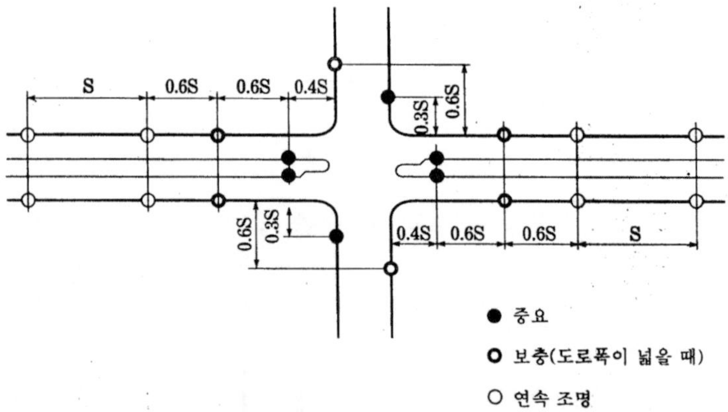

• 그림 3-14 조명시설을 양측에 배열할 경우의 조명기구 배치 •

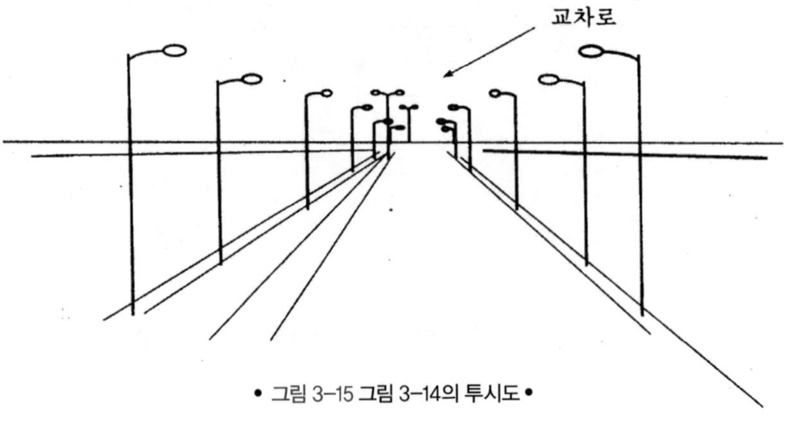

• 그림 3-15 그림 3-14의 투시도 •

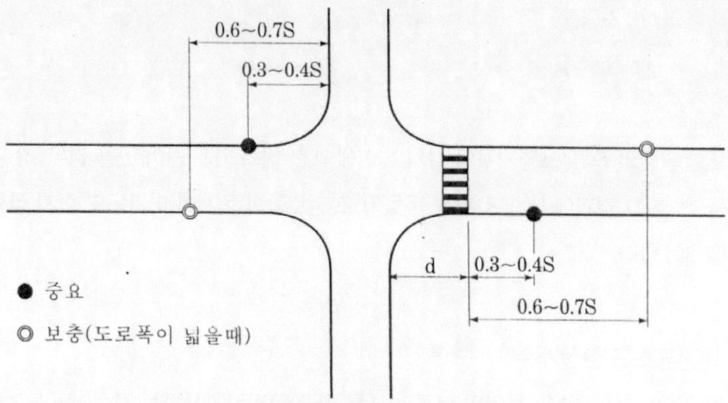

• 그림 3-16 횡단보도가 있는 +자로 조명기구의 배치 •

❽ 도로 조명의 설계

(가) 휘도

연속 조명에 있어서는 선정된 광원과 조명기구를 사용하여 규정하는 휘도를 얻을 수 있도록 조명기구의 간격, 램프 규격 등을 결정해야 한다. 그러므로 일반적으로 다음의 광속법에 의해 계산한다.

$$\frac{F}{S} = \frac{W \times K \times L}{N \times U \times M}$$

여기서, F : 조명기구 1등당 광원의 광속[lm]

(1개의 조명기구에 2개의 공원이 설치될 경우에는 2개를 합한 광속)

S : 등주의 간격[m]

W : 차도의 폭[m]

L : 기준 휘도[cd/m² 또는 nt]

N : 조명기구 배열에 의한 계수

편측 배열, 지그재그 배열 : $N=1$

맞보기 배열: $N=2$

U : 조명률

M : 보수율

또한 광원의 종류, 조명기구의 설치 높이에 대한 여러 가지 안이 있을 경우, 각 안에 대하여 이 계산을 한 후 그 결과에 대해 경제성 등을 비교 검토함과 동시에 미관등도 현지 상황에 알맞는 것을 선택해야 한다.

……

(나) 평균조도 환산계수

평균조도 환산계수는 노면의 평균 휘도를 평균조도로 환산하는 계수이며 노면의 반사 특성이나 조명기구의 배치와 배광 등에 따라 변하고 이들의 조건이 결정되면 거의 일정한 값으로 된다는 것이 계산 및 실측으로 확인되어 있다.

평균조도 환산계수는 표 3-15와 같다.

• 표 3-15 **평균조도 환산계수(단위[lx/cd/m²])** •

도로의 종류 / 노면 재질	일반도로 조명	터널도로 조명
아스팔트	15	18
콘크리트	10	13

……

(다) 조명률

그림 3-17은 하이웨이형 조명기구의 조명률 곡선(경사각 5°)의 예이며 세미 컷오프형 등구를 그림 3-18과 같이 배치했다고 가정하면 조명률은 다음과 같다.

$$\text{차도측의 } \frac{\text{도로폭}}{\text{설치 높이}} = \frac{W_1}{H} = \frac{7.5}{10} = 0.75$$

$$\text{보도측의 } \frac{\text{도로폭}}{\text{설치 높이}} = \frac{W_2}{H} = \frac{0.5}{10} = 0.05$$

따라서 그림 3-17로 부터

차도측 조명률 $U_1 = 0.29$

보도측 조명률 $U_2 = 0.02$

를 구할 수 있다.

따라서 이 도로의 조명률는

$$U = U_1 + U_2 = 0.29 + 0.02 = 0.31$$

이 된다.

조명률은 등구의 배광 특성에 따라 달라지는 것으로 그림 3-17은 어떤 등기구의 보기를 든 것이며 설치 장소의 상황 및 등구에 따라 적절히 선정되어야 한다.

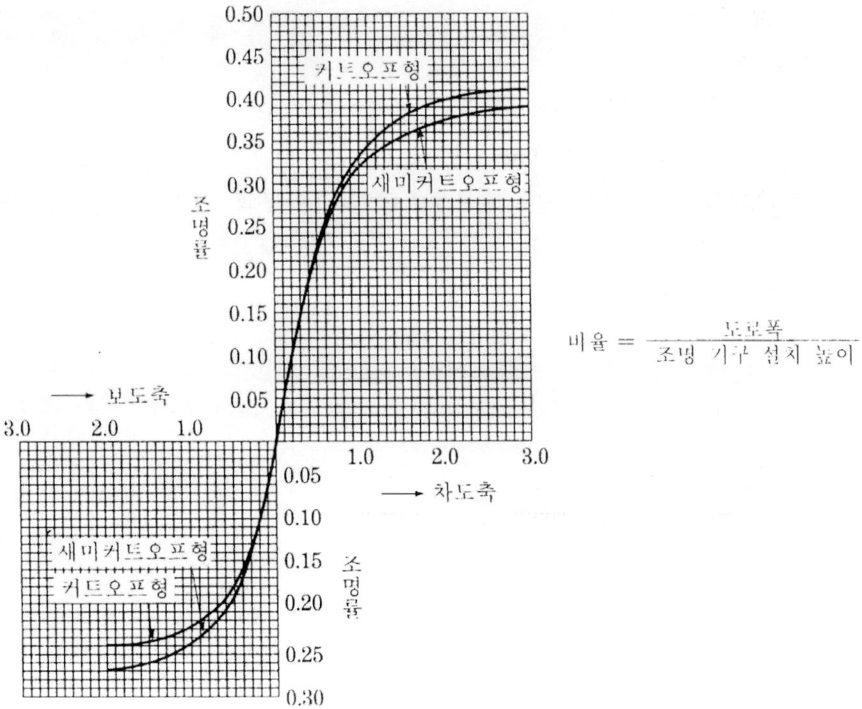

• 그림 3-17 하이웨이형 조명기구의 조명률 곡선의 예(경사각 5°) •

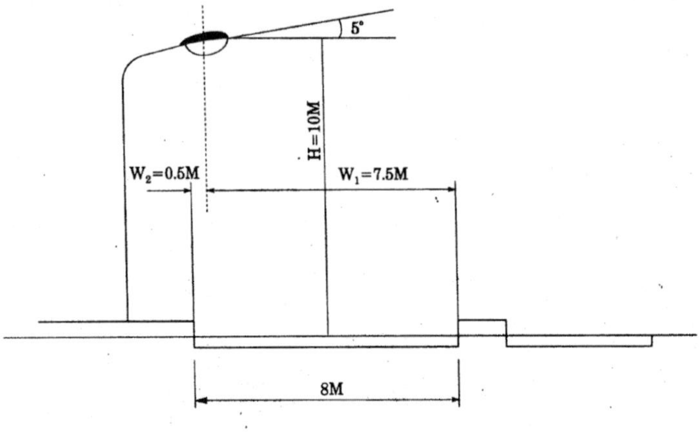

• 그림 3-18 등 설치도 •

(라) 보수율

조명 시설은 광원의 광속 저하와 기구의 오염 등에 의하여 휘도는 감소한다. 이 감소의 정도를 설계 시점에서 고려한 계수가 보수율이다.

이 감소의 정도는 도로 구조, 교통상황은 물론 광원의 교환시간과 교환방식, 등구의 청소 간격으로 인하여 현저하게 다르다. 보수율은 보통 0.6~0.75가 적용되나 교통량, 도로 주변상황과 보수상태를 감안하여 적절한 값을 택한다.

4. 경기장(Stadium) 조명설계

❶ 개요

국제 체육행사 및 문화행사를 효율적으로 운용하기 위해서는 다음과 같은 활동 주체 및 환경 등을 고려하여야 한다.

- 선수 및 진행관계자
- 관객
- TV(HDTV) 방송담당자 및 경기 기록자

① 경기진행의 주체인 선수, 심판, 경기 관계자가 최고 기술을 발휘하기 위해서는 경기장에서 일어나는 모든 사항을 분명하게 인식할 수 있도록 하여야 한다.
② 관객들은 쾌적한 환경에서 선수들의 동작과 경기진행 사항을 관전할 수 있어야 하며 또한 조명은 비상시 관객들이 안전하게 시설물에 출입 할 수 있는 안전보장이 선행되어야 한다.
③ 경기장 조명 설비는 TV 및 방송을 위해 뛰어난 컬러 화질을 보장할 수 있어야 한다.

앞에서 열거한 이 요구사항은 빛의 분산제한, 경기를 위한 최소 조건, 조명대상 지역의 표준 치수, 균제도 및 수평, 수직 조도들을 고려하여 계획하여야 한다.

❷ 조명 제어

양질의 조명을 제공하기 위해서는 다음과 같은 경기 종류 및 등급에 따른 효과적인 제어가 이루어져야 한다.

① **아마추어 수준**
- 신체 단련을 포함하는 연습
- 정식 경기가 아닌 경기
- 국내 경기

② **프로 수준**
- 신체 단련을 포함하는 연습
- 국내 경기
- TV, HDTV로 촬영하는 국내 및 국제경기
- TV(국내, 국제), HDTV, 비상 TV

위와 같은 경기 종류 및 등급에 따른 다단계 조명이 요구되는 특성을 감안하여 조명 조정실에 조명제어 장치 및 각 조명 위치를 판별할 수 있는 그래픽 패널을 설치하여 운영자가 등급에 따른 조명 제어를 할 수 있도록 한다.

❸ 경기장 조도 기준

조도 기준의 최소값은 맑은 대기를 가정한 것으로서 유지 조도이며 정전시 관객의 안전과 TV방송의 연속성을 보장하기 위해 최소 조명 수준을 고려하여야 한다.

(가) 축구장 조도 기준

• 표 3-16 최소 조명 파라미터에 대한(FIFA) 권장 사항 요약 •

	E_h	*1 E_v	*2 E_v	수 평 U_1	 U_2	수 직 U_1	 U_2	GR 최대값	R_a	K
① 아마추어 수준										
• 신체 단련을 포함하는 공다루기 연습	50	–	–	0.3	0.5	–	–	50	20이상	2000
• 정식시합이 아닌 연습	100	–	–	0.4	0.6	–	–	50 50	20이상 (65권장)	4000 4000
• 국내 경기	200	–	–	0.5	0.7	–	–		65 이상	
② 프로 수준										
• 신체 단련을 포함하는 공다루기 연습	100	–	–	0.4	0.6	–	–	50	65 이상	4000
• 국내 경기	500	–	–	0.5	0.7	–	–	50	65 이상	4000
③ 국제 혹은 국내 경기/토너먼트										4000
• TV: 국내	–	1000	700	0.5	0.7	0.3	0.5	50	65 이상 (90 권장)	4000
국제	–	1400	1000	0.6	0.7	0.4	0.6	50	65 이상 (90 권장)	5000
• HDTV		2000	1500	0.7	0.8	0.6	0.7	50	90 이상	4000
• 비상 TV		800	500	0.5	0.7	0.3	0.5	50	65 이상 (90 권장)	

E_h : 축구 경기장 지상에서의 최소 평균 유지 수평 조도

E_v : 경기장 지상 1.5 미터 높이에서의 평균 유지 수직 조도
카메라의 위치에 제한이 없을 경우에는 경기장의 4개 사이드 라인에 평행하게, 카메라가 고정되어 있는 경우에는 카메라에 직각 방향으로 측정

U_1 : 균제도, Emin/Emax　　U_2 : 균제도, Emin/Eaverage

GR : 눈부심 비율　　R_a : 연색성

K : 켈빈(Kelvin) 단위로 표시한 색온도, 표시된 최소 조도는 "유지" 값
"초기" 값을 구하려면 유지 값에 1.25를 곱해야 함.

*1 : 주 카메라용

*2 : 보조 카메라용

(나) 실내 체육관 조도 기준

• 표 3-17 •

종목 / 등급	수평조도		수직조도		균제도(최소/최대)	
	농구	배구	농구	배구	농구	배구
방송, 국제, 프로	1250 *600–1000 –1500	1000	1250	500	1.5	1.5
준 프로 대학	1000	500	1000	300	1.5	2.0
일반 경기	750 *300–400 –600	300		200	2.1	3.5
문화 행사	300 *60–100 –150	200		150	3.0	4.0
관 람 석	*30–40 –60					

* 표기는 KSA 3011 기준임.

* KSA 3011 배구기준은 농구와 같음.

❹ 조도 계획

(가) 수평면 조도

① 수평면 조도는 지면 표면상 조명의 양을 나타내는 것으로 조명을 받고 있는 경기장 및 선수, 관객, 카메라의 시각적 배경 역할을 하기 때문에 눈의 적응 상태를 결정짓는 핵심 요소로서 경기 진행 및 관전에 적합한 시설을 계획한다.

② 관객이 안전하게 입·출입을 하려면 수평면 조도를 최소 25[lx] 이상 유지(FIFA 규정)하도록 계획하여 비상 조명을 준비한다.

③ 조도 기준표는 사용중 유지 조도로서, 초기값은 유지 조도의 1.25배로 계획한다.(FIFA 규정)

유지 조도는 초기 조도에 광손실률(LLF)를 곱하는 것을 나타낸다.

E(유지 조도)=E(초기 조도)×LLF(광손실률)

LLF=ATF×VF×BF×LTF×LLD×LDD

ATF=주위온도 인자

VF=전압 인자

BF=안정기 인자

LTF=램프 기울기 인자

LLD=램프광속 감쇄인자

……

(나) 수직면 조도

① 수직면 조도는 수직으로 된 물체를 보는데 요구되는 측면상의 빛의 양으로서 TV 화면의 화질에 영향을 끼치는 TV 촬영의 기본적인 요구 조도이다. 최적의 화면을 제공하고 어떤 각도에서도 선수들을 인지할 수 있게 하려면 경기장 바닥을 기준으로 1.5[m] 기점에 기준치의 수직면 조도를 계획한다.(KSA 3705)

② 객석은 카메라에 대한 시각적 환경의 일부를 형성하기 때문에 경기장 외 평균 조도 25[%] 정도의 조도가(KSA 3705)를 객석에 제공되도록 한다.
(FIFA 규격은 15[%]로 하고 있다.)

③ 조도 기준값은 수직면 상의 조도의 초기 조도값은 수평면 조도 기준과 같다.

……

(다) 균제도

① 수평면 및 수직면상에서 균일한 조도를 유지하는 것이 중요한 요소로서 선수와 관객의 시야 적응문제 즉 착시현상 및 카메라 노출을 결정하는 것으로서 조도가 충분히 균일하지 않을 경우 운동장의 카메라 노출을 결정하는 것으로서 조도가 충분히 균일하지 않을 경우 운동장의 특정 위치에서 경기 내용이 선명하게 보이지 않을 위험이 있으므로 FIFA 규정치를 따른다.

② 균제도는 최저 조도와 최고 조도의 비율(U_1) 및 최저 조도와 평균 조도의 비율(U_2)로 나타내며 경기장 각 측면을 향한 4개의 수직면이 균일한 조도를 갖도록 계획한다.

③ 카메라를 위한 최적의 시각 조건을 얻으려면 수평면 평균조도와 수직면 평균조도의 비율이 0.5에서 2.0 사이(FIFA 규정)를 유지토록 한다.

$$1/2 \leq E_h/E_v \leq 2 - (\text{KSA 705})$$

E_h : 수평면의 평균치[lx], E_v : 수직면의 평균치[lx]

④ 경기장의 한 격자 지점의 경기장 측면을 향한 4각의 수직면 상에서 최소 조도와 최대 조도의 비율이 0.6 이상이 되도록 한다 (FIFA 규정). 또한 적절한 균일성을 제공하기 위해서는 8개의 인접한 격자 지점의 수평면 및 수직면 조도와 해당 격자의 조도가 20[%] 이상 차이나지 않도록 계획한다(격자 지점과의 최대 간격 : 5[m]).

⑤ IES는 균제도를 다음과 같이 규정한다.

1등급 (TV 중계 및 국제경기) : 0.5 이상

2등급 (프로 경기) : 0.4 이상

3등급 (일반 경기 및 연습) : 0.3 이상

4등급 (레크레이션 활동) : 0.2 이상

⑥ KSA 3705 수직면 조도 및 수평면 조도의 규정은 다음과 같다.

㉠ 수평면 조도의 균제도 $E_{h\,\min}/E_{h\,\max} \geq 1/2$

㉡ 수직면 조도의 균제도 $E_{v\,\min}/E_{v\,\max} \geq 1/3$

$E_{h\,\min}$: 수평면 조도의 최소치[lx]

$E_{h\,\max}$: 수평면 조도의 최대치[lx]

$E_{v\,\min}$: 수직면 조도의 최소치[lx]

$E_{v\,\max}$: 수직면 조도의 최대치[lx]

⑦ 실내 체육관의 농구 경기시 미국 NBA 규정인 수직면의 균제도 1/1.5을 만족하도록 계획한다.

……

(라) 눈부심(glare)

① 시계내에서 눈이 적응할 수 있는 조도보다 훨씬 큰 조도에 노출될 때 일어나는 감각적 현상이 눈부심이다. 이러한 눈부심을 최소화 하려면 주된 시선과 연관된 투광 조명의 위치 조준, 선택에 주의를 기울여야 한다.

② 투광 조명에 의한 직접적인 눈부심의 장애는 관객 선수뿐만 아니라 인접한 도로의 교통 흐름이나 경기장 인근 지역에 영향을 줄 수 있으므로 주광선 밖의 빛의 분산을 최소화할 수 있도록 투광 조명의 선택과 조명의 적절한 배치 조준을 계획한다.

㉠ 조명 설치를 높게 설치하고 경기장 경계선에서 최대한 멀리하여 광원 크기의 입체각을 최소로 한다.

㉡ 일광이 관중이나 선수의 시계내에 들어오지 않도록 한다.

㉢ 차단막이 있는 조명 기구를 선택한다.

㉣ 조명기구는 가장 방해를 받지 않는 곳에 설치한다.

③ 반사에 의한 눈부심을 최소화할 수 있도록 건축 마감재료를 선택한다.

④ 눈부심의 FIFA 규정치는 최대값 50을 규정하며 본 계획에서는 이를 기준으로 한다.

……

(마) 모델링과 그림자

① 모델링은 어떤 물체의 3차원 이미지를 나타내기 위한 요소로서 평평한 조명과 방향성 조명으로 대비된다.

② 평범한 조명은 3차원적인 형태 및 조도 대비는 나타나지 않고 색상대비만 나타나므로 물체의 배경과 구별되지 않아 물체의 운동방향을 식별하기 어려워진다. 평평한 조명은 간접 조명 및 천장에 설치된 조명에 의해 발생하므로 눈부심이 덜한 장점을 가지고 있다.

③ 방향성 조명은 직접 조명의 형태인 태양광처럼 무수한 물체의 대비를 제공할 뿐만 아니라 운동방향을 나타낸다. 방향성 조명은 단점인 짙은 그림자를 나타나게 되므로 평평한 조명 시스템에 방향성 조명을 추가한 형태의 조명 시스템을 계획한다.

④ 축구 경기장의 조명은 각 터치 라인을 따라 두 개 이상의 조명 지점을 설정하여 여러 방향에서 빛을 제공함으로써 모델링의 능력을 제공토록 준비한다.

……

(바) 색온도(K) 및 연색성(R_a)

① 대부분의 스포츠에서 색을 어떻게 인식하는 지가 중요하며 TV중계에 영향을 미치는 요소로서 다음 두가지 특성을 고려하여 설계한다.

② 빛의 색상은 조명에 의해 만들어지는 색감으로 K 로 표시되는 색온도를 나타낸다.
색온도 K 는 KSA-3705 : 3,000~6,000K를 기준으로 한다.

③ 연색성은 조명이 물체의 색을 충실하게 재현해 낼 수 있는 능력으로 연색 평가 지수(R_a)로 표현되며, 연색성의 최대 평가지수는 100으로 태양빛과 대비되며 R_a가 높을수록 쾌적한 환경을 제공하므로 가능한 최대치로 계획한다.

❺ 광원 계획

광원의 선정은 다음 기준에 따른다.

① 광원의 선정을 램프 효율, 수명, 경제성, 색상, 보수 점검의 측면, color TV 및 HDTV 방송의 본격화에 대비하여 계획한다.

② 색온도가 낮을수록 빛의 색상이 따뜻하고 높을수록 색상이 차거나 푸르게 되므로 자연광(K : 5,000K)에서 인공 조명으로 전환될 시 색균형의 문제를 최소화할 수 있는 색온도 4,000K 이상의 램프를 선정한다.

③ TV 카메라는 색온도 3,000~6,000K 범위 내에서 균형을 이루므로 색온도 선정의 기준으로 계획한다.

④ 유지 보수를 고려하여 4,000시간 이상의 수명을 유지하는 램프를 선정한다.

⑤ 연색성의 기준은 KSA-3705 : $R_a \geq 55$, IES는$R_a \geq 65$ 이므로 최대치의 기준을 선정 계획한다.

⑥ 전구의 명멸은 (스트로보 효과, 플리커) TV방송 또는 고속촬영을 요구하는 빠른 행동이 필요한 경기시 문제가 된다. 안정된 광출력인 경우에 명멸치는 0이며 보통 0~1.0까지 변화되고 대부분의 스포츠에서 0.1 이하의 명멸 지수가 허용된다.

명멸 지수 0.1 이하를 유지하며 위의 조건을 만족하는 메탈핼라이드램프를 선정한다.

• 표 3-18 **광원의 정격** •

광 원	색온도(K)	연색성(R_a) 표현 지수
백열전구 및 텅스텐-할로겐전구	2,800~3,200	100
형광램프	3,000~6,500	50~95
수은램프	3,000~4,000	45~55
메탈핼라이드램프	3,000~6,500	65~90
고압 나트륨램프	2,100~2,500	30~55

• 표 3-19 **일반적인 광원의 색상 특성** •

광 원	전등당 루멘 출력	효 율 (루멘/전력)	수 명	색상 수용성	광 조절 수준	루멘 출력의 조정
백열전구	보통	낮음	낮음	높음	높음	보통
수은(코팅)램프	좋음	보통	높음	보통-좋음	보통	보통
메탈핼라이드램프	높음	좋음	좋음	좋음	좋음	좋음
고압 나트륨램프	높음	높음	높음	보통	좋음	높음
텅스텐-할로겐 전구를 포함함						

❻ 비상 조명

① 상용전원의 정전시 관객들이 안전하게 출입 할 수 있도록 비상 조명을 준비한다.

② 방전등인 메탈핼라이드램프는 재점등시 수분이 걸리는 관계로 경기장 조명을 정전시 재점등 될 수 있는 램프를 설치하여 순간 정전시 즉시 재점등 할 수 있도록 25~30[%] 정도의 할로겐전구를 설치하여 혼란을 방지한다.

❼ 비상 TV 조명

국제 경기 및 중요 경기의 방송의 연속성을 보장하기 위하여 비상 TV로 불리는 카메라 방향으로 최소 조명 수준을 제공하기 위해 계획한다(조도 기준표 참조). 방송의 연속성을 제공하기 위해 두 개의 서로 다른 전원(상시 전원, 발전 전원)에 연결할 수 있는 시스템을 구축한다.

❽ 조명기구 및 배치 계획

(가) 실외 경기장

① 조명기구의 배치는 터치라인 및 골라인으로부터 4배 이상 이격한다.

② 골키퍼의 눈부심을 보호하기 위해 골라인 중심으로 측면으로 15° 각도에 설치하지 않는다.

③ 조명기구의 설치 높이는 경기장 중앙선 수평면과 25°의 각도를 유지하도록 한다.

④ 조명기구의 높이는 선수, 심판이 공을 인지할 수 있는 높이 이상에 설치한다.

⑤ 경기장 이외 지역에 영향을 최소화하도록 광원이 차폐되어 전체 영역에 조명을 제공하면서 정상적인 관측자가 눈부심을 최소화할 수 있는 투사가 72° 이상인 조명기구를 설치한다.

⑥ 실내외 경기장의 모든 경기 영역이 코트보다 크므로 이를 감안하여 계획한다.

⑦ 조명기구의 유지 보수를 위해 점검용 Cat Walk를 설치한다.

……

(나) 실내 체육관

① 여러 종류 및 등급의 경기를 소화해야 하는 실내 체육관의 특성상 직접 아래를 조명하는 조명은 코트 상공에 균일하게 조명을 배치하여 눈부심을 최소화하여 설치한다.

② 국제 경기 및 TV중계시 요구되는 수평 및 수직 조도를 제공하기 위해 상부 설치 이외의 등을 45°로 제한하며 직접 전광판으로 향하지 않도록 시설한다.

* 주 카메라에 대한 수직도 1500[lx] 이상

③ 농구 및 배구등 모든 경기의 영역이 코트보다 크므로 이를 감안하여 계획한다.

④ 경기장 조명은 가장 높은 관중석보다 높게 설치하여 관전시 직접 눈부심에 의한 간섭이 최소화 되도록 계획한다.

⑤ 조명기구의 높이는 선수·심판이 공을 인지할 수 있는 높이 이상에 설치한다.

⑥ 조명기구의 유지 보수를 위해 점검용 유압 사다리를 준비한다.

❾ 전압 강하

① 경기장 조명 사용전압 : $3\phi\ 4W$ 380/220[V] : 220[V] 사용

② 전원 공급장소로부터 등기구까지 전체 전압 강하를 최대 5[%]로 제한한다.

❿ 조도 계산

① 루멘 방법(광속법)의 공식은 다음과 같다.

$$E = \frac{(N \times F) \times (CU' \times AAF) \times LLF}{A}$$

여기서, E : 촉광이나 룩스로 표시한 목표 조도

N : 발광체의 수

F : 발광체당 램프 광속

CU' : 예비적인 사용 계수

AAF : 응용 조정 인자

LLF : 광 손실률

A : 지역

② 예비적인 사용 계수(CU')는 발광체로부터 직접 해당 지역에 도달하는 루멘과 전체 램프 루멘의 비유로서 정의된다. 빔의 수평축 방향으로는 누출광(경기장 밖으로 벗어나는)이 없다고 가정한다. 따라서, 일반적인 조명 설계에서 다음과 같이 CU를 구할 수 있다.

$$CU = CU' \times AAF$$

③ 응용 조정 인자(AAF)를 사용하는 것은 빔의 수평축에 대해서는 누출(경기장을 벗어나는)이 발생하지 않는다는 틀린 가정을 수정하기 위해서이다.

㉠ 발광체 분산 : 7개의 NEMA 분산 등급을 기반으로 한 광도(luminous inten -sity) 분산정도, 빔 분산이 좁을수록 AAF 값이 커진다.

㉡ 경기장 인자(field factor) : 발광체에서 경기장의 가까운 구석까지 선을 연장했을 때, 이 선의 경사각에 따른 빔 사용도와 관계가 있다. 이 경사각은 발광체 설치 높이(H) 및 전주의 뒷물림(전주와 경기장 경계선 사이의 거리 ; S)을 제곱하여 합산한 다음 평방근을 구하고, 이 평방근에 대한 경기장 폭(W)의 비(경기장 인자)로 나타낼 수 있다.
경기장 인자가 클수록 AAF값은 높아진다.

5. 무대(Theater) 조명설계 · · · ·

❶ 무대 조명

태초에 모든 사물 및 인간의 행위는 자연광인 주광에 의존하여 시각을 통하여 느껴졌으나, 자연광을 이용하기 위해서는 모든 것이 야외에서 이루어져야만 하였으며, 또한 장소, 기후(계절) 및 시간, 지역에 따른 제약도 뒤따랐다.
그래서 자연현상에 제약받지 않고, 표현을 자유롭게 할 수 있는 실내 공간이 필요하게 되었고, 더불어 인공광원을 사용하여 더욱 좋은 환경, 즉 장소에 따른 효과(건물 내부, 교외, 산, 바다, 동굴 등), 기후에 따른 효과(비, 눈, 번개 등), 시간에 따른 효과(오전, 오후, 저녁 등) 등을 인위적으로 조작하여 사용할 수 있게 되었다.
즉, 연출의 의도에 계절의 감각, 감정의 표현, 시간의 표현을 창조하기 위하여 투사광선의 종류, 광원의 투사 위치 및 빛의 모양 표현 등을 원활하게 하기 위한 조명 설비이다.
무대 조명을 필요로 하는 것에는 가무극(고전물, 신작물), 현대극, Ballet, 창작무용, Opera, Musical, 양악, 국악, 드라마 등 이것들에 대한 예술성의 이해와 무대 조명을 이해하기 위한 전기공학, 조명공학, 색채와 심리학상의 예술을 이해하고 무대 조명의 방법과 설비를 연구해야 한다.

무대 조명 뿐만이 아니라 연기자, 장치, 음악, 음악효과 등이 총괄된 종합예술로서 하나의 예술이 완성되는 것으로 각 부분의 조화가 필요하고 이를 만족시키기 위한 설비를 충분히 활용하여 최대의 효과를 발휘하도록 한다.

❷ 무대 조명의 표현

무대 조명이란 단순히 전기를 이용한 조명 배광의 기술뿐 아니라, 조명의 연출 효과에 의한 작품의 전달 및 감동의 효과를 표현하는 하나의 예술 창조이다.
그러므로 무대 조명가는 전기, 조명 전문가임과 동시에 빛의 예술가로서의 능력이 요구되며 조명의 양과 정확한 표현이 필요하다.

① **정확한 표현**: 관객이 예술 공연을 감상할 때 보고, 느끼며, 감동의 공감을 창출하기 위하여서는 무대의 어떠한 장면이라도 관객에게 정확하게 보여야 하며, 그렇기 위해서는 조명의 양과 질이 적절하게 이루어져야 한다.

㉠ 조도의 양 : 연출에 의해 요구되는 조도가 다양하므로 특성의 기준은 정해지지 않지만, 어떠한 형태의 진행이라 하더라도 객석에서 잘 보이도록 조명 설비가 잘 갖추어져야 한다.

㉡ 조도의 질 : Scene(장면)에 따라서 빛의 효과, 색광을 변화시켜 연출의 의도를 정확하게 보이는 것, 즉 빛의 방향, 빛의 입사각도, 색광의 배합 등을 고려해야 한다.

② **현실적 표현**: 현대의 예술은 극장이라는 공간 안에서 자연계의 모든 현상 및 현실의 상황을 관객에게 표현하는 것으로, 관객은 무대 상의 모든 행위의 느낌을 현실감으로 느껴야 한다.

㉠ 시간 : 연출 내용중의 시간을 표현하는 요소로서, 조명의 역할보다 적절한 것은 없다.
조명의 연출에 의하여 사계절의 변화, 1일중의 시간 경과, 즉 석양에서 밤으로, 시간대에 따른 그림자의 방향, 길이 등 보다 자유스럽게 표현할 수 있어야 한다.

㉡ 기후변화 : 맑게 갠 날, 구름낀 날, 태양, 구름 등 여러 가지 기후에 대하여 연출 내용에 따른 표현을 적절히 나타내야 한다.

㉢ 아름다운 표현 : 노을과 달빛 등 자연의 정경을 바라보며 아름다움을 느끼는 것은 빛과 색감이 있기 때문이며, 무대에 있어서도 물체의 아름다움을 느끼게 하는 것은 조명 연출에 의하여 무대를 아름답게 묘사하는 것이다.

예를 들면, 배우의 의상, 무대장식물 또는 배경의 표현 등을 빛을 투사하는 방향 및 적당한 광량, 색광으로써 관객들에게 아름다움을 느끼게 하여야 한다.

❸ 무대 조명의 특징

무대 조명에는 다음의 특징이 있다.

- 주광원의 방향성에 대한 자유도
- 아름다운 조명
- Color 조명
- 조명의 변화(Lighting Change)

① **주광원의 방향성에 대한 자유도** : 드라마에 있어서의 주광원의 방향성은 일상생활에서 우리가 늘 접하는 태양의 위치를 연상해서 인공광원을 다루기 때문에 광원의 위치, 방향 등에 따라서 분위기가 좌우되지만 무대 조명에서는 너무 그런 것에 구애받지 않고 비교적 자유롭게 생각한다.
일반 Program에서는 기본 조명의 Key Light를 순광의 범위 내에서 사용하지만 무대 조명에서는 순광뿐만 아니라 거의 측광에 가까운 곳에서도 Key Light를 주는 경우도 있는데 그것은 무대 조명의 Key Light의 역할은 보다 더 나은 생동감 있는 피사체의 방법을 내기 위한 요소이어야 하기 때문이다.

② **아름다운 조명** : 아름다운 조명을 한다는 것은 영상표현에서는 당연한 일이지만, 드라마에서는 그 내용이나 의도에 따라서 탁하게 하는 조명도 있다.
그러나 일반적으로 무대 조명에서는 그와 같은 일은 없고 보다 더 연기자 얼굴의 Face Level을 충분하게 취하고 피부색도 충실하게 해서 바람직한 재현, 바꿔 말하면 '보다 더 아름답게'가 요망된다.

③ **Color 조명** : 무대 조명은 Color 조명이 하나의 포인트이다. 드라마에서는 Color 조명은 한정된 부분(석양, 야경 등)에 사용되지만 음악의 조명에서는 색이 갖는 감정이나 배색효과를 기본으로 해서 Horizont, Set, Floor에 Color를 많이 사용한다.

④ **조명 변화(Lighting Change)** : 무대 조명은 작품의 이미지(image)에 맞는 조명이 중요하다.
작품이 표현하려고 하는 감정에 따라서 명암, 빛의 대비(Contrast), 배색들을 Timming이 맞게 변화시켜 주는 것에 의해서 공연 내용의 효과를 한층 더 높여줄 수 있다. 조명 변화는 가요곡과 같

이 매곡마다 변화를 주어야 하는 것부터 오페라, 발래 등과 같이 오랜 시간 자주 변화를 주어야 하는 것도 있다.

❹ 무대 조명기법(Lighting Technic)

무대 조명은 간단히 빛을 비춘다는 것이 아니라 빛으로써 아름다운 그림을 그리는 기분이어야 한다.

① **입체감을 창조한다.** : 물체의 입체감은 형태, 크기, 색, 재질, 움직임, 빛의 방향에 의해 생기는 음영에 따라 달라진다. 또한 정면광의 효과는 입체적인 피사체보다 평면적인 피사체의 효과가 있다.

② **심도(깊이)의 감을 창조한다.** : 심도의 감은 입체감과 같이 화면 구성상 중요한 것으로 표 3-20에 심도감을 만드는 방법을 표시하였다.

• 표 3-20 **심도감의 분류** •

겹침(중복)의 심도	연속한 선에 둘러싸인 부분이 앞으로 나온다.
형태의 심도	작은 것보다 큰 것이 앞으로 나온다.
색의 심도	찬 색보다 따뜻한 색이 앞으로 나온다.
밝기의 심도	어두운 것보다 밝은 것이 앞으로 나온다.
경계의 심도	경계선이 불투명한 것보다 확실한 것이 앞으로 나온다.
중심 원근법, 직선 원근법에 의한 심도	

중복의 심도는 그림 3-19에 나타난 것처럼 연속된 선의 부분이 앞으로 나타나 보이는 경우이다. 조명에서는 중복의 심도는 창조해 낼 수 없기 때문에 밝음, 색, 형태의 심도와 조합시켜서 보다 심도감을 분명하게 하는 것이 중요하다.

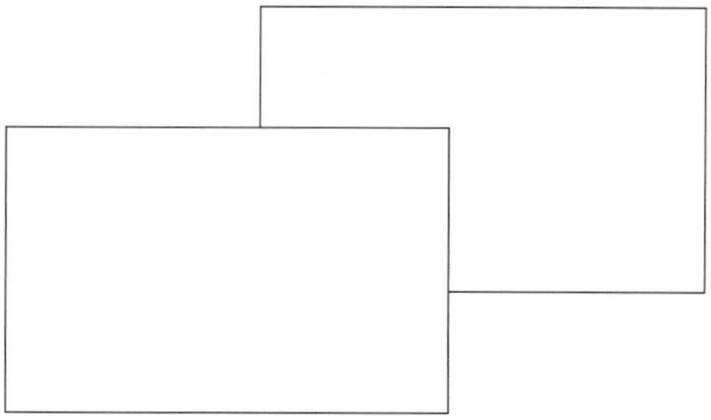

• 그림 3-19 **중복의 심도(깊이)** •

밝음의 심도는 밝은 것이 앞에 보이는 것이 일반적이다.

따라서 합판의 고보(Gobo), 구름 등을 Horizont에 만들 때에는 하나의 광원보다는 여러 대의 광원을 만들어 명암의 차를 만들면 심도감을 증가시켜 준다.(그림 3-20, 3-21 참조)

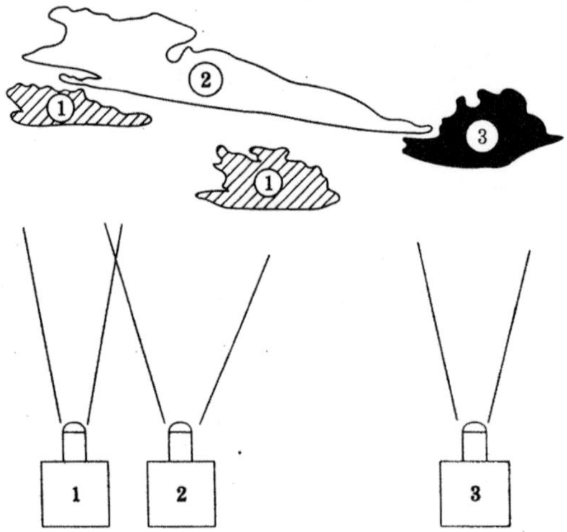

(3대의 Effect Light로 밝기의 차이를 준다.)

• 그림 3-20 밝음의 심도를 나타내는 예 •

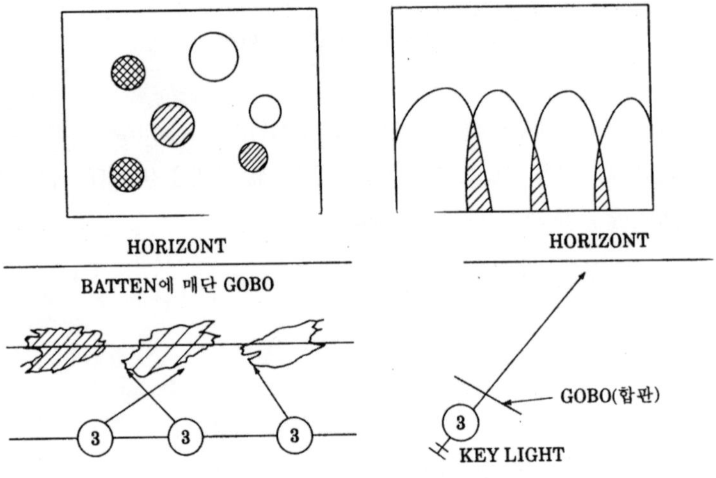

• 그림 3-21 Gobo를 이용한 밝음의 심도 표현 •

③ **통일성과 변화를 창조한다.** : 인간은 복잡한 모양도 단순하게 보고자 하는 성질이 있다.

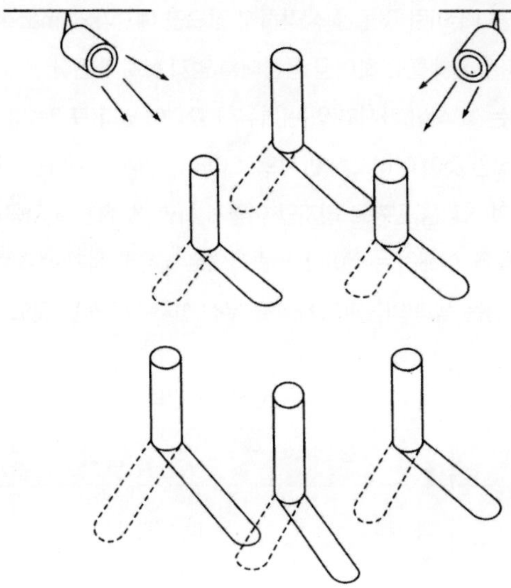

• 그림 3-22 **원주** Set •

그런 뜻에서 Touch Light나 피사체의 그림자 등도 가능한 한 단순화시키는 방법이 좋다.

그림자를 살리기 위해서는 2대의 조명기구를 사용하여 그림자가 이중으로 나 있지만 그 중 어느 한 방향으로만 빛의 방향으로 설정해서 한쪽은 그림자가 보이지 않게 함으로써 구도상에 통일성을 부여해서 보기에 아름답게 할 수 있다.

그러나 너무 지나치게 단순화에만 구애 받으면 표현이 단조롭게 되고 관객들로 하여금 지루한 감을 준다. 그러므로 변화가 필요하며 어떠한 형태로든 변화를 줄 때도 통일성을 유지시켜 주어야 한다.

예를 들어 빛의 방향을 변화시켜 준다든지 Color를 변화하는 등 변화시켜 주는 방법은 여러 가지가 있다. 다만 공연의 내용에 부합되는 방법을 구사하는 것이 중요하다.

❺ 무대 조명의 이미지(Image)

앞에서 서술한 것처럼 무대 조명은 그 작품이 지닌 Image를 시각적으로 표현하는 것이다. Image를 창조하는 방법은 다음과 같다.

① **작품의 Image** : 모든 예술작품에는 반드시 테마(Thema)와 이미지(Image)가 있다. 그것은 예술가의 생활이고 감정이고 꿈이기도 하기 때문이다.

조명의 계획을 세울 때 이런 것들을 생각하지 않으면 예술가의 Image와 조명 감독의 Image가 지나치게 동떨어져서 관객들로 하여금 공감대를 얻지 못하게 된다.

② **색의 Image** : 색에는 그 색이 가지고 있는 특유한 감정이 있다(표 3-21).

색체 감정은 절대적인 것이 아니고 일반적으로 이러한 관계가 있다는 것에 지나지 않는다.

필요한 것은 색채의 감정을 근거로 하지만 어떻게 하면 색채를 잘 사용하는 것인지를 늘 생각하고 작품의 Image를 잘 이해하는 것이다. 일반적으로 넓은 면적의 색, 의상의 색이 오래 인상에 남게 되므로 기초로 하는 색과 의상과의 배색을 우선 먼저 생각하는 것도 좋은 방법 중의 하나이다.

• 표 3-21 **색과 감정의 관계** •

속성	종별	색별	연상	감정
색 상 (HUE)	따뜻한 색 (온색)	적(red) 황적(orange) 황(yellow)	피, 태양, 폭염 일몰, 가을 레몬, 고음 등	격정, 열정, 위험 환희, 유혹, 기쁨 활발함, 쾌활, 발전, 명랑 등
	중간색	녹(green) 자(amber)	풀, 식물 죽음 등	청춘, 행복, 평안고요 우아, 신비, 고귀함 등
	찬 색 (한색)	청록(cyan) 청(blue) 청자(magenta)	호수, 보석, 연못 바다, 달밤, 소극적 심해, 먼 산, 밤 등	우수, 안식, 사색 비애, 진실, 침정 신비, 공정, 환상 등
명 도 (Value)	고 중 저	백(white) 회(gray) 흑(black)	일광, 눈, 설탕 비가 올 것 같은 하늘색 먹구름, 심야, 초상 등	담백, 명랑, 순수함 평범, 불쾌함 침묵, 부정, 불길함 등
채 도 (Chroma)	고 중 저	주홍 분홍(pink) 다갈색(brown)	신선, 발랄 온화 침착, 안정 등	정열, 열렬함 사랑 침착함 등

❻ 무대 조명 설비의 구성

무대 조명 설비와 구성을 크게 나누면 조명 제어반(dimmer unit rack), 조광 조작탁(control console), 조명기구 등으로 나눌 수 있으며, 이 3가지 요소가 상호 balance를 유지

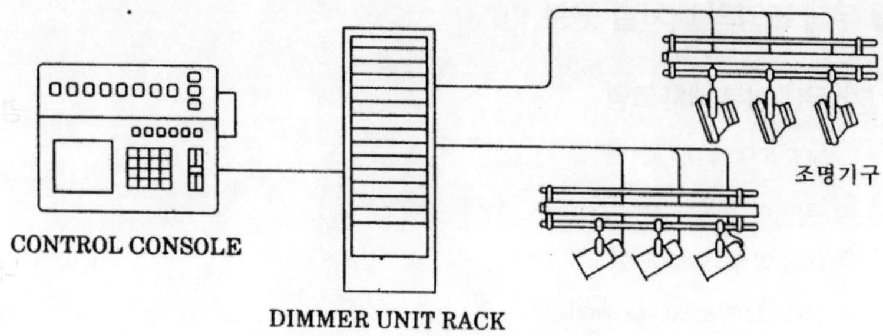

• 그림 3-23 무대 조명 설비의 구성 •

해야만 좋은 조명 연출을 할 수 있는 것이다.

극장의 규모에 따라서 전원의 용량, 제어 회로수, control console의 크기 및 조명기구의 종류, 수량 등이 다르기 때문에 이런 것들을 잘 조화시켜 설계 및 설치해야만 경비의 절감뿐만 아니라 공연제작도 원활하게 할 수 있다.

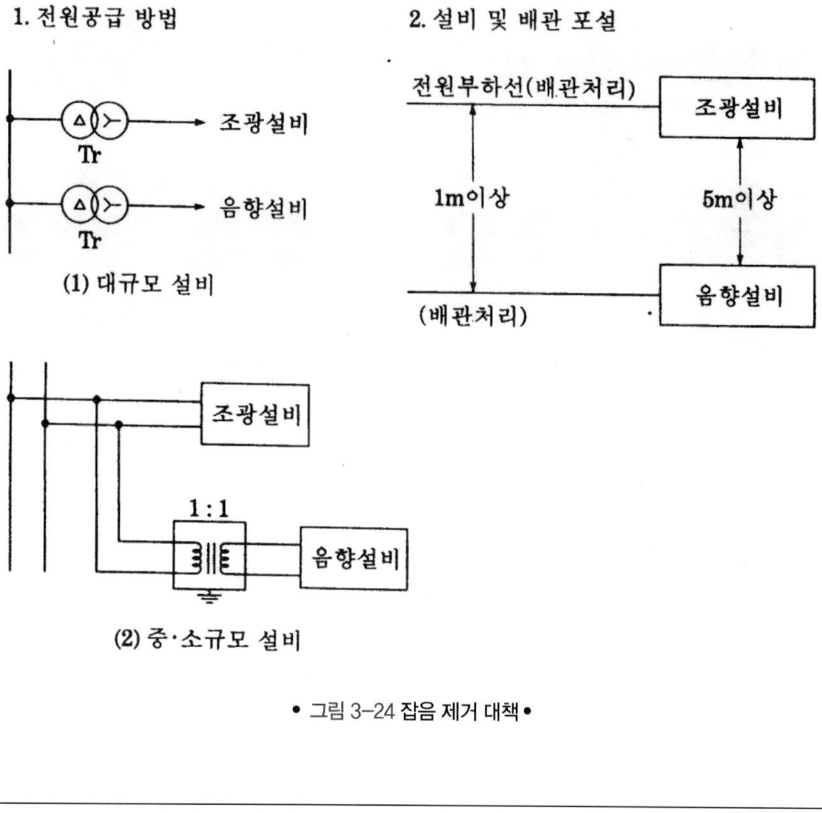

• 그림 3-24 잡음 제거 대책 •

❼ 무대 조명의 배치별 구분

(가) 무대 상부 배치 조명

① upper horizont light

② border light

③ suspension spot light

④ sound reflection down light

……

(나) 무대 하부 배치 조명

① lower horizont light

② foot light

③ tower light

④ tormentor light

⑤ floor pocket

……

(다) 객석 배치 조명

① apron stage top light

② ceiling spot light

③ front side spot light

④ follow pin spot light

……

(라) 조명 조정실

① control console

② dimmer unit rack

❽ 무대 배치별 용도 해설

① **foot light** : 객석 쪽 무대바닥 끝부분(apron stage에서 약 30[cm])에 설치하여 피사체의 하부를 조명하여 그림자를 제거하기 위한 조명 기구로서, 무대형식과 크기에 따라 객석에서 관객의 시선이 방해되지 않도록 설치한다.

※ 설치 방법에 따른 구분

- 노출형 : 이동식 기구로서 필요시 무대 바닥에 설치하며, floor pocket에서 전원을 공급받는다.
- 매입형 : 고정식 기구로서 무대 바닥 밑에 별도의 저장함을 두어 보관하며, 필요시 cover 개폐후 투사 각도를 조절하여 사용한다.

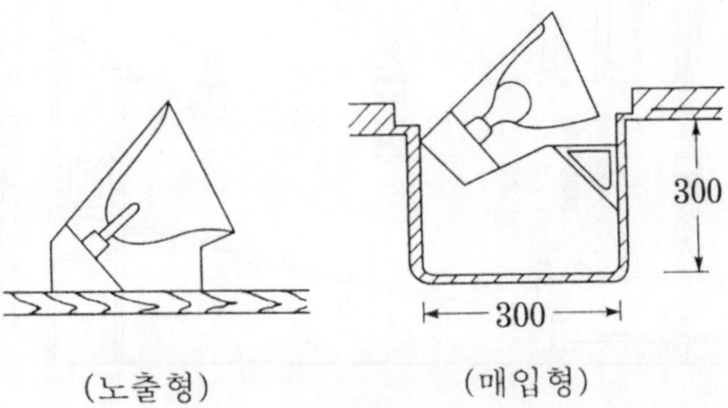

• 그림 3–25 foot ligh 설치 방법의 예 •

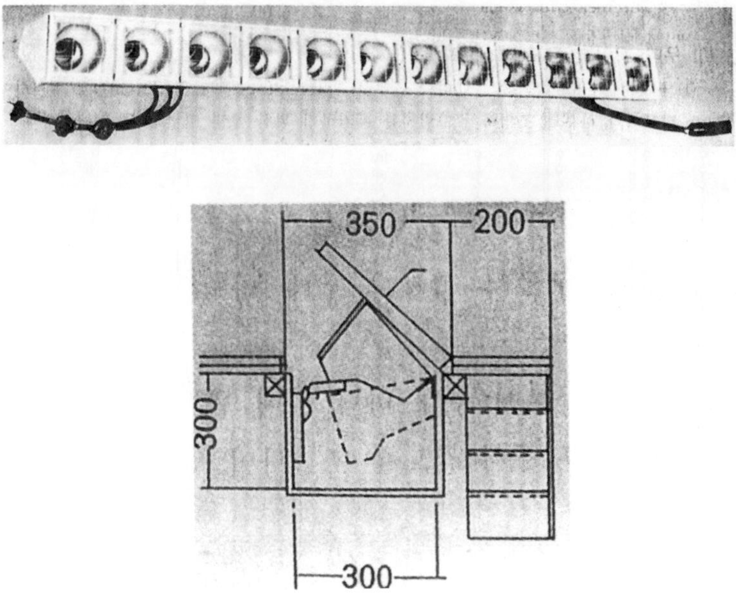

• 그림 3–26 foot light의 외형도 •

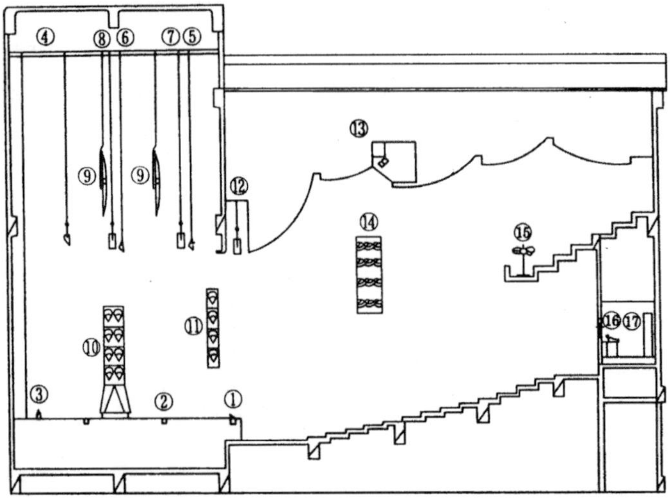

No.	TITLE
1.	FOOT LIGHT
2.	FLOOR POCKET
3.	LOWER HORIZONT LIGHT
4.	UPPER HORIZONT LIGHT
5.	#1 BORDER LIGHT
6.	#2 BORDER LIGHT
7.	#1 SUSPENSION SPOP LIGHT
8.	#2 SUSPENSION SPOT LIGHT
9.	SOUND REFLEGTION DOWN LIGHT
10.	TOWER LIGHT
11.	TORMENTOR LIGHT
12.	APRON STAGE TOP LIGHT
13.	CEILING SPOT LIGHT
14.	FRONT SIDE SPOT LIGHT
15.	FOLLOW PIN SPOT LIGHT
16.	CONTROL CONSOL
17.	DIMMER UNIT BACK

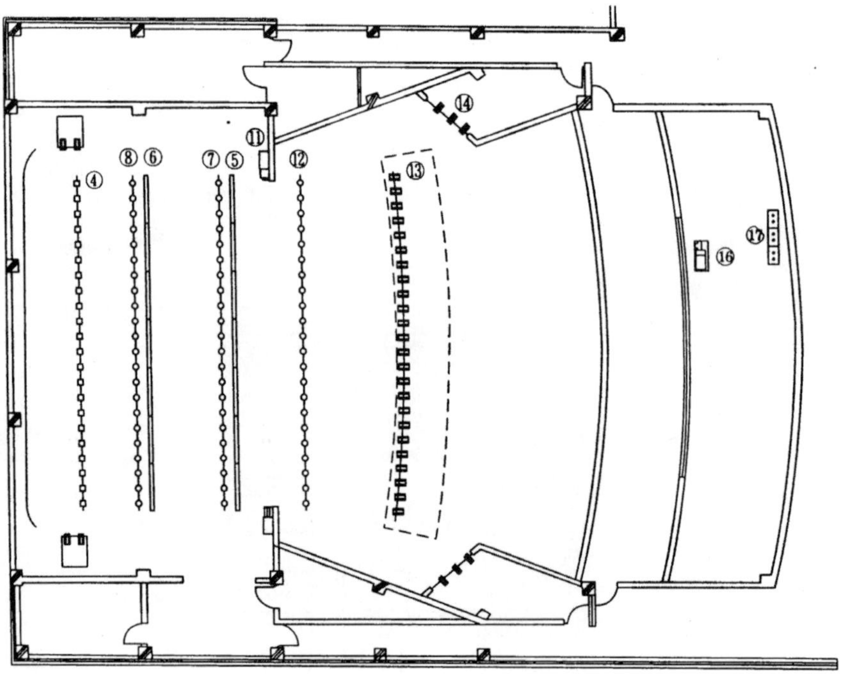

• 그림 3-27 무대 조명 설비의 명칭 •

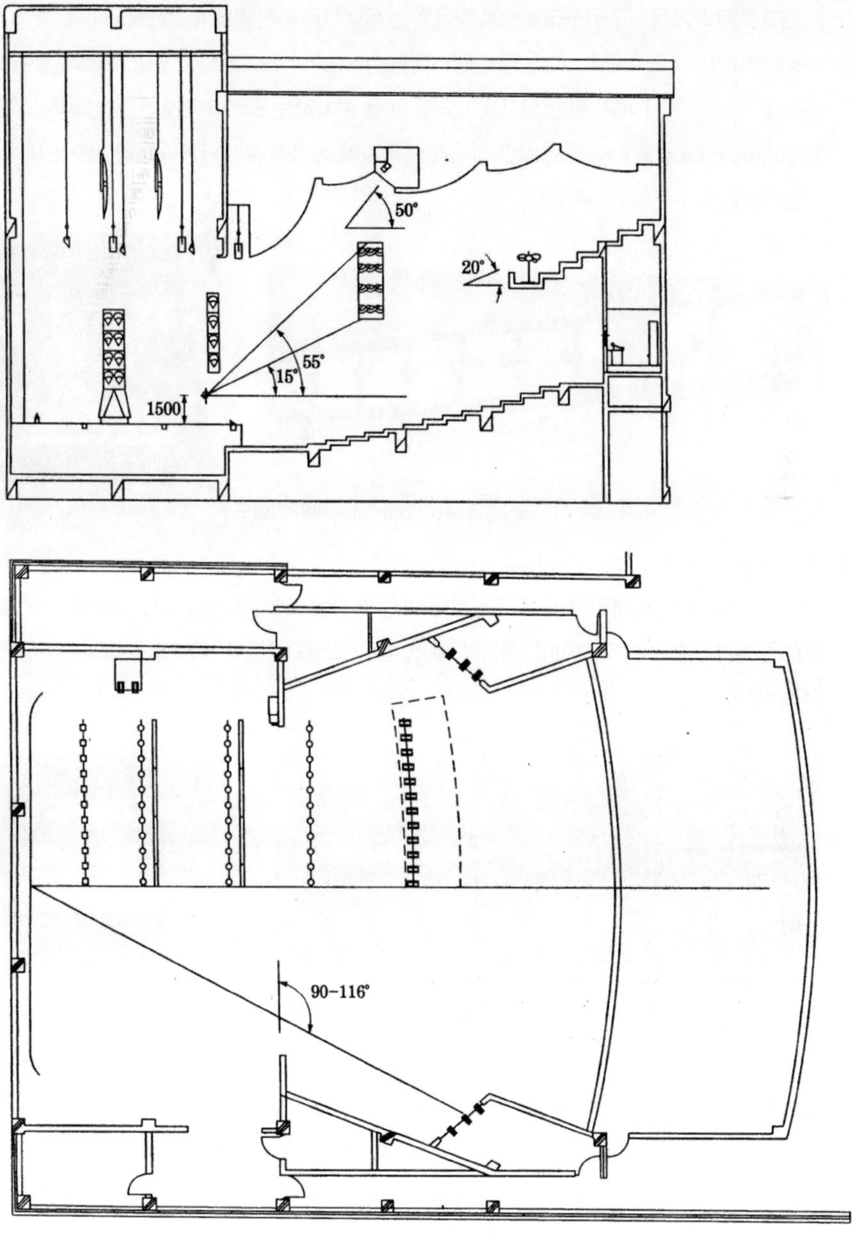

• 그림 3-28 무대 조명 설비의 예 •

② floor pocket : 무대 바닥에 매입 설치하여, 각종 이동용 조명기구 또는 별도의 전원을 필요로 하는 전열 기구의 사용시 전원공급용으로 사용하는 무대전용 전원 공급 receptacle이다.

③ lower horizont light : horizont curtain(배경막)에서 1~1.5[m] 정도 위치에 무대 바닥에 설치하여 배경 및 효과 연출을 하기 위한 밝고 부드러운 빛을 투사하는 조명 기구로서, 배경막의 크기와 용도에 따라 Halogen 전구 또는 백열 전구를 사용하여, 배경막 길이 만큼의 조명 기구를 3~4개의 조작회로로 구분하여 설치한다.

• 그림 3-29 lower horizont light의 외형도 •

④ upper horizont light : 배경막 앞 무대 상부에 설치하여 lower horizont light와 함께 배경 및 효과 연출을 하기 위한 조명 기구이며, 배경막 길이만큼의 조명기구를 3~4개의 조작회로로 구분하여 설치한다.

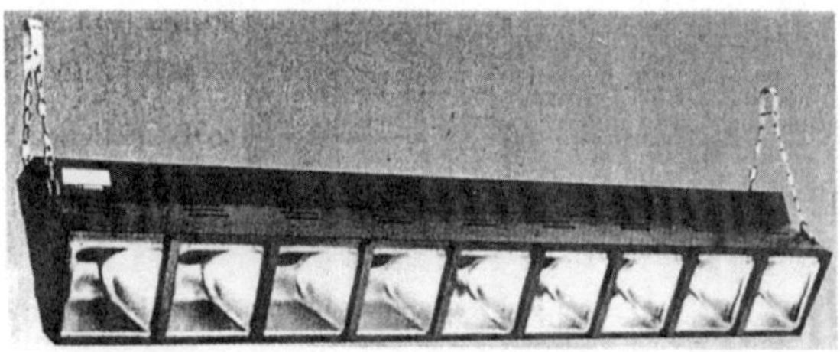

• 그림 3-30 upper horizont light •

⑤ border light : 무대 상부에 설치하며 전체를 밝고 부드러운 빛으로 균등하게 투광하는 조명기구로서, 무대 분위기를 부드럽게 하고 그림자가 생기는 것을 방지하는 역할을 한다.
proscenium arch 폭만큼의 조명기구가 필요하며, 무대 깊이에 따라 1.5~2.5[m] 간격으로 broder light를 배열하고 color의 배광이 쉽도록 3~4개의 조작회로로 구분한다.

• 그림 3-31 border light •

⑥ **suspension spot light**: 무대 상부에 설치하여 연출되는 연기면의 point에 세부조명을 투광하기 위한 조명기구로서 부드러우면서도 밝고 제한된 조명을 이용하기 위하여 fresnel lens를 사용하며, focus 조명과 투광각도의 좌우 조정이 가능하다.

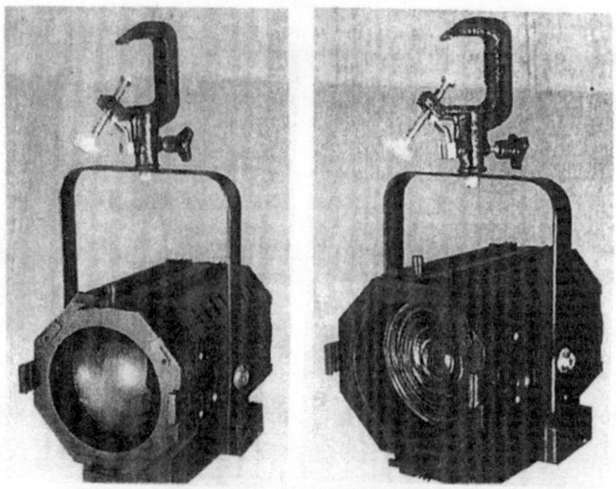

• 그림 3-32 spot light의 외형도 •

또한 무대 조명 연출 중 어느 위치에서의 조명이 가능하기 위하여 proscenium arch 폭의 길이에 0.5~1[m] 간격으로 조명기구를 설치하며, 무대 깊이에 따라 1.5~2.5[m] 간격으로 suspension spot light를 배열하고 3 또는 4의 배수의 조작회로로 구분하여 조작 회로당 1~2개의 조명기구를 병렬 연결하여 사용한다.

⑦ **sound reflection down light**: 음악회 또는 연주회 등 무대 내부에 sound reflection(음향 반사판)을 설치하는 경우 무대 상부에 취부되어 있는 각종 조명 기구를 사용할 수 없으므로 천장 음향 방사판에 조명기구를 매입 취부하여 부드러운 확산광으로 그림자가 생기지 않도록 무대 전체를 투광한다.

• 그림 3-33 sound reflection down light의 외형도 •

⑧ tower light : 무대 양측면에 자립형 tower frame을 이용하여 무대 중앙부의 피사체를 향하여 측광을 투사하는 조명기구로서, 연출 목적에 따라 시간의 표현, 분위기의 표현 및 배경막에의 투사 등으로 사용된다.

⑨ tormentor light : 무대 안쪽 proscenium 벽에 frame을 이용하여 무대 중앙부의 피사체를 향하여 측광을 투사하는 조명기구로서, plano convex lens를 사용하여, focus 조정과 투광각도의 상하 좌우 조정이 가능하다.

⑩ apron stage top light : 객석 쪽 proscenium 천장에 설치하여 무대 끝부분에서 연출되는 연기면의 point에 세부 조명을 투광하기 위한 조명기구로서, 부드러우면서도 밝고 제한된 조명을 이용하기 위하여 fresnel lens를 사용하여, focus 조정과 투광각도의 좌우 조정이 가능하다.

⑪ front side spot light : 객석 좌우 양측면 투광실에 설치되어 무대 내의 피사체를 향하여 측면 조광을 하여 입체감을 나타내 주는 조명기구로서, plano convex lens를 이용하여 강한 광선을 투사한다. 그리고 무대 내부의 최적의 투사를 하기 위하여 수평각도 90°~116° 이내, 수직각도 15~55° 이내에 위치하여야 한다(그림 3-28 참조).

⑫ ceiling spot light : 객석 상부의 천장 안에 설치되어 무대전면을 투사하여 피사체의 전면 명암을 결정짓는 주광원으로서, 높은 조도 및 강한 광선이 필요하므로 plano convex lens를 사용하여 빛을 집광시켜 투광할 수 있어야 하며, focus 조정 및 좌우 투사각도 조정이 용이하여야 한다. 또한 무대 내부의 어느 곳에도 투광할 수 있어야 하고 연기자의 눈부심을 막기 위한 최적의 조건을 만족하기 위하여 point점(그림 3-28 참조)을 기준으로 45±5°의 위치에 proscenium arch폭의 100~120[%]의 길이 만큼에 0.5~1[m] 간격으로 조명기구를 설치하여야 한다.

그리고 조명기구의 설치 위치가 객석 천장이므로 관리, 유지보수 및 안전을 위하여 별도의 booth(투광실)를 건축시공시 설치하여야 한다.

⑬ follow pin spot light : 조종실 또는 ceiling, front side 투광실 및 발코니 등에서 사용하는 이동형 조명기구로서, 공연 연출 중 중심이 되는 피사체 또는 특정 지정 표현 등 특별히 강조하고 싶은 경우, 즉 연극이나 발레, 오페라 등에서 주연배우의 집중 조명 및 행동 반경에 따라 움직이며 관객의 시선을 집중시켜 공연의 효과를 한층 돋보이게 한다.

⑭ control console : 객석 맨 뒤쪽에서 무대가 가장 잘 보이는 곳에 조명 조정실을 설치하며, 무대 내의 모든 조명(stage, auditorium)을 제어하는 control console(조명 조작탁)을 설치한다.
조명 조작탁의 종류 computer에 의한 digital 조정 방식과 수동 조작에 의한 analog 조정 방식으로 구분된다.

㉠ computer 조정 방식 : 중형 무대 규모 이상에서 주로 사용되는 조정 방식으로서, 조명제어 회로의 많고 적음에 관계없이 크기가 일정하며, 조작 방법은 memory program에 의한 channel의 1 : 1 또는 group 선택과 많은 장면의 연출(최소 200 scene 이상)이 가능하다.

㉡ manual 조정 방식 : 소형 극장 규모 이하의 적은 조명제어 회로 사용시 적당한 console로서, 각 제어회로별 1 : 1 조정이 가능하므로 매우 간편하게 조정할 수 있으나, 제어회로가 많아질 경우 조정 fader 또한 늘어나야 하기 때문에 크기가 커져야 하며, 장면 전환 기능이 적기 때문에(최고 9 scene) 다양한 연출을 하기 위해서는 상당히 불편하다.

⑮ dimmer unit rack : 무대 조명기구의 조도를 조절하는 제어장치로서, 전압 위상 제어방식에 의하여 광원의 광량을 제어하는 조광 제어반을 총칭하며, control console에서 조정한 제어전압에 의하여 조정된다.
전압제어 소자로는 과거에는 triac을 많이 사용하였으나 최근에는 triac의 단점을 보완한 SSR(solid state relay)을 이용하여 제작한다.

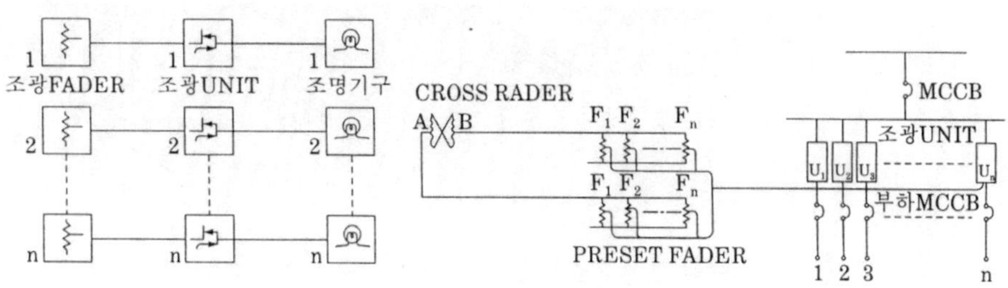

(a) 부하 직결 방식

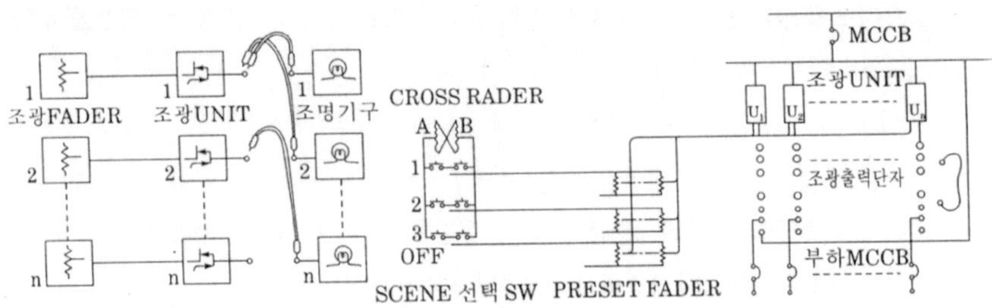

(b) 강전 patch 방식

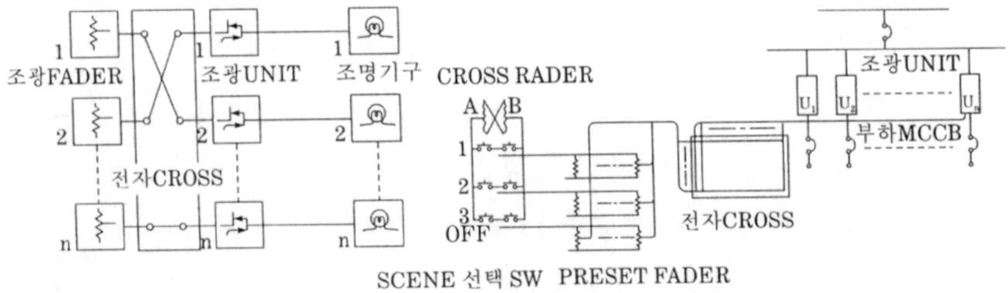

(c) 전자 cross 방식

• 그림 3-34 dimmer console 간 결선방식의 예 •

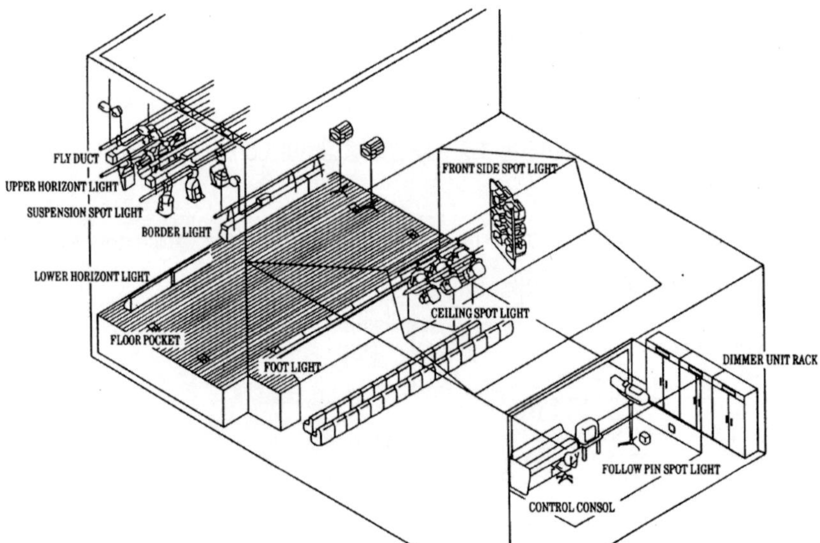

• 그림 3-35 무대 조명 설치 입체도의 예 •

⑨ 조광기와 콘솔(dimmer, console)

빛의 강도 또는 밝기는 제어할 수 있는 가장 중요한 빛의 특성이라고 할 수 있다. 이와 같은 빛의 강도 조절은 조광기를 통해서 이루어질 수 있다.

전구에서 나오는 빛의 밝기를 조절하는 데는 우선 부드럽고, 일정한 속도로 이루어져야 한다고 하는 것이 기본적으로 고려될 사항이다. 또한 콘솔로 연결된 조광기는 각각의 페이더(fader)에 의해 조광기 조절이 이루어져 빛의 특성 가운데 하나인 움직임을 제어할 수 있게 된다. 빛의 움직임을 시간의 경과라든지, 장면의 분위기를 바꾼다든지, 무대에서 강조되는 구역을 바꿔주는 역할을 수행한다.

(가) 빛의 강도 조절 시스템

① 그림 3-36은 하나의 조명기가 어떤 시스템에 의해 조광기 조절 되는가를 그린 것이다. 이 방식은 다음의 조광기 대 회로시스템으로 발전되었다. 그림에서 보듯이, 설치된 조명기는 회로와 조광기를 짝지어 주는 배전반(patch panel)을 통해 일정한 조광기에 할당되고, 각각의 조광기와 연결된 콘솔의 페이더에 의해 조광기 조절이 이루어진다.

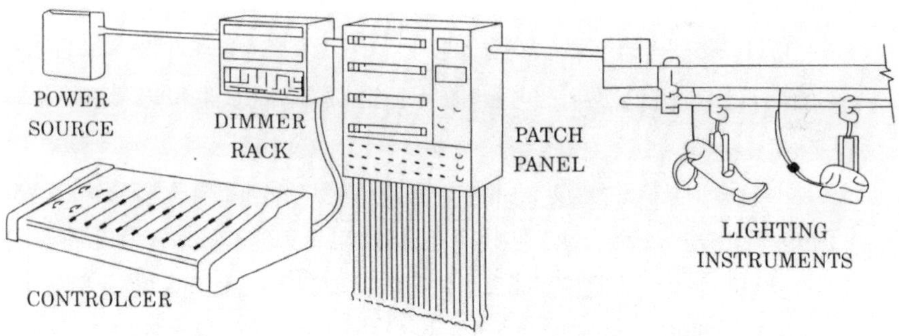

• 그림 3-36 •

② 그림 3-37은 조광기 대 회로시스템으로 한 조광기가 한 회로에 각각 연결되어 따로 짝짓기가 필요 없다. 따라서 그림 3-36에서 배전반이 삭제된 그림으로 볼 수 있다.

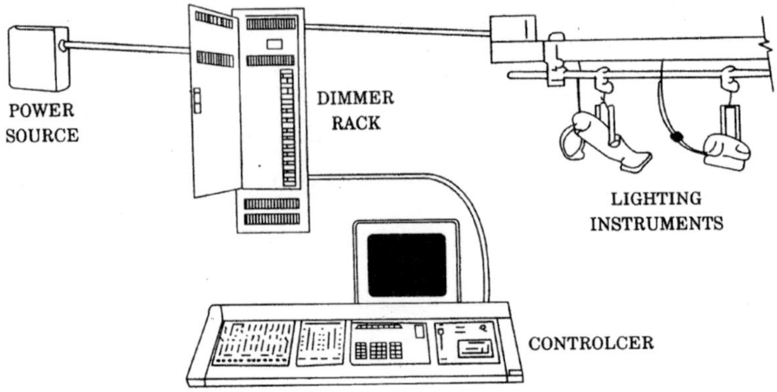

• 그림 3-37 •

……

(나) 조광기의 종류

전기 조명의 역사를 살펴보면 여러 종류의 조광기들이 사용되어 왔으나 기본적으로 기계식이나 전자식의 두 가지 방법을 통해서 조광기 조절이 이루어졌다. 조광기의 역사는 우선 성능이 우수하고, 오래 쓸 수 있고, 작고, 가볍고, 사용이 간편하고, 값이 저렴하고, 작동시 소음이 나지 않는 조광기로 계속 발전하는 역사라고 할 수 있다. 조광기의 종류를 연대기 순서로 정리하면 다음과 같다.

① **저항 조광기**(resistance dimmer) : 저항 조광기는 기계식 조광기의 일종이다. $I=E/R$ 또는 $R=V/A$ 라는 옴의 법칙에서 주어진 저항의 가치가 클수록 전류의 가치는 축소된다는 것, 즉 회로의 저항을 늘이면 전류의 양이 줄어든다는 법칙에 의해 전구의 조도를 조절하는 조광기이다.

단점이라면 스위치를 켜는 것과 동시에 전력이 소모되기 때문에 전력 소모가 크며, 코일에서 발생되는 열이 가중되므로 확실한 환기장치가 필요하다. 또한 전구의 소모 전력이 커짐에 따라 전선의 길이도 길어야 하고, 전구의 소모 전력을 정확하게 맞추어 전선의 길이를 선택해야 하므로, 긴 전선을 처리해야 하는 불편이 따른다. 최소한 6명 내지 8명의 조정 인원이 필요하다. 마지막으로, 소모 전력이 적은 전구를 사용하게 될 경우 빛을 완전히 소등할 수도 없을뿐더러 다른 조광기와 다른 비례로 조광기 조절을 할 수 없다.

② **자동변전 조광기**(autotransformer dimmer) : 기계식 조광기의 또 다른 예로 자동변전 조광기가 있다. 이 조광기는 빛의 밝기를 전압의 조절에 의해서 조절한다. 많은 구리선이 철심의 둘레에 감겨져 있고, 철심과 구리선으로 이루어져 있는 원통 모양의 한쪽 끝에는 다이얼이 연결되어 있다. 또 이 다이얼에는 탄소봉이 붙어 있어, 다이얼을 돌리면 이 탄소봉이 구리심 주위의 이곳 저곳을

접촉해서 다양한 전압을 얻어내어, 결국 이 선에 연결되어 있는 전구의 조도를 조절할 수 있게 된다. 자동변전 조광기는 열손실이 전혀 없어 조광기 조절을 완벽하게 수행할 수 있다. 단점이라면, 조도를 오르내리는 시간이 항상 일정하다고 하는 것이다.

③ **자석식 조광기(saturable core dimmer)** : 완전한 전자식 조광기는 아니다. 약한 직류가 중심부의 철심을 자력화시키면 이곳을 통과하는 교류 전류의 양이 조절된다. 즉, 자력이 증가하면 중심부 철심의 전도율이 올라가서 전류를 많이 흘려보낸다. 자석식 조광기의 단점으로는 부피가 크고, 조절 순간에 빛의 변화를 기대하기가 어렵다는 것이다.

④ **방전관식 조광기(thyratron tube dimmer)** : 게이팅 원리(gating principle)를 적요한 최초의 전자식 조광기라고 볼 수 있다. 게이팅 원리란 스위치 작동에 의해서 전구를 빠르고 느리게 점멸하여 점멸시 평균 조도를 가지고 빛의 세기를 조절하는 원리이다. 이 조광기에서 사용되는 튜브는 여러 가지 기능을 갖고 있어 최고의 조도까지 어떠한 용량도 조절하며, 반응기간이 순간적이므로 전력 소모가 없다. 단점이라면 작동 전에 예열이 필요하고, 작동 중 소음과 열이 많이 발생하므로 확실한 환기 장치가 필요하다.

⑤ **자석식 확충 조광기(magnetic amplifier dimmer)** : 자석식 조광기의 단점을 보완한 좀더 효율적인 조광기이다. 1950년대에 소개되었으나, 곧 실리콘 조절정류 조광기에 의해서 사라지게 되었다.

⑥ **실리콘 조절 정류 조광기(silicon controlled rectifier dimmer)** : SCR 조광기라고 불리는 실리콘 조절 정류 조광기는 현재로서는 가장 믿을 만하고 효율적인 조광기이다. SCR 조광기는 방전관식 조광기와 마찬가지로 gating principle에 의해서 작동된다. 이는 실리콘에 의해서 제어되는 조광기가 아니고, 제어 가능한 실리콘 정류 조광기라고 해야 할 것이다. 이것은 수명이 길고, 크기가 작고, 무게가 가볍고, 적당하며, 작동 중 소음이 적다는 장점을 갖고 있다.

......

(다) 콘솔의 종류

① **프리세트(preset) 콘솔** : 프리세트 콘솔의 장점은 무대 위의 장면 다음으로 필요한 큐를 미리 준

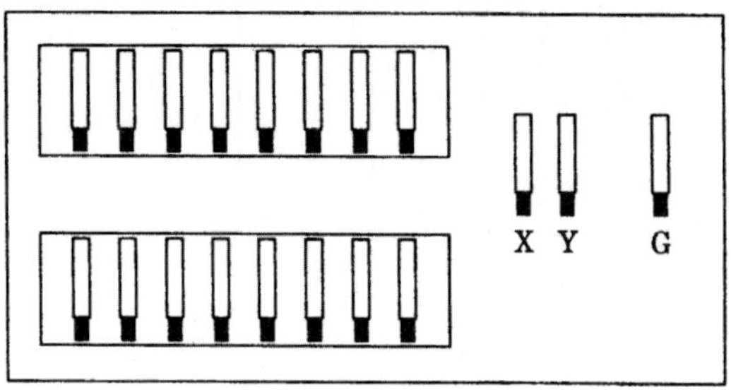

• 그림 3-38 •

비해 놓을 수 있다는 점이다.

그림 3-38에 나오는 이단 프리세트 콘솔에는 1~8번 채널이 두 번 반복되어 있고, 첫 번째 큐는 서브매스터 X로, 두 번째 큐는 서브 매스터 Y로 조정하고, 세 번째 큐는 다시 서브 매스터 X로 조정하는 방식으로 콘솔을 이용하되 현재 무대 위에 올려진 서브 매스터 이외의 서브 매스터에 다음 큐를 준비한다. 따라서 무대 감독의 큐에 따라서 X와 Y, 두 개의 서브 매스터가 서로 교차해 들어갈 수 있다.

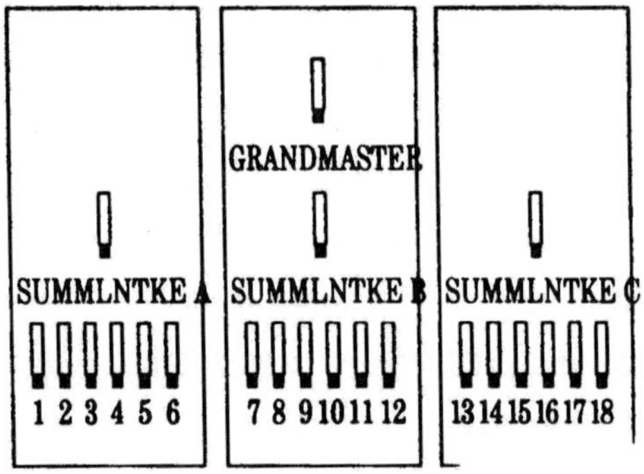

• 그림 3-39 •

② **그룹 매스터(group master) 콘솔** : 그림 3-39는 페이더 1~6까지는 서브 매스터 A에, 페이더 7~12까지는 서브 매스터 B에, 그리고 페이더 13~18까지가 서브 매스터 C에 물리고 서브 매스터 A, B, C는 그랜드 매스터에 물린 그룹 매스터 콘솔의 한 예이다.

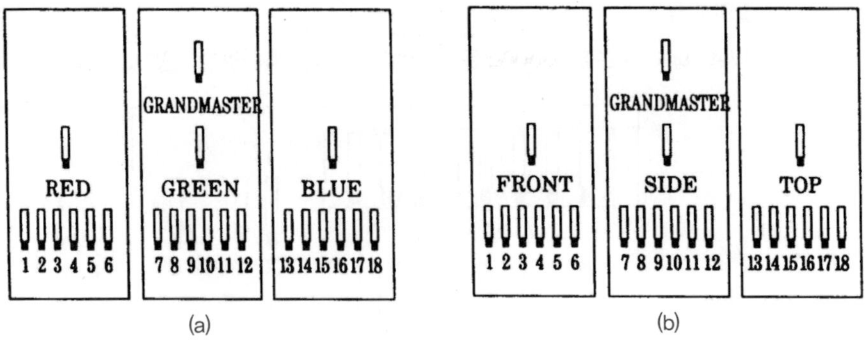

• 그림 3-40 •

그룹 매스터 콘솔에서 사용 가능한 두가지 조작방법은 다음과 같다.

- 각 조광기들의 소그룹을 하나의 특정한 서브 매스터에 할당한다. 이 방법은 디자이너가 빛의 색깔을 섞을 때 유용하다. 예를 들면 서브 매스터 A는 빨강을, 서브 매스터 B는 초록을, 서브 매스터 C는 파랑을 할당해 놓으면 무대 위에서 각 소그룹의 색깔의 밝기에 따라서 다양한 색깔을 만들어낼 것이다.(그림 3-40 (a))
- 극장의 조명기의 위치에 따라서 그룹별로 할당하는 방법이다.
  서브 매스터 A는 전광을, 서브 매스터 B는 측광을, 서브 매스터 C는 탑조명을 조절한다.(그림 3-40 (b))

③ **콤비네이션(combination) 콘솔** : 그룹 매스터 콘솔과 프리세트 콘솔의 기능을 혼합한 콘솔이다.

④ **컴퓨터 콘솔(computerized memory console)** : 현재 대부분의 극장에서 컴퓨터 콘솔은 조명의 표준화된 콘솔로서 자리잡았다. 컴퓨터 콘솔의 기본 원리는 수동식 콘솔에 기본을 두고 있다. 컴퓨터 콘솔은 각 큐의 밝기와 시간을 컴퓨터에 의해 기억시킬 수 있기 때문에 실수와 번거로움으로부터 벗어나게 되었다. 용량이 적은 컴퓨터 콘솔은 100개 정도의 큐를 저장할 수 있고, 용량이 큰 것은 1,000개 정도의 큐를 저장할 수 있다. 모니터에 의해서 현재 진행중인 채널의 레벨과 각 큐의 시간 등을 볼 수 있다.

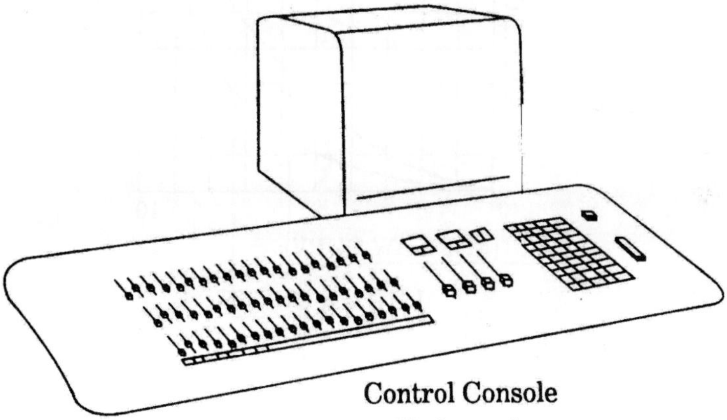

• 그림 3-41 •

출력 장치로는 프린터에 의해 각 장면의 완송된 큐 용지를 받아 볼 수 있고, 플로피 디스켓에 저장하여 사용할 수 있다.

㉠ 컴퓨터 콘솔의 관리 요령

- 먼지와 더러운 것, 기름기를 조심할 것
- 흡연을 하지 말 것
- 음식물 섭취를 하지 말 것
- 플로피 디스켓은 자성을 띤 물체에 가까이 하지 말 것

……

(라) 조광기 조정 곡선(dimmer control curves)

대개 콘솔의 조절 레버인 페이더의 양편에는 똑같은 간격으로 아래에서 위로 눈금이 매겨져 퍼센트를 나타내 준다.

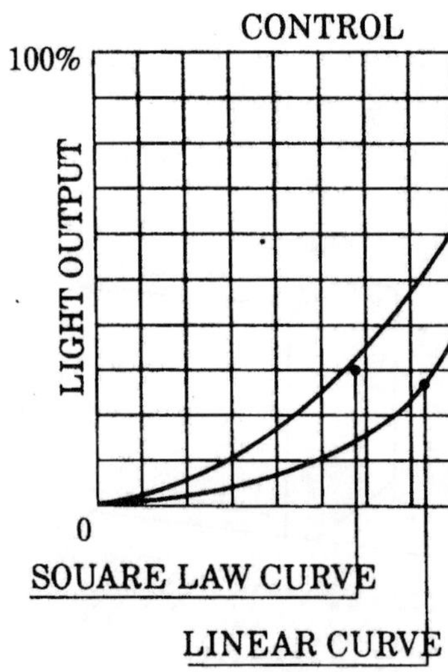

• 그림 3-42 •

그림 3-42는 페이더를 눈금 0에서 10 사이에 놓았을 때, 빛이 어느 정도의 밝기로 들어오는가 하는 것을 나타낸 것이다. 도표에서 알 수 있듯이 선형 곡선(linear curve)은 자동 변전 조광기 보드에서 얻어낸 곡선으로 눈금 8에서 10까지에서 조도가 50[%] 이상이 바뀐다고 하는 것을 알 수 있다. 정방형식곡선(square law curve)은 자동 변전 조광기 보드의 단점을 보완해서 눈금 2~3 또는 8~9 사이에서의 조도 변화를 좀더 부드럽게 만든 최근 콘솔에서 얻어낸 곡선이다. 참고로 도표에서 색칠된 조도 20[%] 이하는 육안으로 식별할 수 없는 빛의 변화를 나타낸다.

⑩ 무대 공간에 따른 조명 디자인

(가) 무대 공간

① 극장 공간의 분위기와 환경은 공연의 성격을 결정짓는 데 중요한 역할을 한다.

② 오늘날 실험 극단들은 계획적으로 관객들로 하여금 환경을 의식하도록 만든다.

③ 연극사 전반에 걸쳐, 극장 공간의 네 가지 대표적인 무대/객석의 배치가 있다.

㉠ 프로시니엄 무대 : 이 무대는 그림틀과 같은 무대를 갖고 있다. 따라서 관객들은 뚫린 한쪽면을 통해서 '그림'을 바라본다.
이런 형태의 극장에서는 일반적으로 넓은 backstage 공간과 배경막을 올릴 수 있는 fly space가 있어, 세심한 장치 전환과 시각화가 이루어질 수 있다. 또한 희곡에 따라 현실과는 떨어진 효과를 쉽게 얻어낼 수 있다. 동시에 그림틀은 배우와 관객을 효과적으로 이격시켜 놓을 수 있다.

㉡ 원형 무대 또는 Arena는 원형의 연기 공간을 가운데 두고, 원둘레에 원 또는 사각형으로 관객을 배치한다. 이러한 극장의 설계는 상당히 경제적이고, 배우와 관객의 친밀감을 얻어낼 수 있다. 그렇지만 무대장치와 장치 전환에서 완벽에 가까운 시각적 효과를 얻어내기란 프로시니엄 무대에 비해 더 어렵게 되어 있다.

㉢ 돌출 무대(thrust stage) 또는 열린 무대(open stage)는 대개의 경우 플랫폼을 이용해 세 개의 면에 관객들을 배치한다. 주로 등·퇴장은 무대 뒤쪽으로 이루어지고, 무대장치에서 시각적 효과를 얻어낼 수 있다. 다시 말해 돌출 무대는 프로시니엄 무대의 장치효과와 원형 무대에서 얻을 수 있는 배우/관객의 친밀감을 동시에 얻을 수 있는 극장 형태를 말한다.

㉣ 재창조된 공간 또는 발견된 공간(found space)은 다음의 여러 형태로 나타난다.

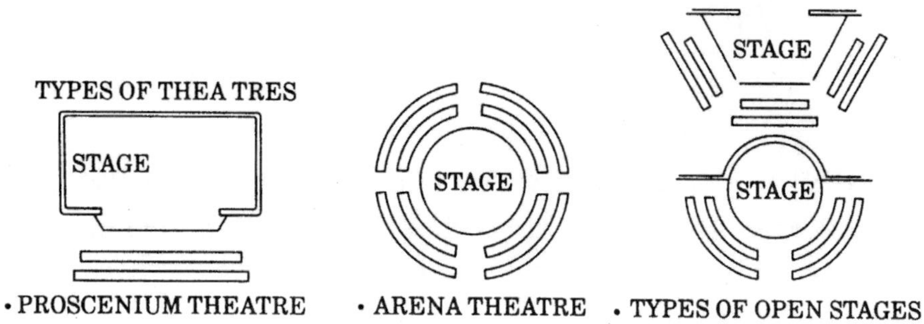

• 그림 3-43 각종 무대 공간의 예 •

- 극장이 아닌 공간의 이용
- 각 공연에 맞춰 주어진 환경을 조절
- 야외무대의 이용
- 거리를 극장으로 이용
- 여러 초점을 갖고 있는 환경의 이용

④ 극장 건물의 형태와 성격과 함께 그 규모와 장치는 실내/야외에 상관없이 작품의 환경에 영향을 미친다.

……

(나) 프로시니엄 무대 조명

일반적으로 프로시니엄 무대는 조명기를 관개의 시선으로부터 가리면서 시각적인 요소(장치와 조명 등)들의 변화를 강조하려 한다. 따라서 무대 위의 조명기들은 위가리개막과 옆가리개막 사이에 위치하며, 객석에서는 조명을 위하여 특별히 디자인된 실링이나 박스 붐에서 비추어진다. 만일 디자이너가 원하는 조명기의 위치가 부적절하다면 관객의 관극에 방해가 되지 않는 범위에서 옮겨 달 수 있다. 프로시니엄 극장에서의 공연 형태와 양식은 매우 다양하다.

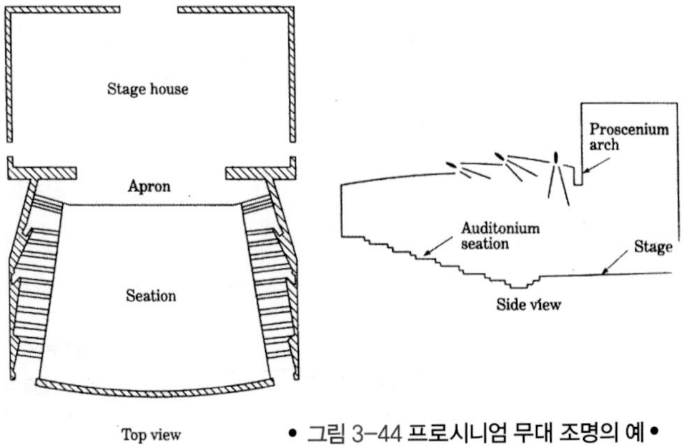

• 그림 3-44 프로시니엄 무대 조명의 예 •

전통적인 박스 세트가 천장이 있다면 탑조명은 불가능하게 되고, 모든 벽면을 가진 박스 세트는 측광에 큰 제한을 빚게 된다. 뒤배경과 옆가리개막으로 구성된 세트(주로 뮤지컬과 발레)는 디자이너가 탑조명과 옆조명을 특히 잘 사용해야 하고, 덧마루와 몇 개의 세트들로 구성된 무대의 경우도 조명을 적절하게 사용해서 효과를 높일 수 있을 것이다.

……

(다) 원형 무대 조명

배우가 관객 가장 가까이에 연기하는 공간이다. 일반적으로 무대로부터 가장 먼 거리의 객석이 6~9[m]를 넘지 않는다.

조명기들도 배우와 매우 가깝게 위치하게 된다. 따라서 조명기는 6×9와 같은 40~50°의 ERS나 6" 패널 같이 넓게 퍼지는 조명기들을 진광으로 사용하면서, 동시에 반대편에서는 후광이 들어오게 한다. 색의 사용은 매우 조심스럽게 사용해야 하는데, 강한 색보다는 엷은 색이 선호되고, 색깔을 사용하지 않는 것도 바람직하다. 보통 네 면에서 항상 들어오는 빛과 무대 바닥에서 올라오는 반사광으로 인해서 얼굴에 강한 그림자가 생기지 않는다.

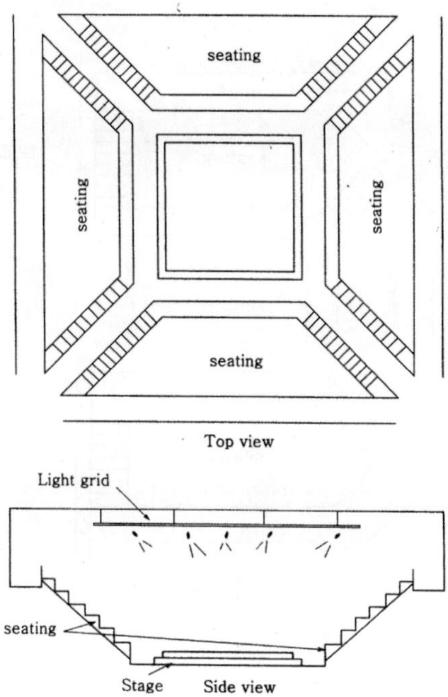

• 그림 3-45 **원형 무대 조명의 예** •

조명기구 위치가 좋지 않을 때는 돌출 무대에서와 같이 조명 스탠드와 조명 사다리를 임시로 설치하는 등 현명하게 극복해야 한다. 가장 손쉬운 방법은 타원형 반사경 스포트라이트의 경우는 내장되어 있는 셔터를 사용하거나, 패널의 경우는 빛가리개를 사용하여 관객의 눈을 부시게 하는 일이 되도록 없게 한다.

(라) 돌출 무대 조명

시각적인 요소들의 보조 역할과 함께 배우들의 연기가 매우 강조되며 주된 사건은 돌출된 구역에서 일어난다. 그러므로 이곳의 조명은 보다 완벽하게 연기 구역을 비추어야 한다. 전면무대 구역은 되도록 낮은 소품들로써 채워져서, 조명의 각도에 따른 그림자의 영향을 최소화하도록 장치 디자이너와 협조해야 한다. 돌출 무대 극장에서 잘 만들어진 그리드 시스템(grid system)이 되어 있지 않다면, 조명 스탠드와 조명 사다리를 임시로 설치하여 원하는 조명의 각도를 얻도록 힘써야 한다. 조명기의 노출은 불가피한 경우가 많으나, 관객의 눈에 직접적으로 조명이 들어가지 않아야 하며 반대편 관객의 모습이 선명하게 드러나지 않도록 하여 관객이 공연에 몰두하도록 도와야 한다.

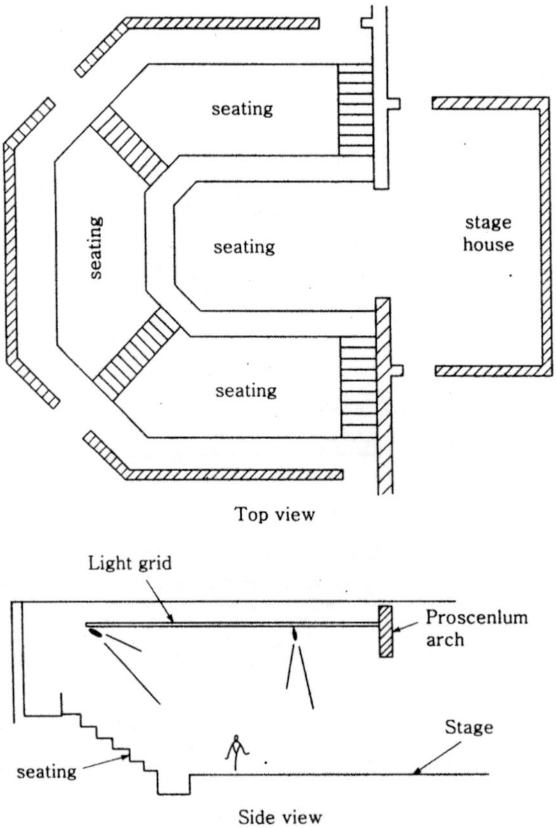

• 그림 3-46 돌출 무대 조명의 예 •

6. STUDIO 조명설계 ····

❶ 조명의 기술

매일 방송되고 있는 TV 프로는 생방송으로 진행되는 것과 녹화를 해서 방송하는 것으로 나눌 수 있으며 프로그램 종류로는

- 보도 프로그램
- 스포츠 프로그램
- 퀴즈 프로그램
- 오락 프로그램
- 음악 프로그램
- 드라마 프로그램

등 다양하다.

studio 조명은 기술적인 요소와 미술적·심리적·예술적 요소 등의 두 가지 요소로 대별되고 이 두 가지 요소를 다 만족시키는 것이 무엇보다 중요하다.

① **기술적 요소** : 유명한 조명 예술가가 밤의 야경을 만들기 위하여 set의 창문에 역광의 효과 조명을 하고 인물의 성격이나 분위기를 내기 위해서 색체 조명으로 정말로 기가 막힌 작품의 조명을 했어도 보는 사람이 장님이면 아무 소용이 없는 것이다.
그와 마찬가지로 TV 조명에서는 사람의 눈에 해당하는 TV camera가 잘 보이게 해야 한다.
그래서 TV camera가 요구하는 최소한의 요건을 충족시켜 주지 않으면 안 된다. 이와 같은 것들을 기술적 요소라고 한다.

② **미술적·심리적·예술적 요소** : 기술적 요소가 이루어진 바탕 위에서 프로그램의 제작의도, 내용, 성격 등을 밤·낮의 구별, 날씨, 분위기, 계절감 등을 조명으로 표현해야 하며 show 조명에서는 color의 배합으로 아름다운 영상을 표현할 수 있다.

❷ 조명의 종류

TV 조명의 종류는 다음과 같이 대별할 수 있다.

1. **광원에 의하여** : spot light, flat light
2. **입사방향에 의해서** : 순광, 측광, 역광, top light, foot light

3. **용도에 따라서**: key light, back light, base light, fill light

그런데 이 분류 중에서 공통된 명칭도 있어 명확하게 분류되지 않은 채 혼용되는 수도 있다.

(가) 광원에 의한 분류

① **spot light**: 이 light는 피사체를 강조하기 위한 주광원으로 널리 쓰이는 광원이다.

• 그림 3-47 follow spot의 외형도 •

② **flat light**: 전체적인 장면을 밝히기 위한 광원이다.

……

(나) 입사방향에 의한 분류(그림 3-48 참조)

① **순광**: 순광은 camera와 대개 같은 방향에서 비치는 빛이다. 정확하게 말하면 camera와 피사체(인물)을 잇는 선을 생각할 때 인물을 원점으로 하여 좌우(수평각)로 각각 45° 위로(수직각) 45° 범위 내에서 비치는 빛을 순광이라고 한다.(그림 3-48, 3-49, 3-50 참조)

② **측광(fill light or side light)**: 측광은 말 그대로 옆에서 비치는 빛을 말한다.

camera와 인물을 잇는 선에 대하여 90°를 이루는 방향에서 비치는 조명이며 일반적으로 좌우 어느 한쪽에서만 비치는 수가 많고 양쪽에서 동시에 사용하는 일은 매우 드물다.

측광은 순광에 비하여 딱딱한 느낌을 주는 화면이 되지만 나름대로의 효과가 있다.(그림 3-48,

3–49, 3–50 참조)

③ **역광(back light)**: 역광은 등 뒤에서 비치는 조명으로 피사체의 윤곽을 빛으로 강조하는 효과가 있다. 또한 역광은 신비함, 엄숙함, 환상적인 느낌 등을 내게 한다.

④ **foot light**: foot light는 인물의 발 앞에서 비치는 빛으로 TV에서는 조명이 대체로 위에서 비쳐 그림자가 바닥에 떨어지는 것이 상례이나 이 조명은 그림자가 위로 생기며 인물을 아름답게 하는 것과는 정반대의 효과(예: 유령같은)를 내는 데 주로 쓰여진다. 그러나 이 조명도 부드럽고 아른거리게 하면 모닥불 같은 효과도 낼 수 있다.(그림 3–48 참조)

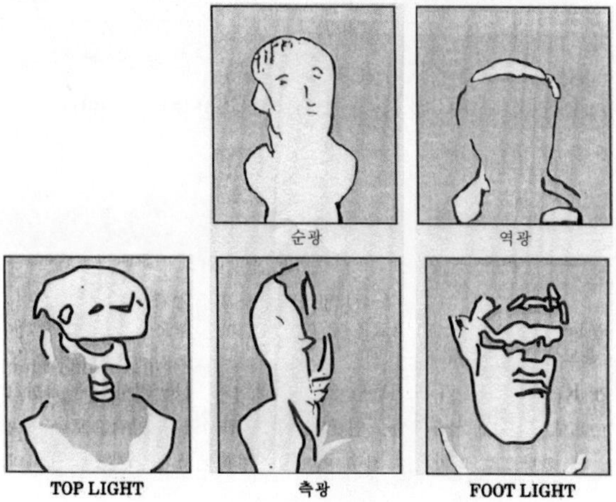

• 그림 3–48 **입사방향에 의한 인물그림** •

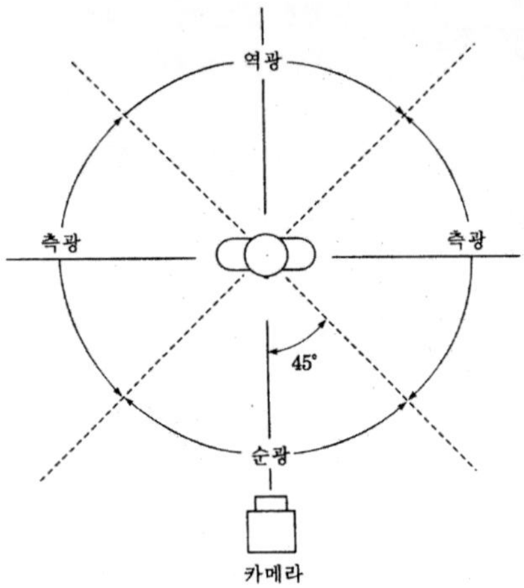

• 그림 3–49 **입사방향에 의한 분류(수평면)** •

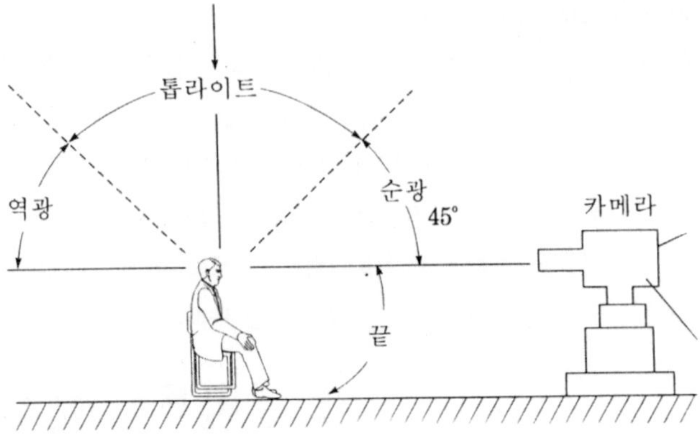

• 그림 3-50 입사방향에 의한 분류(수직면) •

……

(다) 용도에 따른 분류

① key light : 키 라이트는 인물이 중심이 되는 피사체에 가장 많이 비치는 조명으로 순광을 사용한다. 인물(얼굴)의 위치에서 앙각으로나 수평각으로 30~45°의 순광으로 비치는데 좌우 어느 한 방향에서 한 대를 사용한다. 너무 camera에 가까운 각도에서 비치면 눈이 부시게 되고 camera와 같은 방향에서 비치면 인물의 윤곽이 없어진다. 기구로는 스포트 라이트가 적당하며 몇 가지 주의할 점이 있다.

key light 사용상의 주의점

1. 광원의 위치 선택
   광원의 위치가 너무 높으면 턱 밑이나 코 밑에 그림자가 커져서 보기에 안 좋게 되며 반대로 너무 낮으면 배경에 그림자가 생긴다.
2. 입체감 상실
   key light의 위치가 camera의 같은 방향이 되면 인물의 윤곽이 없어져 입체감이 떨어지고 무드가 감소된다.
3. 인물의 눈에 특별한 경우를 제외하고는 key light의 중심은 인물에서 벗어나면 안 된다.
4. 그림자 처리
   key light에 의해서 마이크붐 등이 불필요하고 부자연스런 그림자가 생기는 수가 있으므로 기구에 달린 반도어(barn door)를 이용하여 빛을 차단해서 불필요한 그림자는 없앤다.

② back light : 백 라이트는 글자 그대로 역광으로 비치는 빛이며 인물의 윤곽을 선명하게 떠오르게 하고 입체감이 돋아나게 하는 효과를 낸다.

위치는 인물의 뒤쪽 좌우 어느 곳에서 비춰도 되나, 키 라이트의 연장선상에 위치하는 것이 백 라이트로서의 역할을 하는데 좋은 위치이다. 이것은 키 라이트로 생긴 턱 그림자가 어깨에 떨어졌을 때 어깨 그림자가 있는 뒤쪽에는 백 라이트를 비춤으로써 어깨 윗부분이 밝아져 머리칼은 윤기가 나고 몸 전체가 배경에서 떠오르게 된다.

③ fill light : 필 라이트는 키 라이트로 생긴 어두운 부분을 보강하기 위한 조명으로 키 라이트에 대해서 반대쪽의 순광이거나 측광이며 키 라이트보다 약간 낮게 비친다.

사용기기는 장면의 상황에 따라서 키 라이트와 같이 spot light를 쓰거나 flat light(soft light)를 쓰거나 한다.

인물만 비칠 때는 스포트 라이트로, 배경도 같이 비칠 때는 flat light를 쓰기도 한다.

④ base light : 베이스 라이트는 인물과 배경을 표함하여 장면 전체에 균등한 조명을 주기 위한 확산 조명으로 순광에서부터 측광에 이르기까지 배치되고 키 라이트보다 낮게 비친다.

이 조명은 너무나 인물에 집중해서 비치게 되면 배경에 얼룩이 생기므로 camera나 mic boom의 조작이 허용할 수 있는 범위 내에서 낮게 조명하는 것이 좋다.

또한 이 조명은 TV camera의 기술적 요소를 충족시키기 위한 조명으로 무대 조명에서는 사용하지 않는다.

이상이 인물에 대한 기본 조명이며 광원과 인물과의 거리는 최소한 2[m] 정도는 떨어져야 한다.

⑤ set light : 세트 라이트는 배경, 전경, 점경 등 세트에만 비치는 조명으로 사용 기구는 세트 전체를 균등하게 비치기 위해서 flat light를 쓰고 부분적으로 액센트를 주는 의미로는 spot light를 쓰기도 한다.

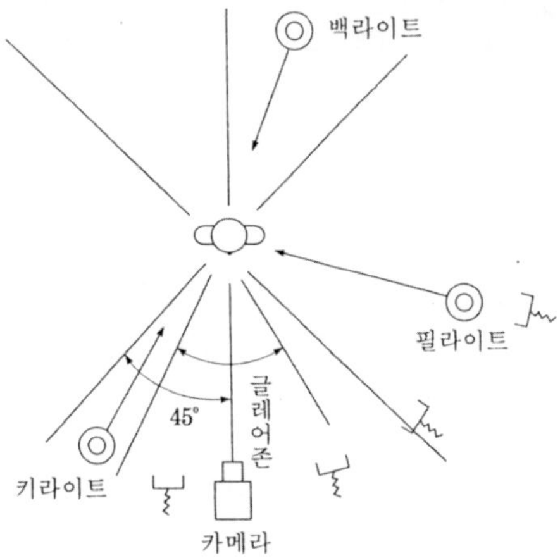

• 그림 3-51 용도에 따른 분류(수평면) •

배경이 인물에 가까울 때나 밝은 세트일 때는 베이스 라이트로도 밝게 할 수 있기 때문에 생략되는 일도 있다.

⑥ **horizont light**:TV studio에는 무한 공간을 만들거나 효과 조명을 하기 위하여 2면 내지 3면의 흰벽면이 있다. 이 벽면만을 비치기 위한 조명을 호라이존트 라이트라 하며 사용기구는 flat light가 사용되고 위에서 비치는 upper horizont light와 아래에서 비치는 lower horizont light가 있다.

⑦ **touch light**:호라이존 세트, 나무 등에 액센트를 주기 위한 조명으로 사용 기구는 스포트 라이트나 효과 기구 등에 쓰인다.

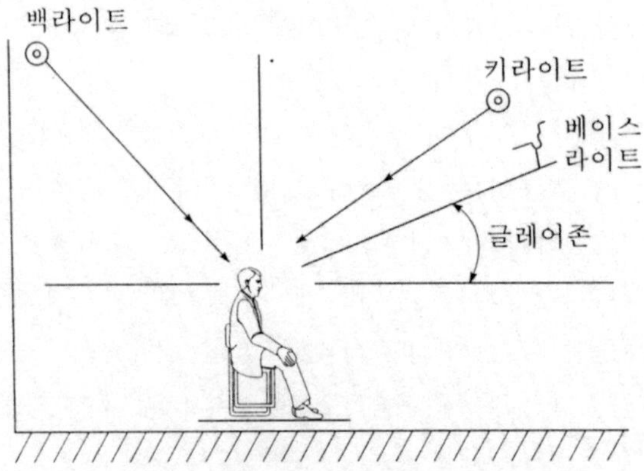

• 그림 3-52 **용도에 따른 분류(수직면)** •

❸ studio 조명설비의 구성

studio 조명설비의 구성을 크게 나누면,

- 변전실(sub station)
- 조광 기기실(SCR room)
- 조광 조작실(sub control room)
- 조명기구(floor 및 조명 창고)

등으로 나눌 수 있으며 이 4가지 요소가 상호 balance를 유지해야만 좋은 조명을 할 수 있는 것이다.

studio의 규모에 따라서 전원의 용량, 회로수, control console의 크기, 조명기구의 종류와 수량 등이 다르기 때문에 이런 것들을 잘 조화시켜서 설치해야만 경비의 절감뿐만 아니라 프로그램 제작도 원활하게 할 수 있다.

만약, 적은 studio에 많은 set를 세워 비좁으면 조명작업 뿐만 아니라 camera, mic 기타 여러 부문에 종사하는 사람들의 행동 반경이 좁아져서 좋은 영상의 그림을 잡을 수 없고 잡음도 많을 것이다.

반대로 공개방송을 하는 큰 studio에 작은 프로를 제작한다고 할 때 방청석은 넓은데 방청객이 적다면 썰렁한 분위기가 감돌고 방청객의 호응도 적을 것이며 비효율적인 공간 활용으로 낭비가 되는 것이 많을 것이다.

① **변전실**: Studio에서 사용되는 기구들은 대개 220[V]의 전압을 사용하는 기구가 많기 때문에 한전에서 특고압(22,900[V])으로 들어온 전력을 강하해서 사용하여야 한다. 이런 일을 담당하는 곳이 변전실이며 대개 건물의 지하층에 위치하고 있다.

② **조광 기기실**: 통상 SCR room이라 하며, 스튜디오의 기구에 전원을 공급하는 장치로 과거에는 브레이커 시스템이나, 페치 시스템이었으나 근래에는 컴퓨터 시스템으로 되어 보조의 콘트롤 콘솔에서는 전자적인 신호를 보내면 전기적인 동력은 이 곳에서 제어를 한다.

③ **조광 조작실**: 부조정실이라고도 하며 stduio의 floor보다 높은 뒷면의 상층부에 위치하고 여기에는 조명 console이 있어 floor에 달린 조명기구의 빛을 통제하는 사령탑이다.

또한 이 곳에는 조명뿐만 아니라 영상을 만드는 video console(일명 suitcher), camera의 iris를 조작하는 video, 음향을 취급하는 audio console 및 recorder, 영상과 음성을 수록하는 영상녹음장비(VTR), 자막을 처리하는 영사기(telechine) 등의 기기들이 있으며 이런 장비들을 운용 및 연출을 담당하는 PD가 있다.

❹ 대담 조명

① 인물 1인의 조명

대담 프로에서의 조명의 주안점은 다음과 같다.

- 이야기 하는 사람의 표정이 자연스럽게 보이게 할 것
- 질감(質感)을 떨어뜨리지 말 것
- 시청자로 하여금 이야기 하는 사람에게 집중되도록 할 것

등이 가장 중요하며 이런 조명 기법이 제일 좋은 방법이다.

그림 3-53의 조명은 그 일례로, 각 조명의 위치는 지금까지 우리가 배운 광원의 범위이다. 이 범위 내에서라면 어느 위치에 있어도 좋지만 실제로는 미묘하게 다르다.

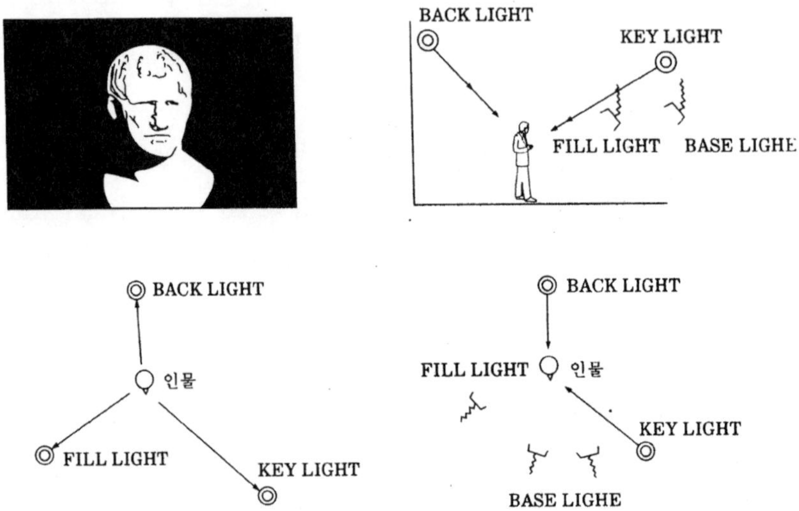

• 그림 3-53 **인물 조명** •

예를 들면 출연자의 얼굴 생김새, 머리 모양, 의상 등에 따라서도 다르고 또 섬세하게는 여성들의 속눈썹의 그림자라든가, 안경을 낀 사람의 안경 그림자 내지 안경의 유리면에 비춰지는 빛의 반사 등에도 신경을 써야 한다.

② **2~3인의 조명**: 출연한 인물이 한 사람이 아니고 2~3명으로 많아지만 기본적으로 지금까지 배운 조명 기법의 연장선상으로 생각하면 될 것 같지만 1인 조명 때와 달리 출연자 수가 많게 되면 다소 복잡한 요소가 첨가된다.

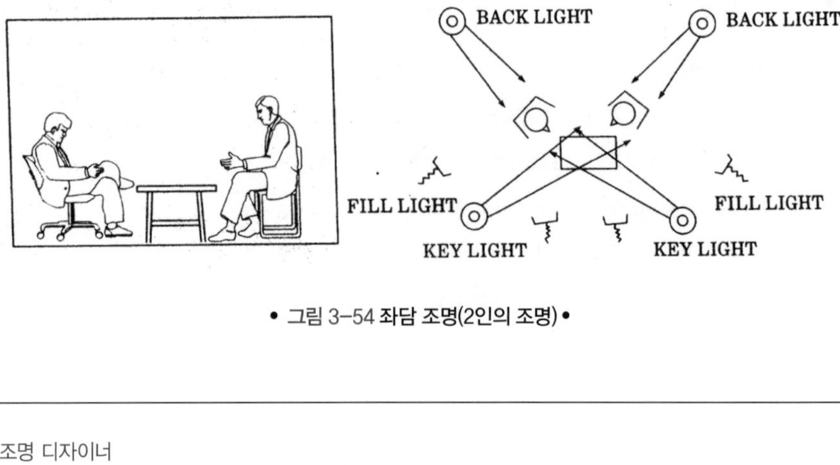

• 그림 3-54 **좌담 조명(2인의 조명)** •

그림 3-54는 대담 조명의 한 예인데 여기서 내측 조명과 외측 조명에 대해서 알아보도록 한다. 내측 조명은 key light의 방향이 camera의 시점에서 볼 때 출연자의 시선(즉 코의 시선, nose line) 왼쪽으로 조명하는 것을 말하며, 반대로 출연자의 시선 오른쪽으로부터 조명하는 것을 외측 조명이라 한다.

일반적으로 대담 프로에서는 내측 조명이 자연스럽고 많이 사용된다.

그런데 이 내측 조명에서는 앞에서 주는 방법(front cross lighting), 뒤에서 주는 방법(back cross lighting), 직선으로 주는 방법(direct lighting)의 3가지 방법이 있다.

㉠ 앞에서 주는 방법(front cross lighting) : 이 방법은 그림 3-55에서 보듯이 두 사람의 출연자의 대화축을 생각할 때 그 앞에서 주는 내측 조명으로서 가장 일반적인 조명이다.

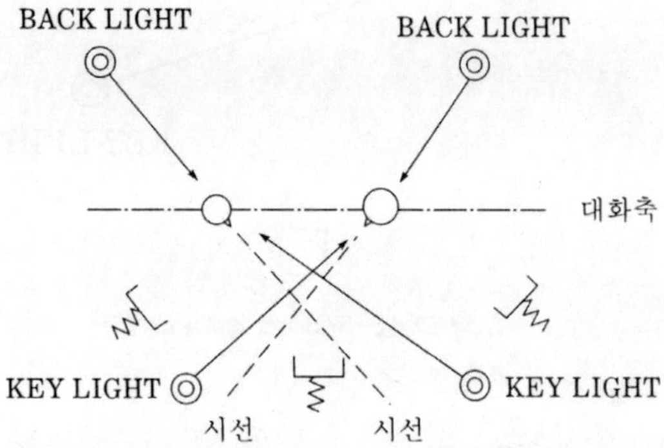

• 그림 3-55 front cross lighting 방법 •

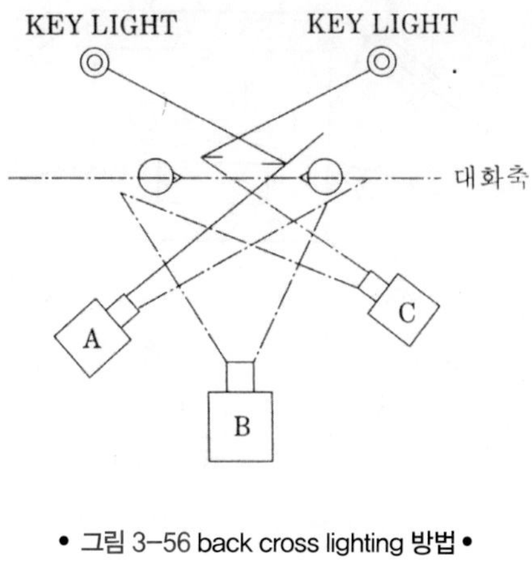

• 그림 3-56 back cross lighting 방법 •

㉡ 뒤에서 주는 방법(back cross lighting) : 이 방법은 그림 3-56과 같이 출연자가 거의 마주보고 대화를 나눌 때 쓰이는 조명 기법으로 대화축을 기점으로 뒤에서 key light를 주는 방법으로서 이때 주의할 점은 조명 각도가 너무 높으면 턱 그림자가 길게 생겨 camera Angle상에 보기 흉한 화면이 되므로 각별이 신경을 써야 한다.

㉢ 직선으로 주는 방법(direct lighting) : 이 방법은 그림 3-57에서 보듯이 위에서 설명한 front cross lighting과 back cross lighting을 혼용해서 같이 사용한 조명 기법이다.

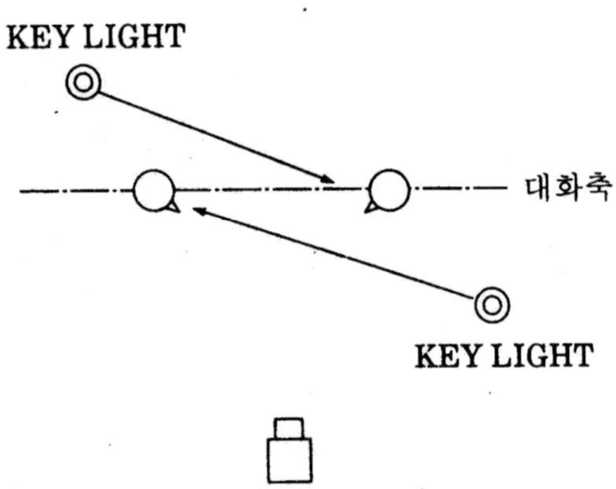

• 그림 3-57 direct lighting 방법 •

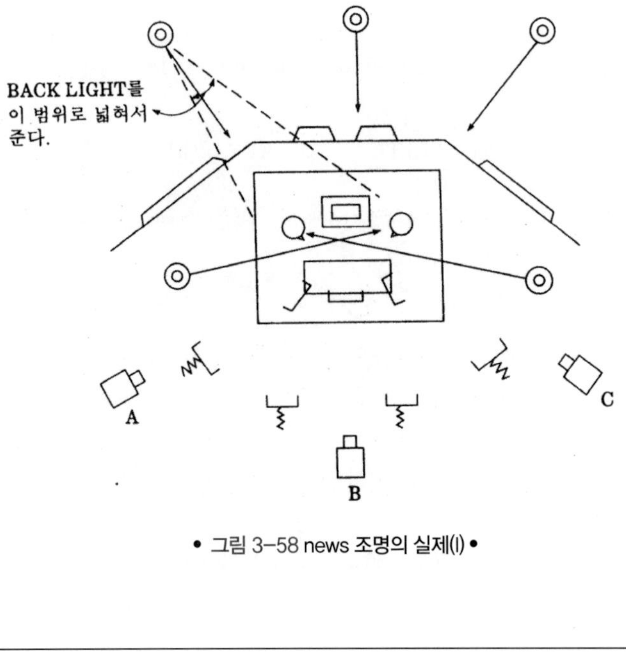

• 그림 3-58 news 조명의 실제(I) •

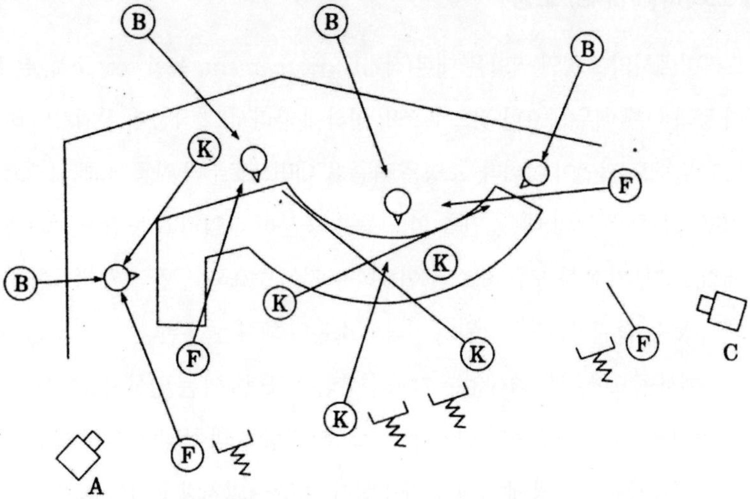

• 그림 3–59 news 조명의 실제(II) •

③ **출연자가 많을 때의 조명**: 그림 3–58, 3–59를 보면 우리가 아침, 저녁으로 많이 보는 news의 출연자나 앵커들이 앉은 모습이다.

그림 3–58을 보면 key light의 위치가 상당히 side로 되어 있다. 이것은 camera의 위치가 A 또는 C 지점에서 "over shot"을 잡기 좋게 하는 장점은 있어도 camera B의 위치에서 loose shot을 잡을 때는 좀 어색한 감이 든다. 그러므로 3대의 camera가 다 만족할 만한 화면을 구성하기 위한 조명을 해야하며 이 경우의 해결 방법은 back light의 빛의 범위를 넓혀서 출연자 두 사람에게 모두 가게 비춰서 back light와 fill light를 겸용하는 것도 자주 사용하는 방법이다.

끝으로 이러한 여러 가지 상황에 대응하기 위한 트레닝(training) 방법을 소개한다.

지금 한 개의 light가 없었다면 어떻게 할 것인가?

예를 들면 back light는 1대로 되지 않을까? 이 경우 빛을 맞추는 방법 등은 어떻게 변할까? 또 전체 planning은 어떻게 변할까? 등을 머리 속에서 상상하며 그때는 어떻게 화면을 구성할 수 있을까를 생각하며 조명을 하는 훈련을 쌓아야 발전이 있는 것이다.

flat light가 없었다면, spot light가 부족하다면 그때는 또 어떻게 조명 기법을 구상해서 좋은 화면을 만들어 낼까 등도 생각하면 조명에서의 빛의 움직임도 잘 알 수 있고 조명의 재미도 더해갈 것이다.

❺ 드라마(drama) 조명

드라마에서의 조명의 역할은 대본(작가), 연출, camera, 음향 set, 소품, 분장, 연기자의 연기 등과 함께 매우 중요한 것으로 조명 여하에 따라서 그 작품이 잘되기도 하고 못되기도 한다고 말해도 과언이 아니다. 조명은 작품을 내면으로부터 아름답게, 그리고 자기도취에 빠지지 않도록 작품의 내용, 연출 의도 등을 충분히 파악하고 등장 인물의 성격, 심리, 또한 계절, 시간, 기후 등 모든 요소를 이해하는 것이 중요하다. 만약 시대물이라면 재현하는 시대의 풍습, 습관, 등기구, 광원의 지식도 소홀히 해서는 안 된다.

조명에서 중요한 것은 쓸데없는 기교를 부리는 표현보다는 일상생활에서 일어나는 일을 알고 자연계에서 태양광선이 빚어내는 오묘한 현상 등의 폭넓은 시세계의 훈련과 상식을 가지고 인공광원의 배광에 신경을 써야 한다. 이것은 말처럼 쉽지도 평범한 일도 아니지만 그렇게 근접해서 조명을 해야만 시청자의 마음에 와닿는 영상을 만들 수 있으며 그럼으로써 보다 더 자연스런 조명을 느끼는 것이다.

① **드라마에 있어서의 광원**: 특히 시대물의 드라마에서는 광원의 역사와 빛의 시대적 고증을 파악하는 것이 가장 중요한 일이다. 자연광원이야 옛날이나 지금이나 달라진 것이 없겠지만 인공광원은 인간의 시대 변천에 따라 각기 다르기 때문에 그 시대를 묘사하는 데는 광원의 변천사를 아는 것이 꼭 필요하다.

예를 들어 그 시대물의 주요 무대가 조선시대로 등잔불을 사용하던 시절의 시골방 분위기를 내기 위해서는 어떻게 할 것이며 호롱불을 사용하던 시대, 촛불을 사용하던 시대, 흐린 전구를 하나만 켜고 살던 시대, 요즘과 같이 형광램프나 현란한 등기구류를 사용하던 시대 등은 과연 어떻게 표현해야 좋을지는 그 빛을 직접 보고 그 느낌(맛)을 스스로 깨달아야 실제 TV 조명을 하는데 활용할 수 있다.

왜냐하면 이런 광원들은 일상생활을 표현하는데 광원의 높이와 색, 배광 등이 다르게 되어 있고 조명에서는 이러한 특징을 잘 활용함으로써 시청자들에게 올바른 시대상을 보여 줄 수 있고, 일반적으로 시대를 거슬러 올라갈수록 광원의 높이가 낮아지는 경향이 있고 광원의 높이가 시대를 표현한다고 해도 과언이 아니다.

일반적으로 광원의 위치가 높아지면, 즐겁고, 부드러운 분위기가 되고 낮게 되면 그림자의 부분이 많아진다. 그러나 영상 표현으로써 이 그림자를 잘 이용해서 길게 난 그림자가 흰벽에 인물묘사를 하면 camera로 잡은 화면은 그 인물의 어떤 신비감이나 심오한 심리적 효과도 높일 수도 있으며 이러한 조명은 드라마의 내용을 한층 더 풍부하게 하는 테크닉(technic)이 된다.

예) 화로를 둘러앉은 인물들의 그림자가 뒷벽에서 아른거린다든지 쓸쓸히 걸어가는 사람의 그림자가 길면 더 쓸쓸해 보인다든지 하는 것.

② **계절이나 시간의 표현** : 드라마에서는 천연광원인 주양광(혹은 밤 scene에서는 달빛)의 효과를 내기 위하여 설정한 광원을 주광원(main light)이라 한다.

실제의 조명에서는 이 주광원의 높이, 각도, 색온도, 그림자의 강약을 변화시킴으로써 시간, 날씨, 계절의 변화 등을 표현할 수 있다. 일반적으로 여름의 빛의 각도는 70° 정도, 겨울은 35° 정도의 조사 각도가 좋은 것으로 되어 있다.

예를 들어보면

여름날 도시의 대로를 걷고 있는 사람의 길고 짧음은 main light를 top에서 비추어 인물의 그림자가 짧게 발 밑에 떨어지게 하고 콘트라스트(contrast, 대비)를 강하게 한다.

cross up-shop에서는 edge-light를 비추어 그 사람의 얼굴에 흐르는 땀방울이 보이게끔 강조한다. 그리고 실내와 밖의 휘도 balance를 크게 해서 여름날의 무더운 분위기를 나타낸다.

또한 시간의 변화를 나타내기 위해서는 color 조명을 사용하는 경우도 있다. 밤씬(night scene)에서는 blue계통의 color filter(B3, #64, #79 등)를, 석양 scene에서는 amber계통의 color filter(A3, #35)를 사용하며 이 때 중요한 것은 고르게 색광이 퍼지게 하는 것이다.

광원의 각도, 조합을 잘 조절하여 보다 음영을 효과적으로 조절함으로써 보다 더 좋은 영상을 얻을 수 있다. 흐린 날이나 비오는 날, 눈 scene에서는 flat light를 많이 사용하고 spot light에도 확산 filter를 사용해 확산광에 의해 그림자를 부드럽게 해서 시청자들로 하여금 어떤 날씨를 표현했는지 알게 해 주어야 한다. 드라마의 조명은 시간, 계절, 날씨, 시대 배경 등 여러 가지 요소가 있으며, 또한 등장인물의 심리 표현 등도 조명에서 표현해 주어야 할 점이며 이러한 것이 작품을 잘 살리는 효과를 내는 것이다. 따라서, 조명 예술가는 내용을 정확히 이해하고 폭넓은 지식과 영상을 창조할 고도의 technic을 몸소 익히지 않으면 안 된다.

③ **드라마에서의 back light의 역할** : 드라마에서는 피사체의 입체감을 나타내는 것이 중요한데 대별하면 다음의 두 가지 방법이 많이 사용된다.

㉠ back light, side light를 사용하는 방법
㉡ 주요 피사체와 배경과의 명도차를 이용하는 방법

시대물에서는 보다 자연스럽게 보이기 위하여 ㉠의 방법이 많이 이용되며 배경과의 명도차가 없는 경우나 피사체의 입체감을 보다 더 강조한다든지 머리칼의 디테일(detail)을 나타내기 위해서는 ㉡의 방법이 사용된다. 이 경우 back light가 너무 강렬해서 부자연스런 모습이 되지 않게끔

주의를 할 필요가 있다.

④ **야간 Scene의 표현**: 드라마 제작에 있어서 가장 어렵고 신경이 많이 가는 것이 밤 Scene의 표현이다.

예를 들면 불빛이 없는 다리 위에서 누군가를 기다리고 있는 여인이 있다고 하자. 그럴 경우 아무 빛도 없으므로 다리도 여인도 보이지 않을 것이다. 이런 경우 영상으로 재현하려면 캄캄하고 어둡다는 인상을 줄 수 있는 분위기를 만드는 것이 우선 필요하다.

그런데 어둡다고 하는 느낌을 밝다고 하는 것의 상대적 대비로 만들 수가 있다. 거기서 보다 어둡다는 느낌을 내기 위해서는 화면의 어딘가에 밝은 곳을 만들어야 한다. 이때 인물의 조명을 역광이나 측광으로 하고 Set 등은 부분적인 조명을 해본다. 또 다리의 난간과 다리 아래를 흐르는 강물, 멀리 있는 집의 지붕 등은 백과 흑의 면적비를 적절하게 조화시키므로서 밝은 달밤의 효과로부터 캄캄한 밤의 Night-Scene까지를 표현할 수가 있다.

⑤ **영상의 코디네이터(Coordinator)**: 작품에 맞는 조명이라는 것은 멋진 영상표현을 창출해 내는 것이다. 그러기 위해서는 대본을 잘 읽고 연출자의 연출의도, 제작조건 등을 충분히 파악하여 그 프로그램의 목적에 맞는 영상을 정확하게 표현할 수 있는 조명이 필요하다.

예를 들어 협소한 Studio의 Off-Scene에서는 750[lx] 정도의 조명으로서 Camera Lans의 초점심도를 깊게 하여 거리감을 낼 수도 있다.

보통은 Camera의 Iris가 F4, 조도 1,500[lx]라고 하는 표준 설정치에서 정상적인 영상을 얻기 위한 조명을 하지만 그것을 늘 지키는 것은 아니고 목적에 따라 Iris와 광량을 생각한 조명을 하는 것이 중요하다. 조명은 빛을 주는 것뿐만 아니라 목적에 따라 밝음이나 Camera의 Iris, 피사체의 반사율 등을 종합적으로 생각하는 것이 중요하다.

그러기 위해서는 Camera man이나 Video Engineer(Video man이라고도 함) 등과 충분한 협의를 해서 양해를 구하고 조언도 해줄 수 있다.

이런 것을 영상의 코디네이터라고 말한다.

제3장 조명실무

출제예상문제와 풀이

문제 01 다음 중 눈부심을 일으키는 원인이 아닌 것은?

① 눈에 들어오는 광속이 너무 많을 때

② 광원의 휘도가 너무 과다할 때

③ 순응이 잘될 때

④ 시선 부근에 광원이 있을 때

⑤ 광원과 배경 사이의 휘도대비가 클 때

풀이

[답] ③

문제 02 사람이 오래 바라볼 수 있는 휘도의 한계는?

① 2000[cd/m^2] ② 3000[cd/m^2] ③ 4000[cd/m^2]

④ 5000[cd/m^2] ⑤ 6000[cd/m^2]

풀이

[답] ④

문제 03 물체의 가장 밝은 곳과 가장 어두운 곳의 광속발산도의 비가 얼마일 때 가장 입체적으로 보이는가?

① 1:1 ② 2:1 ③ 3:1

④ 4:1 ⑤ 5:1

풀이

[답] ③

문제 04 일반적으로 조명설계에서 가장 중요한 사항은?

① 비용 ② 효율 ③ 조도

④ 광속 ⑤ 보수

풀이

[답] ①

문제 05

다음 중 일반적인 조명방식이 아닌 것은?

① 단등방식 ② 선방식 ③ 다등방식
④ 연속열방식 ⑤ 면방식

풀이

[답] ②

문제 06

작업면을 직접 조명하는 직접조명기구는 발산광속을 아래방향으로 얼마만큼 향하게 하는가?

① 90~100[%] ② 80~90[%] ③ 70~80[%]
④ 60~70[%] ⑤ 50~60[%]

풀이

[답] ①

문제 07

반직접 조명기구는 발산광속을 아래방향으로 얼마만큼 직사시키는가?

① 0~10[%] ② 10~20[%] ③ 30~40[%]
④ 40~50[%] ⑤ 60~90[%]

풀이

[답] ⑤

문제 08

대합실, 입원실, 회의실 등에 적용되는 조명기구의 방식은?

① 직접조명기구 ② 반직접조명기구 ③ 전반확산조명기구
④ 간접조명기구 ⑤ 반간접조명기구

풀이

[답] ④

문제 09 전등의 분기회로 계산시 가정의 일반 콘센트 아웃트렛 용량은 얼마 정도인가?

① 30[VA] ② 50[VA] ③ 90[VA]
④ 120[VA] ⑤ 150[VA]

풀이

[답] ⑤

문제 10 스위치의 설치높이는 바닥에서 얼마 정도인 것이 이상적인가?

① 0.6[m] ② 0.8[m] ③ 1.0[m]
④ 1.2[m] ⑤ 1.5[m]

풀이

[답] ④

문제 11 다음 중 도로조명의 기대효과가 아닌 것은?

① 관광산업 증대 ② 교통안전 도모
③ 도로이용 효율의 향상 ④ 보행자의 불안감 제거 ⑤ 범죄의 예방과 감소

풀이

[답] ①

문제 12 도로조명의 설계시 곡선부란 곡률 반지름이 몇 [m] 이하인 도로의 부분을 말하는가?

① 200[m] ② 400[m] ③ 600[m]
④ 800[m] ⑤ 1000[m]

풀이

[답] ⑤

문제 13 보행자 도로조명에서 조명기구의 설치높이는 원칙적으로 몇 [m] 이상으로 설치해야 하는가?

① 3[m]　② 4[m]　③ 5[m]
④ 6[m]　⑤ 7[m]

풀이

[답] ②

문제 14

보행자 도로조명에서 조명기구의 배열은 어떤 배열을 원칙으로 하는가?

① 한쪽배열　② 양쪽배열　③ 지그재그배열
④ 가운데배열　⑤ 사각배열

풀이

[답] ①

문제 15

무대상부에 설치하여 전체를 밝고 부드러운 빛으로 균등하게 투광하는 조명기구는?

① floor pocket　② tower light　③ border light
④ foot light　⑤ tormentor light

풀이

[답] ③

문제 16

창이나 벽면 상부의 못에 커튼을 시설하여 커튼의 위와 아래의 방향으로 빛이 나오도록 하여 천장면에 반사시킴으로써 실내 전반을 조명하는 것을 무엇이라고 하는가?

① Cornice 조명　② Cove 조명　③ Valance 조명
④ Troffer 조명　⑤ Beam 조명

풀이

[답] ③

문제 17

천장이나 벽면에 광원을 간접조명하여 벽이나 천장면에 반사시키어 채광하는 조명방식은?

① Cove 조명　② Beam 조명　③ Down light 조명
④ Troffer 조명　⑤ Coffer 조명

풀이

[답] ①

문제 18

눈부심의 FIFA 규정치는 최대값이 얼마인가?

① 20　② 30　③ 40
④ 50　⑤60

풀이

[답] ④

문제 19

건축상 천장의 일부를 잘라내고 플라스틱으로 돔을 만들어 자연 채광되게 하는 방식을 무엇이라고 하는가?

① Cove 조명　② Sky light 조명　③ Down light 조명
④ Corner조명　⑤ Coffer 조명

풀이

[답] ②

문제 20

어떤 물체의 3차원 이미지를 나타내기 위한 요소로서 평평한 조명과 방향성 조명으로 대비되는 것은?

① 모델링　② 연색성　③ 색온도
④ 그림자　⑤ 눈부심

풀이

[답] ①

문제 21

자연광이란 얼마의 색온도를 말하는가?

① 1000[K]　② 2000[K]　③ 3000[K]

④ 4000[K] ⑤ 5000[K]

풀이

[답] ⑤

문제 22

명멸지수 1.0 이하를 유지하는 램프는?

① 수은등 ② 나트륨등 ③ 핼라이드램프

④ 네온램프 ⑤ 형광등

풀이

[답] ③

문제 23

실외경기장 조명기구 배치에서 터치라인 및 골라인으로부터 몇 배 이상 이격시켜야 하는가?

① 1배 ② 2배 ③ 3배

④ 4배 ⑤ 5배

풀이

[답] ④

문제 24

실외경기장 조명기구의 설치높이는 경기장 수평면과 몇 °의 각도를 유지하도록 해야 하는가?

① 10° ② 15° ③ 20°

④ 25° ⑤ 30°

풀이

[답] ④

문제 25

경기장의 전압강하는 전원공급장소로부터 등기구까지 몇 [%]로 제한하는가?

① 3[%] ② 4[%] ③ 5[%]

④ 6[%] ⑤ 7[%]

풀이

[답] ③

문제 26 다음 중 무대조명의 특징이 아닌 것은?

① 심리적 효과

② 주광원의 방향성에 대한 자유도

③ 아름다운 조명

④ Color 조명

⑤ 조명변화

풀이

[답] ①

문제 27 다음 중 무대 상부 배치조명이 아닌 것은?

① upper horizont light ② border light

③ suspension spot light ④ sound reflection down light

⑤ tower light

풀이

[답] ⑤

문제 28 다음 중 객석배치 조명이 아닌 것은?

① tormentor light ② apron stage top light

③ ceiling spot light ④ front side spot light

⑤ follow pin spot light

풀이

[답] ①

문제 29 객석쪽 무대바닥 끝부분에 설치하여 피사체의 하부를 조명하여 그림자를 제거하기 위한 조명기구는?

① floor pocket ② foot light ③ border light

④ tower light ⑤ tormentor light

풀이

[답] ②

문제 **30**

도로조명시 사용하는 조명기구의 배광은?

① 컷오프형 ② 세미 컷오프형 ③ 넌 컷오프형
④ 오버형 ⑤ 세미 오버형

풀이

[답] ②

문제 **31**

도로의 직선부에 있어서 조명기구의 배열이 아닌 것은?

① 한쪽배열 ② 사각배열 ③ 지그재그배열
④ 마주보기배열 ⑤ 중앙배열

풀이

[답] ②

문제 **32**

객석 좌우 양측면 투광실에 설치되어 무대 내의 피사체를 향하여 측면 조광을 하여 입체감을 나타내 주는 조명기구는?

① front side spot light ② celling spot light
③ control console ④ tower light
⑤ tormentor light

풀이

[답] ①

문제 **33**

무대 조명기구의 조도를 조절하는 제어장치는?

① control console ② dimmer unit rack
③ floor pocket ④ 조광기 ⑤ 광도계

풀이

[답] ②

문제 34

천장과 벽면과의 경계면에 조명기구를 배치하여 천장과 벽면을 동시에 조사하여 조명하는 방법을 무엇이라고 하는가?

① Beam 조명 ② Cove 조명 ③ Down light 조명
④ Troffer 조명 ⑤ Corner 조명

풀이

[답] ⑤

문제 35

스위치 작동에 의해서 전구를 빠르고 느리게 점멸하여 점멸시 평균조도를 가지고 빛의 세기를 조절하는 원리를 무엇이라고 하는가?

① 사이리스터 원리 ② 게이팅 원리 ③ 트랜지스터 원리
④ 스테판 원리 ⑤ 저항의 원리

풀이

[답] ②

문제 36

TV조명의 종류 중 입사방향에 의해서 분류한 것이 아닌 것은?

① 순광 ② 측광 ③ flat light
④ 역광 ⑤ top light

풀이

[답] ③

문제 37

천장과 벽면과의 경계에 움푹 들어가게 하여 그 내부에 등을 배치하여 아래방향으로 벽면을 조명하는 방식을 무엇이라고 하는가?

① Cornice 조명 ② Cove 조명 ③ Down light 조명
④ Troffer 조명 ⑤ Beam 조명

풀이

[답] ①

문제 38 다음 중 콘솔의 종류가 아닌 것은?

① 프리세트 콘솔 ② 그룹 매스터 콘솔 ③ 콤비네이션 콘솔
④ 컴퓨터 콘솔 ⑤ 오프세트 콘솔

풀이

[답] ⑤

문제 39 피사체를 강조하기 위한 주광원으로 널리 쓰이는 광원을 무엇이라고 하는가?

① front side spot light ② spot light
③ border light ④ tower light ⑤ tormentor light

풀이

[답] ②

문제 40 지하실이나 창이 없는 실내에 마치 창이 있는 것과 같은 방법으로 인공적으로 만든 창의 뒷면에 형광등을 배치하여 조명하는 방법은?

① Cove조명 ② Cornice조명 ③ Corner조명
④ 인공창벽면조명 ⑤ Coffer조명

풀이

[답] ④

문제 41 다음 중 스튜디오 조명설비의 구성요소가 아닌 것은?

① 무대 ② 변전실 ③ 조광기기실
④ 조광조작실 ⑤ 조명기구

풀이

[답] ①

문제 42 더러워지기 쉬운 장소에서의 조명기구의 청소간격은 물로 씻는 경우 어느 정도인 것이 적당한가?

① 1주간 ② 2주간 ③ 3주간
④ 4주간 ⑤ 5주간

풀이 [답] ④

문제 **43**

다음 중 조명제어 시스템의 종류가 아닌 것은?

① 주광센서+메커니컬타이머+수동조작시스템
② 주광센서+프로그램타이머+수동조작시스템
③ 주광센서+프로그래머블타이머+감광기능+수동조작시스템
④ 주광센서+프로그램타이머+감광기능+수동조작시스템
⑤ 주광센서+메커니컬타이머+감광기능+수동조작시스템

풀이 [답] ⑤

문제 **44**

정반사면이나 확산면에서 그 확산성에 관계없이 입사광속과 반사광속의 비를 무엇이라고 하는가?

① 투과율 ② 반사율 ③ 흡수율
④ 효율 ⑤ 굴절율

풀이 [답] ②

문제 **45**

광원을 천장 안에 매입하고 작은 구멍을 뚫어 빛을 아래로 투사시키는 조명방식을 무엇이라고 하는가?

① Coffer조명 ② Cove조명 ③ Down light조명
④ Troffer조명 ⑤ Beam조명

풀이 [답] ②

문제 46 천장면을 둥글게 또는 사각으로 파내어 그 내부에 조명기구를 배치하여 조명하는 방식은?

① Beam조명 ② Cove조명 ③ Down light조명
④ Troffer조명 ⑤ Coffer조명

풀이

[답] ⑤

문제 47 교통의 흐름이 복잡해지는 장소, 도로의 선형이 복잡해지는 장소 등에서 교통의 상황, 도로상황 등을 명확하게 함을 원칙으로 시설하는 조명은?

① 직접조명 ② 국부조명 ③ 간접조명
④ 반간접조명 ⑤ 전반확산조명

풀이

[답] ②

문제 48 조명이 물체의 색을 충실하게 재현해 낼 수 있는 능력을 무엇이라고 하는가?

① 색온도 ② 연색성 ③ 눈부심
④ 모델링 ⑤ 그림자

풀이

[답] ②

문제 49 다음 중 조광기의 종류가 아닌 것은?

① 저항 조광기 ② 자동변전 조광기
③ 실리콘 조절 정류 조광기 ④ 전류 조광기 ⑤ 자석식 조광기

풀이

[답] ④

문제 50 TV조명의 종류 중 camera와 대개 같은 방향에서 비치는 빛을 무엇이라고 하는가?

① 순광 ② 측광 ③ flat light
④ 역광 ⑤ top light

풀이

[답] ①

문제 **51**

키(key) 라이트로 생긴 어두운 부분을 보강하기 위한 조명을 무엇이라고 하는가?

① front side spot light ② spot light
③ fill light ④ back light ⑤ base light

풀이

[답] ③

문제 **52**

무대 양측면에 자립형 tower frame을 이용하여 무대 중앙부의 피사체를 향하여 측광을 투사하는 조명기구는?

① apron stage top light ② front side spot light
③ border light ④ tower light
⑤ tormentor light

풀이

[답] ④

문제 **53**

다음 중 인텔리젼트 조명제어시스템의 구성요소가 아닌 것은?

① 조명주조작반 ② 실리콘 조절 정류 조광기
③ 제어단말기 ④ 조명조작스위치
⑤ 호스트인터페이스반

풀이

[답] ②

문제 54 주광량을 전압으로 변환하여 출력하는 감지기를 무엇이라고 하는가?

① 저항조광기 ② 실리콘 조절 정류 조광기

③ 제어단말기 ④ 전류 조광기 ⑤ 주광센서

풀이

[답] ⑤

문제 55 인텔리전트 조명시스템에서 채택하지 않는 것은?

① 주광조명제어 ② 조명패턴제어 ③ 무영등제어

④ 재실감지제어 ⑤ 시간스케줄제어방식

풀이

[답] ③

참고문헌

1. 전기응용	태영문화사	이현수 외
2. 조명설비 및 설계	성안당	최홍규 외
3. 전기와 조명	동일출판사	강도열 저
4. 전기응용 및 공사재료	동일출판사	검정연구회
5. 전기응용 및 공사재료	성안당	전기기사자격시험연구회 편
6. 전기응용 및 공사재료	청문각	전기전자기사연구회 저

저자약력

소병문

- 전북대학교 IT응용시스템공학과 교수
- 광운대학교 대학원 전기공학과 공학박사
- 일본 오사카 부립대학 재료공학과 연구교수
- (주)광전자반도체연구소 연구교수
- 통상산업부 기술코디네이터

조명 디자이너

지은이 소병문

펴낸이 이남호
펴낸곳 패스메이커

초판 1쇄 인쇄 2015년 6월 25일
초판 1쇄 발행 2015년 6월 30일

패스메이커
전라북도 전주시 완산구 어진길 32 (풍남동2가)
내용문의 (063) 219-5322
구입문의 (063) 219-5322
FAX : (063) 219-5323
출판등록 2012년 8월 20일 제465-2012-000021호

값 18,000원

ISBN 978-89-98534-57-8 13560

이 도서의 국립중앙도서관 출판예정도서목록(CIP)은 서지정보유통지원시스템 홈페이지(http://seoji.nl.go.kr)와 국가자료공동목록시스템(http://www.nl.go.kr/kolisnet)에서 이용하실 수 있습니다. (CIP제어번호 : CIP2015017112)

- '패스메이커'는 전북대학교출판문화원의 임프린트입니다.